理工系の数学教室 5

# 線形代数と数値解析

河村哲也—著

朝倉書店

# はじめに

本書は，シリーズ〈理工系の数学教室〉の第5巻目であり，内容は表題のとおり線形代数と数値計算である．この中で，線形代数は大学の数学で微積分学とともに最初に習う内容になっている．一方，数値計算は比較的高学年になってから履修することが多い．それは，数値計算は最終的にはコンピュータを用いて行うものであり，大学の初年度でコンピュータの基礎やプログラミングの初歩を習ってから勉強するのがよいと考えられているからである．一方，数値計算の内容自体は，初歩の線形代数や微積分を知っていれば十分に理解できる．したがって，線形代数や微積分の基礎を習ってから，あるいはそれらと並行して勉強するのがよいと著者は考える．それは，数値計算が実用上重要であること以外にも，数値計算によって数学への興味が増すと思われるからである．そして，数値計算と線形代数を1冊にまとめたのもこのような理由からである．

本来ならば本書は，第4巻『微積分とベクトル解析』と同様に，本シリーズの最初に執筆すべきであったが，著者の都合で後回しになった．そこで，もし本シリーズで理工系の数学の基礎を勉強するのであれば，第4巻の前半と本書の前半が，微積分と線形代数の初歩になっているので，それらをまず読んでほしい．上述のとおりその知識だけで本書の後半に述べた数値計算のほとんどの部分は十分に理解できるはずである．その後で，第4巻の後半のベクトル解析を勉強し，さらに第1巻，第2巻，第3巻の順に進んでほしい．ただし，第2巻と第3巻はどちらが先でもよい．

以下に，本書の内容について簡単に述べる．前半部分（最初の5つの章）が線形代数の内容で，後半部分（残りの5つの章と付録）が数値計算になっている．第1章は，ベクトルの代数であり，定義から始めてスカラー積やベクトル積まで述べている．これは第4巻のベクトル解析の基礎にもなっている．第2章は，連立1次方程式の解法に関する簡単な議論を行いながら行列の導入を行い，さらに行列や部分行列の加減や積，正方行列の逆行列など行列の演算について述べる．第3章は，行列と密接に関連する行列式を定義し，行列式の演算規則を述べたり連立1次方程式の解を行列式で表すクラーメルの公式を導く．第4章は，行列を線形変換として見直すとともに，ベクトルの独立性について議論する．第5章は，行列に付随する量である固有値と固有ベクトルについて，それらの応用まで含めて解説する．

後半の第6章では，連立1次方程式の解法の中で，第2章で述べたもの以外で数値計算によく用いられる方法と行列の固有値を数値で求める方法を紹介する．第7章では，非線形方程式の解を数値で求める方法の中で，少なくとも1つの解が求められる2分法やニュートン法，そして $n$ 次方程式の複素根をすべて数値で求める方法を紹介する．第8章は，離散点のデータを連続的につなぐ方法である補間法および実験データの整理などで用いられる最小2乗法について簡単に述べる．第9章は，定積分の値を数値で求める数値積分の代表的な方法を紹介し，その応用として離散フーリエ変換についてもふれる．最後の第10章では，微分方程式の数値解法を常微分方程式と偏微分方程式とに分けて説明する．なお，本文はプログラムの作成を前面に出して書いたものではない．そこで，付録では，実際のプログラムを組むときの便宜を考えて，本文で述べた数値計算法の代表的なものについて，それらを具体的なアルゴリズムの形で示している．この部分は，第6〜10章の復習にもなる．

本書によって読者諸氏が線形代数や数値計算の基礎部分，そしてそれらの間のつながりを理解していただければ，著者の喜びこれにすぐるものはない．なお，著者の浅学により本書に不備や間違い等があることを恐れている．読者諸氏のご叱正をお待ちして順次改良を加えていきたい．

なお，本書および本シリーズ刊行にあたっては，朝倉書店編集部のみなさんには大変お世話になった．ここに記して感謝の意を表したい．

2005年10月

河 村 哲 也

# 目　　次

# 1

# ベクトルの代数

## 1.1 スカラーとベクトル

自然界にはいろいろな量が存在する．その中で，質量，温度，電圧，体積など，大きさだけで決まる量をスカラーという．スカラーはスケールに由来する用語である．一方，大きさだけでは決まらない量もある．一例として，物体に働く力を考えると，たとえば10kg重の力が働いているといっても，上に引っ張るのか，横に引っ張るのかで物体の動きは異なる．すなわち，力を指定するには大きさだけでなく方向も必要である．このように，大きさおよび方向を指定して初めて決まる量をベクトルという．ベクトルは力だけではなく，位置（変位），速度，加速度，磁場など，世の中に多く存在する*．

本書では慣例に従い，スカラーを表すにはふつうのアルファベットの文字を用い，ベクトルを表すのに太字のアルファベットを用いることにする．ベクトルの大きさだけを問題にするときは，$|\boldsymbol{a}|$ のように絶対値記号をつける．なお，大きさ 1 のベクトルを単位ベクトルという．

ベクトルは大きさと方向をもつ量であるため，図形的に表すには矢印を用いるのが便利である．すなわち，矢印の方向をベクトルの方向にとり，矢印の長さをベクトルの大きさ（に比例するよう）にとる．矢印の根元をベクトルの始点，先端をベクトルの終点という．力を考える場合には，始点を力の作用点とすることが多い．

---

* その他，応力やひずみなど，大きさと考えている方向だけでなくどの面に対するものかというように，1 つの大きさと 2 つの方向を指定して初めて決まる量もあり，テンソル（テンションからきた用語）とよばれる量の例になっている．

## 1.2　ベクトルの和と差とスカラー倍

ベクトルにいくつかの演算規則を導入しよう．ここでは，説明の都合で場合によってはベクトル量として力を考えることにする．

**〈ベクトルの相等と零ベクトル〉**

ベクトルは大きさと向きをもった量であるから，それぞれの大きさと向きが等しいとき，2 つのベクトルは等しいと定義する．したがって，あるベクトルを平行移動したベクトルはすべて等しい．大きさが 0 のベクトルを 0 ベクトル（零ベクトル）とよび，記号 $\mathbf{0}$ で表す（方向は定義しない）．零ベクトルは力が働いていない状態に対応する．

**〈ベクトルの和〉**

ある 1 点 P に 2 つ以上の力が働いているとき，これらの力と同じ作用をもつ力を合力とよんでいる．力学の法則から，2 つの力の合力は図 1.1 に示すように，力 $\boldsymbol{a}$ と力 $\boldsymbol{b}$ からつくった平行四辺形の点 P を通る対角線を表すベクトル $\boldsymbol{c}$ になる．すなわち，点 P に力 $\boldsymbol{a}$, $\boldsymbol{b}$ が同時に働くのと，点 P に力 $\boldsymbol{c}$ が単独で働くのとでは同じ効果をもつ．そこで，2 つのベクトルの和も図 1.1 のように 2 つのベクトルからつくった平行四辺形の対角線を表すベクトルと定義する（平行四辺形の法則）．このとき図 1.1 から，和について交換法則が成り立つことがわかる．

$$\boldsymbol{a}+\boldsymbol{b}=\boldsymbol{b}+\boldsymbol{a} \tag{1.1}$$

ベクトルの和 $\boldsymbol{a}+\boldsymbol{b}$ は，図 1.2 に示すように，ベクトル $\boldsymbol{a}$ の終点にベクトル $\boldsymbol{b}$ の始点を重ね，ベクトル $\boldsymbol{a}$ の始点とベクトル $\boldsymbol{b}$ の終点を結んだベクトルと考

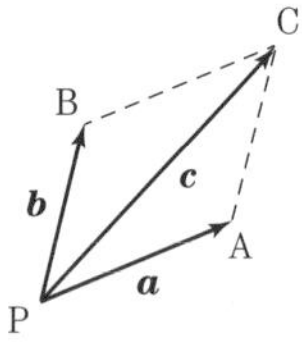

**図 1.1**　ベクトルの和

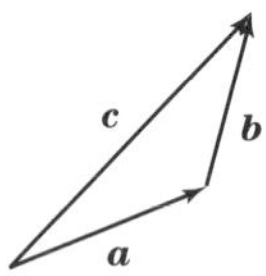

**図 1.2**　三角形の法則

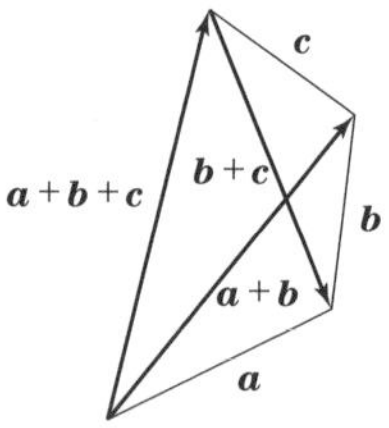

**図 1.3**　結合法則

えることもできる（三角形の法則）．このとき，図 1.3 に示すように 3 つのベクトルの和に対して結合法則

$$(\boldsymbol{a}+\boldsymbol{b})+\boldsymbol{c}=\boldsymbol{a}+(\boldsymbol{b}+\boldsymbol{c}) \tag{1.2}$$

が成り立つ．

多くのベクトルの和を図形的に求めるときには，三角形の法則を用いると便利である．すなわち，多くのベクトルを加えるときは，あるベクトルの終点が別のベクトルの始点となるようにベクトルを次々につなげていく．このとき，はじめのベクトルの始点と最後のベクトルの終点を矢印で結んだものが，全体の和となる．

**◇問 1.1◇**　次式を証明せよ．

(1) $|\boldsymbol{a}+\boldsymbol{b}| \leq |\boldsymbol{a}|+|\boldsymbol{b}|$，(2) $|\boldsymbol{a}+\boldsymbol{b}+\boldsymbol{c}| \leq |\boldsymbol{a}|+|\boldsymbol{b}|+|\boldsymbol{c}|$

〈ベクトルの差〉

あるベクトル $\boldsymbol{a}$ に対してベクトル $-\boldsymbol{a}$ を，

$$\boldsymbol{a}+(-\boldsymbol{a})=\boldsymbol{0} \tag{1.3}$$

となるベクトルで定義する．図で考えると明らかなように，大きさが 0 でない 2 つのベクトルを足して $\boldsymbol{0}$ になるのは，大きさが同じで逆向きの場合だけである（それ以外は平行四辺形が描けるため，和が 0 ベクトルにならない）．ベクトル $\boldsymbol{a}$ を力と考えると，ある点に大きさが同じで反対方向を向いた 2 つの力が働いている場合には，全体としては力が働かないという事実に対応する．

2 つのベクトルの差は和を用いて

$$\boldsymbol{a}-\boldsymbol{b}=\boldsymbol{a}+(-\boldsymbol{b}) \tag{1.4}$$

と定義される．図形的にはまず $\boldsymbol{b}$ と同じ大きさで逆向きのベクトル $-\boldsymbol{b}$ を描き，$\boldsymbol{a}$ との和をつくればよい（図 1.4）．

〈スカラー倍〉

$k$ を正の実数としたとき，ベクトル $k\boldsymbol{a}$ は $\boldsymbol{a}$ と同じ向きで，大きさが $k$ 倍のベクトルと定義する（図 1.5）．これは，たとえばある点に 2 倍の力が働いているといった場合，具体的には同じ向きで大きさが 2 倍の力が働いていることを指

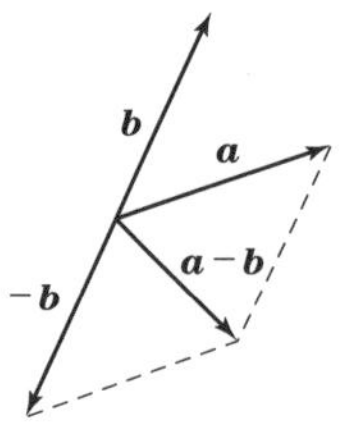


図 1.4　ベクトルの差

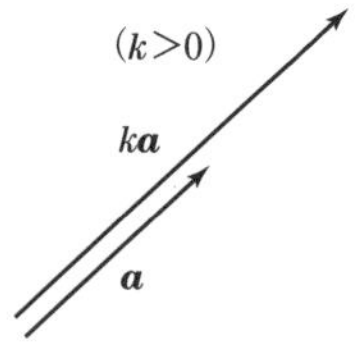


図 1.5　ベクトルのスカラー倍

すため，妥当な定義である．$k$ が負の場合には，ベクトル $\boldsymbol{a}$ と逆向きで大きさは $|k|$ 倍のベクトルと定義する．たとえば $-2\boldsymbol{a}$ は $\boldsymbol{a}$ と逆向きで大きさは $|-2|=2$ 倍のベクトルとなる．

## 1.3　幾何学への応用

ベクトルを用いると，幾何学の問題が簡単に解ける場合が多い．たとえば，平面内の三角形の重心に関する定理「三角形の 3 辺の中線（頂点と対辺の 2 等分点を結ぶ線）は 1 点で交わり，その点（重心）は中線を 2 : 1 に内分する」をベクトルを用いて証明してみよう．

そのために，まずはじめに次の例題を考える．

**例題 1.1**

点 A，B を表すベクトルを $\boldsymbol{a}$，$\boldsymbol{b}$ としたとき，点 A，B を $m:n$ に内分する点 C を表すベクトル $\boldsymbol{c}$ は

$$\boldsymbol{c}=\frac{n\boldsymbol{a}+m\boldsymbol{b}}{m+n}$$

であることを示せ．

【解】　図 1.6 において点 C は点 A，B を $m:n$ に内分する点であるから，$\overrightarrow{AC}=m\overrightarrow{AB}/(m+n)$ である*．また，$\overrightarrow{AB}=\overrightarrow{OB}-\overrightarrow{OA}=\boldsymbol{b}-\boldsymbol{a}$．したがって，

$$\overrightarrow{OC}=\overrightarrow{OA}+\overrightarrow{AC}=\overrightarrow{OA}+\frac{m\overrightarrow{AB}}{m+n}=\boldsymbol{a}+\frac{m(\boldsymbol{b}-\boldsymbol{a})}{m+n}=\frac{n\boldsymbol{a}+m\boldsymbol{b}}{m+n}$$

---

*　点 P を始点，点 Q を終点とするベクトルを $\overrightarrow{PQ}$ と表し，また，$\overrightarrow{PQ}$ の長さを $\overline{\mathrm{PQ}}$ で表すこともある．

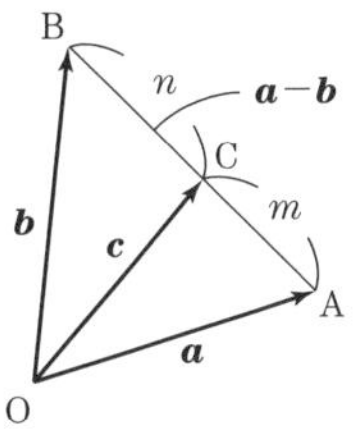


**図 1.6**　内分点

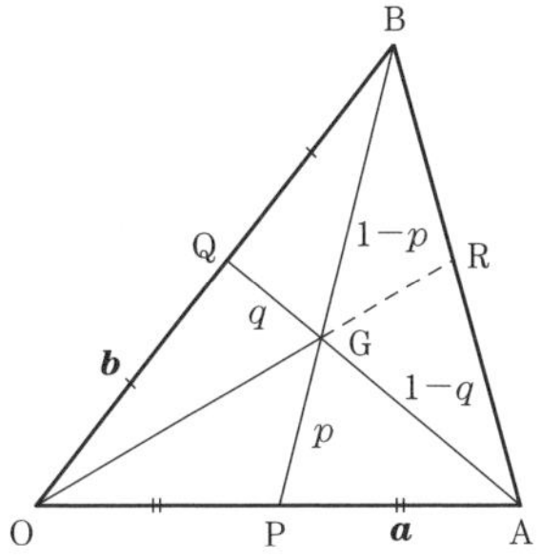


**図 1.7**　重心

次に，ベクトルの 1 次独立性について説明する．ベクトル $\boldsymbol{a}$，$\boldsymbol{b}$ を，方向が異なる 0 でない 2 次元ベクトルとする．このとき，もし定数 $p$，$q$ に対して

$$p\boldsymbol{a}+q\boldsymbol{b}=\boldsymbol{0}$$

が成り立てば，これは $p=q=0$ を意味する．なぜなら，$p$ と $q$ が両方とも 0 でないとすれば，$p\boldsymbol{a}$ と $q\boldsymbol{b}$ により平行四辺形が描けるため，$p\boldsymbol{a}+q\boldsymbol{b}$ は 0 でありえない．また，$p=0$，$q\neq 0$ ならば $q\boldsymbol{b}$ は 0 ベクトルではなく，$p\neq 0$，$q=0$ ならば $p\boldsymbol{a}$ は 0 ベクトルではないため，$p\boldsymbol{a}+q\boldsymbol{b}$ は 0 でないからである．このように，$p\boldsymbol{a}+q\boldsymbol{b}=\boldsymbol{0}$ が成り立つのが，$p=q=0$ に限られる場合は，$\boldsymbol{a}$ と $\boldsymbol{b}$ は 1 次独立であるという．したがって，平面内で方向の異なるベクトルは 1 次独立である．

一方，$p\boldsymbol{a}+q\boldsymbol{b}=\boldsymbol{0}$ を満足する 0 でない定数 $p$ または $q$ が存在するとき，$\boldsymbol{a}$ と $\boldsymbol{b}$ は 1 次従属であるという．このとき，$p\neq 0$ であれば $\boldsymbol{a}=-(q/p)\boldsymbol{b}$ となるため，$\boldsymbol{a}$ は $\boldsymbol{b}$ のスカラー倍になる．同様に $q\neq 0$ であれば $\boldsymbol{b}$ は $\boldsymbol{a}$ のスカラー倍になる．すなわち，2 つの 2 次元ベクトルが 1 次従属ならば，2 つのベクトルの向きが同じであるかまたは逆を向いている．

以上のことを用いて重心の問題を考えよう．図 1.7 において三角形 OAB の辺 OA を表すベクトルを $\boldsymbol{a}$，辺 OB を表すベクトルを $\boldsymbol{b}$ とする．また OA の中点を P，OB の中点を Q とし，AQ と BP の交点を G とする．さらに，$\overline{\mathrm{PG}}:\overline{\mathrm{GB}}=p:1-p$，$\overline{\mathrm{QG}}:\overline{\mathrm{GA}}=q:1-q$ とする．このとき，

$$\overrightarrow{OG}=\overrightarrow{OP}+\overrightarrow{PG}=\boldsymbol{a}/2+p(\boldsymbol{b}-\boldsymbol{a}/2),\quad \overrightarrow{OG}=\overrightarrow{OQ}+\overrightarrow{QG}=\boldsymbol{b}/2+q(\boldsymbol{a}-\boldsymbol{b}/2)$$

より

$$\boldsymbol{a}/2 + p(\boldsymbol{b} - \boldsymbol{a}/2) = \boldsymbol{b}/2 + q(\boldsymbol{a} - \boldsymbol{b}/2)$$

すなわち

$$(1/2 - p/2 - q)\boldsymbol{a} + (p - 1/2 + q/2)\boldsymbol{b} = \boldsymbol{0}$$

が成り立つ．$\boldsymbol{a}$ と $\boldsymbol{b}$ は 1 次独立であるから

$$1/2 - p/2 - q = 0, \qquad p - 1/2 + q/2 = 0$$

となり，これを解いて

$$p = 1/3, \qquad q = 1/3$$

が得られる．したがって，$\overline{\mathrm{BG}} : \overline{\mathrm{GP}} = 1 - p : p = 2 : 1$，$\overline{\mathrm{AG}} : \overline{\mathrm{GQ}} = 1 - q : q = 2 : 1$ となり，また

$$\overrightarrow{OG} = \overrightarrow{OP} + \overrightarrow{PG} = \boldsymbol{a}/2 + (\boldsymbol{b} - \boldsymbol{a}/2)/3 = (\boldsymbol{a} + \boldsymbol{b})/3 = (2/3)(\boldsymbol{a} + \boldsymbol{b})/2$$

である．ここで，$(\boldsymbol{a} + \boldsymbol{b})/2$ は AB の中点を表すベクトルであるため，OG の延長と AB の交点 R は AB の中点になる．このことから，重心の存在が示された．さらに，$\overline{\mathrm{OG}} : \overline{\mathrm{OR}} = 2/3 : 1 = 2 : 3$，すなわち $\overline{\mathrm{OG}} : \overline{\mathrm{GR}} = 2 : 1$ となる．したがって，各中線を 2 : 1 に内分することもわかる．

**◇問 1.2◇** 点 A と点 B の中点を点 P とすれば，$\overrightarrow{OP} = (\overrightarrow{OA} + \overrightarrow{OB})/2$ であることを示せ．

## 1.4 スカラー積とベクトル積

ベクトルは大きさと方向をもった量であるため，ベクトルどうしの積といった場合には，ふつうのスカラーどうしの積のような定義はできない．本節では，2 つのベクトルから 1 つのスカラーをつくる演算であるスカラー積と，2 つの 3 次元ベクトルから新たな 3 次元ベクトルをつくる演算であるベクトル積を定義しよう．

〈スカラー積〉

力学には仕事という概念がある．これは，力の働いている物体（質点）を移動させるときに何らかのエネルギーを使うため，その量を見積もるために用いられる．一般に，力の向きと移動方向とは必ずしも一致していない．たとえば，荷物を真上に持ち上げるときには重力と反対向きの移動になる．このとき重力に逆らって仕事をすることになる．一方，坂道で荷車を押し上げるときにも仕事をするが，このときは重力とある角度をもった方向に移動させることになる．そこで物理学では仕事を

$$\text{仕事} = \text{力の大きさ} \times \text{力の方向の移動距離}$$

と定義している．坂道の場合でいうと，坂道を引っ張った距離ではなく，その距離を鉛直方向（重力の向き）に持ち上げた距離に換算する必要がある．図 1.8 では，荷物の変位はベクトル $\boldsymbol{r}$ であるが，鉛直方向の距離は $|\boldsymbol{r}|\cos\theta$ となる．

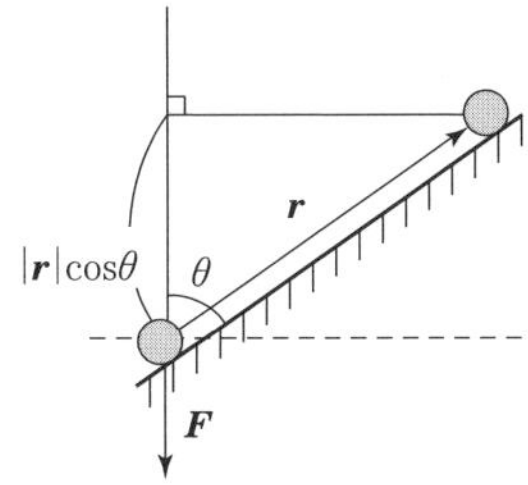


**図 1.8**　仕事とスカラー積

ここで $\theta$ は変位ベクトルが鉛直軸となす角度である．したがって，仕事は

$$|\boldsymbol{F}||\boldsymbol{r}|\cos\theta$$

となる．このように仕事は力と変位という 2 つのベクトル量 $\boldsymbol{F}$，$\boldsymbol{r}$ から 1 つのスカラーをつくる演算になっている．そこで，2 つのベクトル $\boldsymbol{a}$，$\boldsymbol{b}$ のスカラー積も仕事にならって定義することにする．すなわち，スカラー積の記号として $\boldsymbol{a}\cdot\boldsymbol{b}$ というように黒丸で表すことにすれば，スカラー積は

$$\boldsymbol{a}\cdot\boldsymbol{b} = |\boldsymbol{a}||\boldsymbol{b}|\cos\theta \tag{1.5}$$

で定義される．この定義から 2 つのベクトルが直交していれば（$\cos\theta = 0$ であるから），スカラー積は 0 になる．なお，スカラー積は内積ともいう．

スカラー積に対しては，交換法則と分配法則が成り立つ：

$$\boldsymbol{a}\cdot\boldsymbol{b}=\boldsymbol{b}\cdot\boldsymbol{a} \tag{1.6}$$

$$\boldsymbol{a}\cdot(\boldsymbol{b}+\boldsymbol{c})=\boldsymbol{a}\cdot\boldsymbol{b}+\boldsymbol{a}\cdot\boldsymbol{c} \tag{1.7}$$

**例題 1.2**

$(\boldsymbol{a}+\boldsymbol{b})\cdot\boldsymbol{c}=\boldsymbol{a}\cdot\boldsymbol{c}+\boldsymbol{b}\cdot\boldsymbol{c}$ を証明せよ．

【解】 図 1.9 を参照して，ベクトル $\boldsymbol{c}$ がその上にあるような直線 $l$ 上に，点 P，Q，R，S を正射影してできる点を P′，Q′，R′，S′ とする．このとき，

$$(\boldsymbol{a}+\boldsymbol{b})\cdot\boldsymbol{c}=\overline{\mathrm{P'S'}}|\boldsymbol{c}| \quad \boldsymbol{a}\cdot\boldsymbol{c}=\overline{\mathrm{P'Q'}}|\boldsymbol{c}| \quad \boldsymbol{b}\cdot\boldsymbol{c}=\overline{\mathrm{P'R'}}|\boldsymbol{c}|$$

であり，四角形 PQSR は平行四辺形なので $\overline{\mathrm{P'S'}}=\overline{\mathrm{P'Q'}}+\overline{\mathrm{P'R'}}$ が成り立つことに注意すれば，分配法則が成り立つことがわかる．

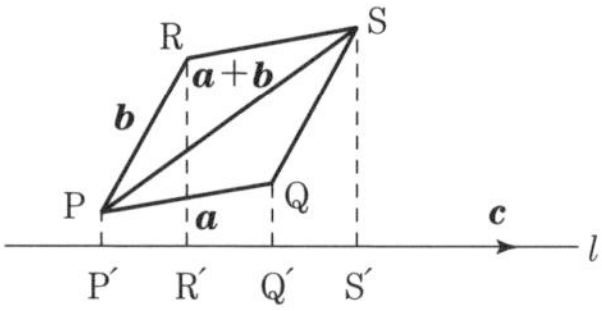


**図 1.9** スカラー積の分配法則

**◇問 1.3◇** ベクトル $\boldsymbol{a}$ と $\boldsymbol{b}$ の交角を $\theta$ とすれば，$\cos\theta=\boldsymbol{a}\cdot\boldsymbol{b}/|\boldsymbol{a}||\boldsymbol{b}|$ であることを示せ．

〈ベクトル積〉

次に，2 つの 3 次元ベクトルから新たな 3 次元ベクトルをつくる演算であるベクトル積を定義しよう．ベクトル積は外積ともよばれる．いま，2 つのベクトル $\boldsymbol{a}$ と $\boldsymbol{b}$ がつくる平面を考える．このときベクトル積は，「ベクトル $\boldsymbol{a}$，$\boldsymbol{b}$ がつくる平面に垂直な方向（ただし $\boldsymbol{a}$ から $\boldsymbol{b}$ に右ねじを回したときねじの進む方向）をもち，大きさは $\boldsymbol{a}$，$\boldsymbol{b}$ がつくる平行四辺形の面積に等しいようなベクトル」で定義される（図 1.10）．ベクトル積は外積ともいう．ここで，2 つのベクトルのなす角を $\theta$ とすれば，平行四辺形の面積 $S$ は図 1.11 から

$$S=|\boldsymbol{a}||\boldsymbol{b}|\sin\theta \tag{1.8}$$

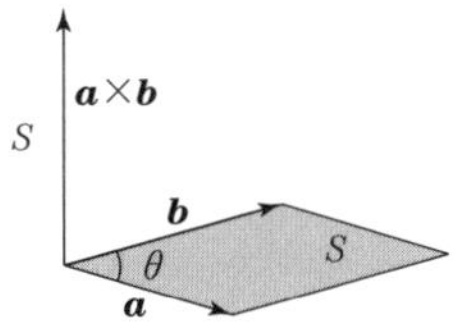


**図 1.10** ベクトル積

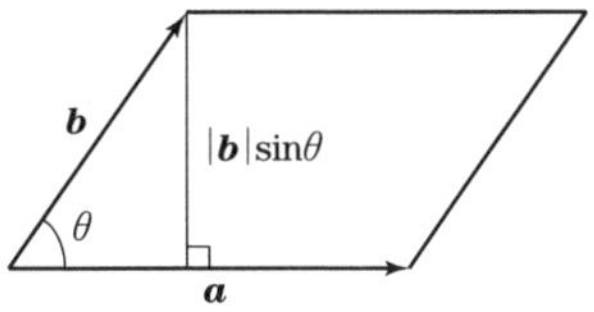


**図 1.11** 平行四辺形の面積

となる．2つのベクトルが平行のときは（$\theta = 0$ であるから），ベクトル積は0ベクトルになる．ベクトル $\boldsymbol{a}$，$\boldsymbol{b}$ のベクトル積は記号 $\boldsymbol{a} \times \boldsymbol{b}$ で表される．$\boldsymbol{a}$ から $\boldsymbol{b}$ に右ねじを回す場合と $\boldsymbol{b}$ から $\boldsymbol{a}$ に右ねじを回す場合では向きが逆になる．しかし，どちらの場合も平行四辺形の面積は同じであるため，関係式

$$\boldsymbol{a} \times \boldsymbol{b} = -\boldsymbol{b} \times \boldsymbol{a} \tag{1.9}$$

が成り立つ．このことはベクトル積に関しては交換法則が成り立たないことを意味している．ただし，結合法則と分配法則は成り立つ．

$$(\boldsymbol{a} \times \boldsymbol{b}) \times \boldsymbol{c} = \boldsymbol{a} \times (\boldsymbol{b} \times \boldsymbol{c}) \tag{1.10}$$

$$\boldsymbol{a} \times (\boldsymbol{b} + \boldsymbol{c}) = \boldsymbol{a} \times \boldsymbol{b} + \boldsymbol{a} \times \boldsymbol{c}, \quad (\boldsymbol{a} + \boldsymbol{b}) \times \boldsymbol{c} = \boldsymbol{a} \times \boldsymbol{c} + \boldsymbol{b} \times \boldsymbol{c} \tag{1.11}$$

なお，ベクトル積をこのように定義したのは，物理学において，2つのベクトルのベクトル積が重要な物理量になることがあるからである．

**例題 1.3**

ベクトル $\boldsymbol{c}$ に垂直な面にベクトル $\boldsymbol{a}$ を正射影したときに得られるベクトルを $\boldsymbol{a}'$ とすれば，$\boldsymbol{a} \times \boldsymbol{c} = \boldsymbol{a}' \times \boldsymbol{c}$ が成り立つことを示せ．

【解】 図 1.12 を参照すると，$\boldsymbol{a} \times \boldsymbol{c}$ と $\boldsymbol{a}' \times \boldsymbol{c}$ は同じ方向であることがわかる．さらに図から $\boldsymbol{a}$ と $\boldsymbol{c}$ がつくる平行四辺形の面積と $\boldsymbol{a}'$ と $\boldsymbol{c}$ がつくる平行四辺形の面積は同じである．すなわち，$|\boldsymbol{a} \times \boldsymbol{c}| = |\boldsymbol{a}' \times \boldsymbol{c}|$ となる．したがって，$\boldsymbol{a} \times \boldsymbol{c} = \boldsymbol{a}' \times \boldsymbol{c}$ が成り立つ．

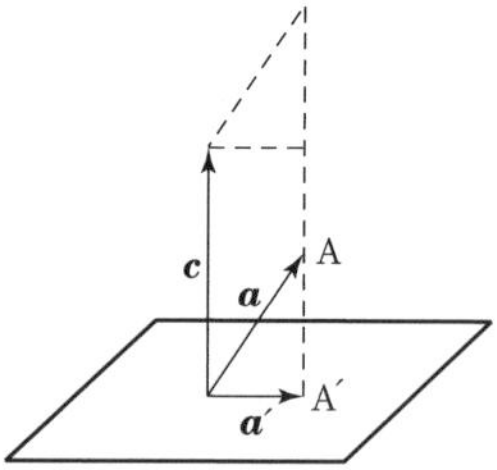


**図 1.12**　$\boldsymbol{a} \times \boldsymbol{c} = \boldsymbol{a}' \times \boldsymbol{c}$

**例題 1.4**

$(\boldsymbol{a}+\boldsymbol{b}) \times \boldsymbol{c} = \boldsymbol{a} \times \boldsymbol{c} + \boldsymbol{b} \times \boldsymbol{c}$ を証明せよ.

【解】 $\boldsymbol{c}$ に垂直な面に対する $\boldsymbol{a}$ と $\boldsymbol{b}$ の正射影を $\boldsymbol{a}'$ と $\boldsymbol{b}'$ とする. 例題 1.3 の結果から, もし $(\boldsymbol{a}'+\boldsymbol{b}') \times \boldsymbol{c} = \boldsymbol{a}' \times \boldsymbol{c} + \boldsymbol{b}' \times \boldsymbol{c}$ が証明できれば

$$(\boldsymbol{a}'+\boldsymbol{b}') \times \boldsymbol{c} = (\boldsymbol{a}+\boldsymbol{b}) \times \boldsymbol{c}, \qquad \boldsymbol{a}' \times \boldsymbol{c} = \boldsymbol{a} \times \boldsymbol{c}, \qquad \boldsymbol{b}' \times \boldsymbol{c} = \boldsymbol{b} \times \boldsymbol{c}$$

であるから, 分配法則が証明できたことになる. さて, $\boldsymbol{a}'$ は $\boldsymbol{c}$ に垂直であるから, $|\boldsymbol{a}' \times \boldsymbol{c}| = |\boldsymbol{a}'||\boldsymbol{c}|$ であり, また $\boldsymbol{a}' \times \boldsymbol{c}$ は $\boldsymbol{a}'$ と $\boldsymbol{c}$ に垂直である. そこで, 図 1.13 に示すように $\boldsymbol{c}$ に垂直な面内で $\boldsymbol{a}'$ を 90° 回転して $|\boldsymbol{c}|$ 倍したものが $\boldsymbol{a}' \times \boldsymbol{c}$ である. 同様に $\boldsymbol{b}'$ は $\boldsymbol{c}$ に垂直なので同じ面内で $\boldsymbol{b}'$ を 90° 回転して $|\boldsymbol{c}|$ 倍したものが $\boldsymbol{b}' \times \boldsymbol{c}$ になる. この 2 つを加えたものは, やはり図を参照すれば $\boldsymbol{a}'+\boldsymbol{b}'$ を 90° 回転して $\boldsymbol{c}$ 倍したもの, すなわち $(\boldsymbol{a}'+\boldsymbol{b}') \times \boldsymbol{c}$ と等しいことがわかる. したがって, $(\boldsymbol{a}'+\boldsymbol{b}') \times \boldsymbol{c} = \boldsymbol{a}' \times \boldsymbol{c} + \boldsymbol{b}' \times \boldsymbol{c}$ が成り立つ.

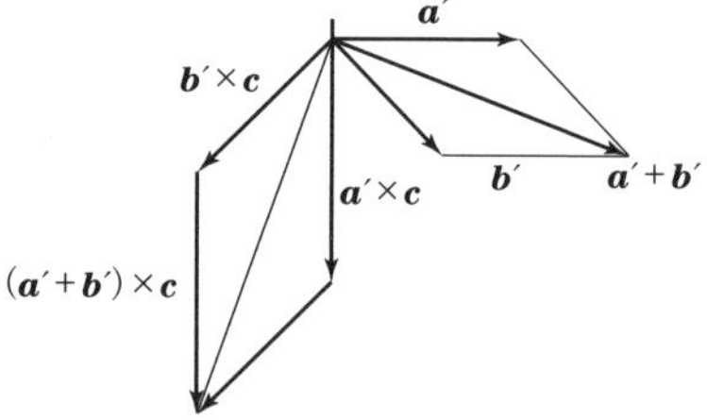


**図 1.13**　ベクトル積の分配法則（$\boldsymbol{c}$は紙面に垂直）

◇**問 1.4**◇　次式を証明せよ.

(1) $(\boldsymbol{a}+\boldsymbol{b}) \cdot (\boldsymbol{a}-\boldsymbol{b}) = \boldsymbol{a} \cdot \boldsymbol{a} - \boldsymbol{b} \cdot \boldsymbol{b}$,　(2) $(\boldsymbol{a}+\boldsymbol{b}) \times (\boldsymbol{a}-\boldsymbol{b}) = -2\boldsymbol{a} \times \boldsymbol{b}$

(3) $\boldsymbol{a} \cdot (\boldsymbol{a} \times \boldsymbol{b}) = 0$

## 1.5　ベクトルの成分表示

はじめに，平面内にベクトル（2次元ベクトル）を考える．そして，平面内に直角座標を導入する．ベクトルは平行移動しても変わらないので，その始点が直角座標の原点になるように平行移動しておく．このとき，ベクトルの終点は平面内の1点Pを表すが，この点はある座標値をもつため，この座標値でベクトルが指定できる．いま，この座標値が $(x_1, y_1)$ となったとする．このとき，$x_1$ をベクトルの $x$ 成分，$y_1$ をベクトルの $y$ 成分という．そして，ベクトルを $(x_1, y_1)$ のように成分で指定することをベクトルの成分表示という．ベクトルを成分表示するときには，ベクトルの始点は必ず原点にとる．

さて，$x$ 軸の正の方向を向いた単位ベクトルを $\boldsymbol{i}$，$y$ 軸の正方向を向いた単位ベクトルを $\boldsymbol{j}$ とする．このように，各座標の正方向を向いた単位ベクトルを基本ベクトルという．基本ベクトルを用いれば，図1.14のベクトル $\boldsymbol{a}$ は $x_1\boldsymbol{i}$ となり，ベクトル $\boldsymbol{b}$ は $y_1\boldsymbol{j}$ となる．したがって，ベクトル $\boldsymbol{p}$ は成分を用いれば

$$\boldsymbol{p} = x_1\boldsymbol{i} + y_1\boldsymbol{j} \tag{1.12}$$

となる．

空間内のベクトル（3次元ベクトル）も同様に成分表示できる．すなわち空間内に直角座標系を導入し，ベクトルの始点が原点と一致するように平行移動する．このとき，ベクトルの終点の座標が $(x_1, y_1, z_1)$ になったとすれば，$x_1$ がベクトルの $x$ 成分，$y_1$ がベクトルの $y$ 成分，$z_1$ がベクトルの $z$ 成分となる．さらに，$\boldsymbol{i}, \boldsymbol{j}$ を前と同様にとり，さらに $\boldsymbol{k}$ を $z$ 軸の正方向の単位ベクトル（基本ベクトル）とすれば，このベクトルは

$$\boldsymbol{p} = x_1\boldsymbol{i} + y_1\boldsymbol{j} + z_1\boldsymbol{k} \tag{1.13}$$

となる（図1.15）*.

---

*　一般に，$n$ 次元空間のベクトル $\boldsymbol{a}$ は座標軸の方向の単位ベクトルを $\boldsymbol{e}_1, \boldsymbol{e}_2, \cdots, \boldsymbol{e}_n$ としたとき

$$\boldsymbol{a} = a_1\boldsymbol{e}_1 + a_2\boldsymbol{e}_2 + \cdots + a_n\boldsymbol{e}_n$$

と表せる．このとき，$\boldsymbol{a} = (a_1, a_2, \cdots, a_n)$ とも書いて $n$ 次元ベクトルの成分表示という．

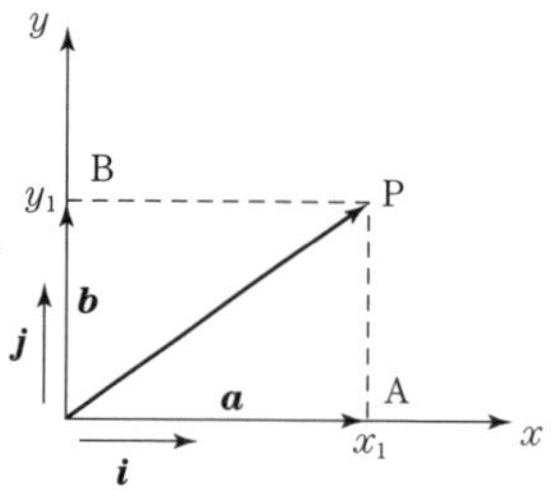


図 1.14 ベクトルの成分表示（2 次元）

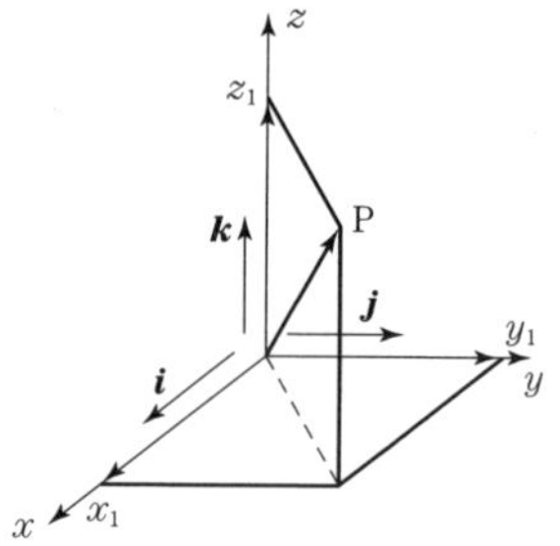


図 1.15 ベクトルの成分表示（3 次元）

2 次元ベクトル $\boldsymbol{a}$，$\boldsymbol{b}$ の成分表示をそれぞれ $(a_1, a_2)$，$(b_1, b_2)$ とすれば，図 1.16 から平行四辺形の頂点 C の座標は $(a_1 + a_2, b_1 + b_2)$ となる．したがって，2 つのベクトルの和の成分は対応する成分ごとに和をとればよい．このことは $\boldsymbol{a} = a_1\boldsymbol{i} + a_2\boldsymbol{j}$，$\boldsymbol{b} = b_1\boldsymbol{i} + b_2\boldsymbol{j}$ から，

$$\boldsymbol{c} = \boldsymbol{a} + \boldsymbol{b} = (a_1\boldsymbol{i} + a_2\boldsymbol{j}) + (b_1\boldsymbol{i} + b_2\boldsymbol{j}) = (a_1 + b_1)\boldsymbol{i} + (a_2 + b_2)\boldsymbol{j} \tag{1.14}$$

という計算ができることを意味している．3 次元でも同様に，$\boldsymbol{a} = a_1\boldsymbol{i}+a_2\boldsymbol{j}+a_3\boldsymbol{k}$，$\boldsymbol{b} = b_1\boldsymbol{i} + b_2\boldsymbol{j} + b_3\boldsymbol{k}$ のとき

$$\boldsymbol{c} = (a_1 + b_1)\boldsymbol{i} + (a_2 + b_2)\boldsymbol{j} + (a_3 + b_3)\boldsymbol{k} \tag{1.15}$$

となる．同様にベクトルの差も対応する成分ごとに差をとればよい．

スカラー倍については次のようになる．2 次元ベクトル $\boldsymbol{a}$ の成分表示を $(a_1, a_2)$ としたとき，$k\boldsymbol{a}$ の成分は図 1.17 から $(ka_1, ka_2)$ となる．すなわち，各成分をそれぞれ $k$ 倍すればよい．このことは $\boldsymbol{a} = a_1\boldsymbol{i} + a_2\boldsymbol{j}$ のとき

$$k\boldsymbol{a} = k(a_1\boldsymbol{i} + a_2\boldsymbol{j}) = ka_1\boldsymbol{i} + ka_2\boldsymbol{j} \tag{1.16}$$

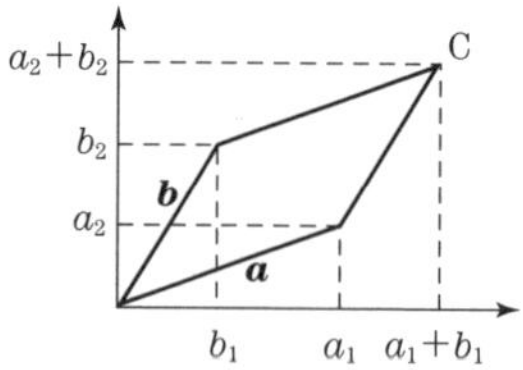


図 1.16 ベクトルの和の成分表示

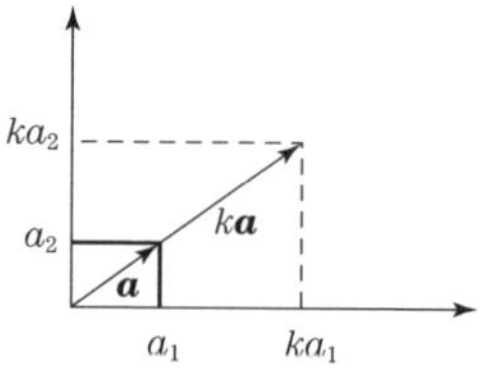


図 1.17 ベクトルのスカラー積の成分表示

という計算ができることを意味している．

**例題 1.5**

$\boldsymbol{a} = 2\boldsymbol{i} - 3\boldsymbol{j} + \boldsymbol{k}$，$\boldsymbol{b} = -3\boldsymbol{i} + 2\boldsymbol{j} - 4\boldsymbol{k}$ のとき，次のものを求めよ．

(1) $2\boldsymbol{a} + \boldsymbol{b}$，(2) $3\boldsymbol{a} - 4\boldsymbol{b}$，(3) $\boldsymbol{a}$，$\boldsymbol{b}$ の終点を 3 : 2 に内分する点の座標

【解】

(1) $2\boldsymbol{a} + \boldsymbol{b} = 2(2\boldsymbol{i} - 3\boldsymbol{j} + \boldsymbol{k}) + (-3\boldsymbol{i} + 2\boldsymbol{j} - 4\boldsymbol{k}) = \boldsymbol{i} - 4\boldsymbol{j} - 2\boldsymbol{k}$

(2) $3\boldsymbol{a} - 4\boldsymbol{b} = 3(2\boldsymbol{i} - 3\boldsymbol{j} + \boldsymbol{k}) - 4(-3\boldsymbol{i} + 2\boldsymbol{j} - 4\boldsymbol{k}) = 18\boldsymbol{i} - 17\boldsymbol{j} + 19\boldsymbol{k}$

(3) $(2\boldsymbol{a} + 3\boldsymbol{b})/5 = (4\boldsymbol{i} - 6\boldsymbol{j} + 2\boldsymbol{k} - 9\boldsymbol{i} + 6\boldsymbol{j} - 12\boldsymbol{k})/5 = -\boldsymbol{i} - 2\boldsymbol{k}$

**◇問 1.5◇**　$\boldsymbol{a} = \boldsymbol{i} - 2\boldsymbol{j} + 3\boldsymbol{k}$，$b = -2i - \boldsymbol{j} + \boldsymbol{k}$ のとき，以下のものを求めよ．

(1) $2\boldsymbol{a} - 3\boldsymbol{b}$，(2) $|\boldsymbol{a} + \boldsymbol{b}|$，(3) $-2\boldsymbol{a} + \boldsymbol{b}$ に平行な単位ベクトル

## 1.6　スカラー積とベクトル積の成分表示

基本ベクトルのスカラー積については，以下の関係式が成り立つ：

$$\boldsymbol{i} \cdot \boldsymbol{i} = \boldsymbol{j} \cdot \boldsymbol{j} = \boldsymbol{k} \cdot \boldsymbol{k} = 1, \qquad \boldsymbol{i} \cdot \boldsymbol{j} = \boldsymbol{j} \cdot \boldsymbol{k} = \boldsymbol{k} \cdot \boldsymbol{i} = 0 \tag{1.17}$$

なぜなら，基本ベクトルの大きさは $1(|\boldsymbol{i}| = |\boldsymbol{j}| = |\boldsymbol{k}| = 1)$ であり，また異なる基本ベクトルは，互いに直交するからである．

一方，基本ベクトルのベクトル積については以下の関係式が成り立つ：

$$\begin{cases} \boldsymbol{i} \times \boldsymbol{i} = \boldsymbol{j} \times \boldsymbol{j} = \boldsymbol{k} \times \boldsymbol{k} = 0 \\ \boldsymbol{i} \times \boldsymbol{j} = \boldsymbol{k}, \qquad \boldsymbol{j} \times \boldsymbol{k} = \boldsymbol{i}, \qquad \boldsymbol{k} \times \boldsymbol{i} = \boldsymbol{j} \\ \boldsymbol{j} \times \boldsymbol{i} = -\boldsymbol{k}, \qquad \boldsymbol{k} \times \boldsymbol{j} = -\boldsymbol{i}, \qquad \boldsymbol{j} \times \boldsymbol{k} = -\boldsymbol{j} \end{cases} \tag{1.18}$$

なぜなら，同じベクトル（平行）のベクトル積は 0 であり，また，後の 2 つの関係は，定義あるいは図 1.18 からわかる．

一般のベクトルのスカラー積を成分表示するためには，上の基本ベクトル間

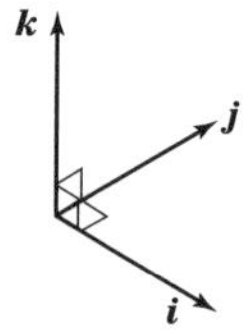


**図 1.18** 基本ベクトル

の関係式 (1.17) と分配法則を用いればよい．すなわち，2 つの 2 次元ベクトル $\boldsymbol{a}$，$\boldsymbol{b}$のスカラー積は

$$\begin{aligned}\boldsymbol{a}\cdot\boldsymbol{b} &= (a_1\boldsymbol{i}+a_2\boldsymbol{j})\cdot(b_1\boldsymbol{i}+b_2\boldsymbol{j}) = (a_1\boldsymbol{i}+a_2\boldsymbol{j})\cdot b_1\boldsymbol{i}+(a_1\boldsymbol{i}+a_2\boldsymbol{j})\cdot b_2\boldsymbol{j}\\ &= a_1\boldsymbol{i}\cdot b_1\boldsymbol{i}+a_2\boldsymbol{j}\cdot b_1\boldsymbol{i}+a_1\boldsymbol{i}\cdot b_2\boldsymbol{j}+a_2\boldsymbol{j}\cdot b_2\boldsymbol{j}\\ &= a_1b_1\boldsymbol{i}\cdot\boldsymbol{i}+a_2b_1\boldsymbol{j}\cdot\boldsymbol{i}+a_1b_2\boldsymbol{i}\cdot\boldsymbol{j}+a_2b_2\boldsymbol{j}\cdot\boldsymbol{j} = a_1a_2+b_1b_2 \end{aligned} \tag{1.19}$$

となる．このようにスカラー積を計算する場合にはスカラー積をふつうの積と見なし，ベクトルもふつうの文字と見なして式を展開し，基本ベクトルの関係 (1.17) を用いて式を簡単にすればよい．

3 次元ベクトルの場合も同様に

$$\boldsymbol{a}\cdot\boldsymbol{b} = (a_1\boldsymbol{i}+a_2\boldsymbol{j}+a_3\boldsymbol{k})\cdot(b_1\boldsymbol{i}+b_2\boldsymbol{j}+b_3\boldsymbol{k}) = a_1b_1+a_2b_2+a_3b_3 \tag{1.20}$$

となる．

ベクトル積の計算でもスカラー積の計算と同様に，分配法則および式 (1.18) を用いて式を展開して計算すればよい．すなわち，

$$\begin{aligned}\boldsymbol{a}\times\boldsymbol{b} &= (a_1\boldsymbol{i}+a_2\boldsymbol{j}+a_3\boldsymbol{k})\times(b_1\boldsymbol{i}+b_2\boldsymbol{j}+b_3\boldsymbol{k})\\ &= (a_1\boldsymbol{i}+a_2\boldsymbol{j}+a_3\boldsymbol{k})\times b_1\boldsymbol{i}+(a_1\boldsymbol{i}+a_2\boldsymbol{j}+a_3\boldsymbol{k})\times b_2\boldsymbol{j}\\ &\quad +(a_1\boldsymbol{i}+a_2\boldsymbol{j}+a_3\boldsymbol{k})\times b_3\boldsymbol{k}\\ &= a_2b_1\boldsymbol{j}\times\boldsymbol{i}+a_3b_1\boldsymbol{k}\times\boldsymbol{i}+a_1b_2\boldsymbol{i}\times\boldsymbol{j}+a_3b_2\boldsymbol{k}\times\boldsymbol{j}+a_1b_3\boldsymbol{i}\times\boldsymbol{k}\\ &\quad +a_2b_3\boldsymbol{j}\times\boldsymbol{k}\\ &= (a_2b_3-a_3b_2)\boldsymbol{i}+(a_3b_1-a_1b_3)\boldsymbol{j}+(a_1b_2-a_2b_1)\boldsymbol{k} \end{aligned} \tag{1.21}$$

となる．

**例題 1.6**

$\boldsymbol{a}=2\boldsymbol{i}-3\boldsymbol{j}+\boldsymbol{k}$, $b=-3\boldsymbol{i}+2\boldsymbol{j}-4\boldsymbol{k}$ のとき，次のものを求めよ．

(1) $(2\boldsymbol{a}+\boldsymbol{b})\cdot(\boldsymbol{a}-\boldsymbol{b})$, (2) $\boldsymbol{a}\times\boldsymbol{b}$, (3) $\boldsymbol{a}$ と $\boldsymbol{b}$ のなす角

(4) $\boldsymbol{a}$ と $\boldsymbol{b}$ に垂直な単位ベクトル

【解】

(1) $(2\boldsymbol{a}+\boldsymbol{b})\cdot(\boldsymbol{a}-\boldsymbol{b})=(\boldsymbol{i}-4\boldsymbol{j}-2\boldsymbol{k})\cdot(5\boldsymbol{i}-5\boldsymbol{j}+5\boldsymbol{k})=5+20-10=15$

(2) $\boldsymbol{a}\times\boldsymbol{b}=(12-2)\boldsymbol{i}+(-3+8)\boldsymbol{j}+(4-9)\boldsymbol{k}=10\boldsymbol{i}+5\boldsymbol{j}-5\boldsymbol{k}$

(3) $\boldsymbol{a}\cdot\boldsymbol{b}=-6-6-4=-16,\quad |\boldsymbol{a}|=\sqrt{4+9+1}=\sqrt{14},$
$|\boldsymbol{b}|=\sqrt{9+4+16}=\sqrt{29},$
$\theta=\cos^{-1}(-\sqrt{128/203})=\pi-\cos^{-1}\sqrt{128/203}$

(4) $\boldsymbol{n}=\pm\boldsymbol{a}\times\boldsymbol{b}/|\boldsymbol{a}\times\boldsymbol{b}|=\pm(2\boldsymbol{i}+\boldsymbol{j}-\boldsymbol{k})/\sqrt{6}$

**〈スカラー 3 重積〉**

3 つのベクトル $\boldsymbol{a}$, $\boldsymbol{b}$, $\boldsymbol{c}$ について，$\boldsymbol{a}\cdot(\boldsymbol{b}\times\boldsymbol{c})$ をスカラー 3 重積という．スカラー積というのは，2 つのベクトル $\boldsymbol{a}$ と $\boldsymbol{b}\times\boldsymbol{c}$ のスカラー積になっているからである．これは図 1.19 に示すように，3 つのベクトルのつくる平行 6 面体の体積 $V$ になっている．成分表示では

$$\boldsymbol{a}=a_1\boldsymbol{i}+a_2\boldsymbol{j}+a_3\boldsymbol{k},$$
$$\boldsymbol{b}\times\boldsymbol{c}=(b_2c_3-b_3c_2)\boldsymbol{i}+(b_3c_1-b_1c_3)\boldsymbol{j}+(b_1c_2-b_2c_1)\boldsymbol{k}$$

であるから，

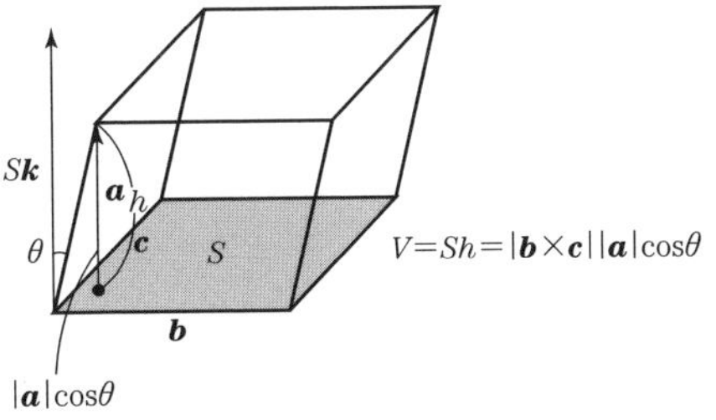


**図 1.19**　平行 6 面体の体積 $V$

$$\begin{aligned}\boldsymbol{a}\cdot(\boldsymbol{b}\times\boldsymbol{c}) &= a_1(b_2c_3-b_3c_2)+a_2(b_3c_1-b_1c_3)+a_3(b_1c_2-b_2c_1)\\ &= a_1b_2c_3+a_2b_3c_1+a_3b_1c_2-a_1b_3c_2-a_2b_1c_3-a_3b_2c_1\end{aligned}$$

となる．スカラー3重積に対して，

$$\boldsymbol{a}\cdot(\boldsymbol{b}\times\boldsymbol{c})=\boldsymbol{b}\cdot(\boldsymbol{c}\times\boldsymbol{a})=\boldsymbol{c}\cdot(\boldsymbol{a}\times\boldsymbol{b}) \tag{1.22}$$

が成り立つ．この式は，成分表示すれば確かめられるが，どれも同じ平行6面体の体積であることを考えれば当然の結果である．

**〈ベクトル3重積〉**

3つのベクトル $\boldsymbol{a}$，$\boldsymbol{b}$，$\boldsymbol{c}$ について，$\boldsymbol{a}\times(\boldsymbol{b}\times\boldsymbol{c})$ をベクトル3重積という．ベクトル3重積に対しては，成分表示をすることにより以下の等式が成り立つことがわかる．

$$\boldsymbol{a}\times(\boldsymbol{b}\times\boldsymbol{c})=(\boldsymbol{a}\cdot\boldsymbol{c})\boldsymbol{b}-(\boldsymbol{a}\cdot\boldsymbol{b})\boldsymbol{c} \tag{1.23}$$

**例題 1.7**

上の等式を証明せよ．

【解】 $x$ 成分についてのみ示すが，$y$ および $z$ 成分についても同様にできる．なお，添え字については1は $x$，2は $y$，3は $z$ を表すものとする．$\boldsymbol{d}=\boldsymbol{b}\times\boldsymbol{c}$ とおくと

$$d_2=b_3c_1-b_1c_3, \qquad d_3=b_1c_2-b_2c_1$$

となるため，

$$\begin{aligned}(\boldsymbol{a}\times(\boldsymbol{b}\times\boldsymbol{c}))_1 &= (\boldsymbol{a}\times\boldsymbol{d})_1=a_2d_3-a_3d_2\\ &= a_2(b_1c_2-b_2c_1)-a_3(b_3c_1-b_1c_3)\end{aligned}$$

となる．一方，

$$\begin{aligned}[(\boldsymbol{a}\cdot\boldsymbol{c})\boldsymbol{b}-(\boldsymbol{a}\cdot\boldsymbol{b})\boldsymbol{c}]_1 &= (\boldsymbol{a}\cdot\boldsymbol{c})b_1-(\boldsymbol{a}\cdot\boldsymbol{b})c_1\\ &= (a_1c_1+a_2c_2+a_3c_3)b_1-(a_1b_1+a_2b_2+a_3b_3)c_1\\ &= a_2(b_1c_2-b_2c_1)-a_3(b_3c_1-b_1c_3)\end{aligned}$$

であるため両者は等しい．

◇問 1.6◇　$\boldsymbol{a} = \boldsymbol{i} - 2\boldsymbol{j} + 3\boldsymbol{k}$, $\boldsymbol{b} = -2\boldsymbol{i} - \boldsymbol{j} + \boldsymbol{k}$ のとき，以下のものを求めよ．

(1) $\boldsymbol{a} \cdot \boldsymbol{b}$, (2) $\boldsymbol{a} \times \boldsymbol{b}$, (3) $(\boldsymbol{a} - \boldsymbol{b}) \times (\boldsymbol{a} + \boldsymbol{b})$

## ▷章末問題◁

**【1.1】** 次式を証明せよ．

(1) $\boldsymbol{a} \cdot (\boldsymbol{b} \times \boldsymbol{c}) = \boldsymbol{b} \cdot (\boldsymbol{c} \times \boldsymbol{a}) = \boldsymbol{c} \cdot (\boldsymbol{a} \times \boldsymbol{b})$

(2) $\boldsymbol{a} \times (\boldsymbol{b} \times \boldsymbol{c}) + \boldsymbol{b} \times (\boldsymbol{c} \times \boldsymbol{a}) + \boldsymbol{c} \times (\boldsymbol{a} \times \boldsymbol{b}) = 0$

(3) $(\boldsymbol{a} \times \boldsymbol{b}) \cdot (\boldsymbol{c} \times \boldsymbol{d}) = (\boldsymbol{a} \cdot \boldsymbol{c})(\boldsymbol{b} \cdot \boldsymbol{d}) - (\boldsymbol{a} \cdot \boldsymbol{d})(\boldsymbol{b} \cdot \boldsymbol{c})$

**【1.2】** ベクトル $\boldsymbol{a}$, $\boldsymbol{b}$ を 2 辺とする平行四辺形の面積 $S$ は次式で与えられることを示せ．

$$S = \sqrt{|\boldsymbol{a}|^2 |\boldsymbol{b}|^2 - (\boldsymbol{a} \cdot \boldsymbol{b})^2}$$

**【1.3】** $\boldsymbol{a} = (1, 2, 3)$, $\boldsymbol{b} = (2, -3, -4)$ のとき

(1) $\boldsymbol{a}$ と $\boldsymbol{b}$ に垂直な単位ベクトルを求めよ．

(2) $(\boldsymbol{x}, \boldsymbol{a} + \boldsymbol{b}) = (\boldsymbol{x}, 2\boldsymbol{a} - 3\boldsymbol{b})$ を満足する$\boldsymbol{x}$を求めよ．

**【1.4】** 三角形の各頂点から対辺に下ろした垂線は 1 点で交わることを示せ．

**【1.5】** 円 O の互いに直交する弦を AB と CD とする．AB と CD の交点を P とすれば次式が成り立つことを示せ．

$$\overrightarrow{PA} + \overrightarrow{PB} + \overrightarrow{PC} + \overrightarrow{PD} = 2\overrightarrow{PO}$$

# 2

# 連立 1 次方程式と行列

## 2.1　ガウスの消去法

行列と連立 1 次方程式とは密接な関係がある．そこで，本節では行列への導入として，中学校で習った連立 1 次方程式をもう一度考えてみる．

はじめに，次の連立 3 元 1 次方程式

$$\begin{cases} x - 4y + 3z = -1 \\ \quad - y - \ z = 3 \\ \qquad\quad -5z = 10 \end{cases}$$

を解いてみよう．未知数は $x, y, z$ である．この方程式を，その形から上三角型とよぶことにする．すなわち，上三角型の連立 1 次方程式とはそれぞれの方程式を未知数 $x, y, \cdots$ の位置を合わせて書いた場合，対角線より下半分がない方程式のことを指す．この方程式は，下から順に解くことにすれば，簡単に解ける．すなわち，3 番目の方程式から

$$z = -2$$

これを 2 番目の方程式に代入すれば

$$-y + 2 = 3$$

となるから，

$$y = -1$$

さらに，$y = -1$，$z = -2$ を 1 番目の方程式に代入して

$$x + 4 - 6 = -1$$

より，

$$x = 1$$

したがって，答えは

$$x = 1, \qquad y = -1, \qquad z = -2$$

である．

次に，ふつうの形の連立 3 元 1 次方程式

$$\begin{cases} x - 4y + 3z = -1 \\ x - 5y + 2z = 2 \\ 2x - 5y + 4z = -1 \end{cases}$$

を解いてみよう．上で述べたように，上三角型であれば簡単に解けるため，解き方の方針としてこの方程式を上三角型に変形することを考える．そのために，まず 1 番目の方程式を利用して 2 番目および 3 番目の方程式から $x$ を消去する．それには $x$ の係数を同じ値にして引き算すればよいから，まず 1 番目の方程式を 2 番目の方程式から引く．その結果

$$-y - z = 3$$

となる．同様に 1 番目の方程式に 2 を掛けて 3 番目の方程式から引けば

$$3y - 2z = 1$$

となる．

次に 1 番目の方程式は忘れて，2 番目の方程式と 3 番目の方程式を組にして考える．

$$\begin{cases} -\ y -\ \ z = 3 \\ \ \ 3y - 2z = 1 \end{cases}$$

そして上の方程式を使って下の方程式から $y$ を消去する．それには上の方程式に $-3$ を掛けて下の方程式から引く．その結果

$$-5z = 10$$

となる．ここでもとの 1 番目の方程式をつけ加えれば

$$\begin{cases} x - 4y + 3z = -1 \\ \quad - y - \ z = 3 \\ \qquad -5z = 10 \end{cases}$$

となり，上三角型に変形できたことになる．なお，この方程式ははじめに取り上げた方程式と全く同じであり，解は

$$x = 1, \qquad y = -1, \qquad z = -2$$

である．以上の手順を図に書けば図 2.1 のようになる．

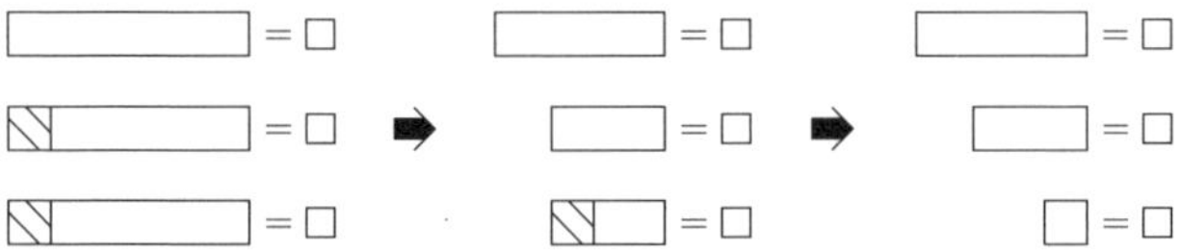

**図 2.1** ガウスの消去法（▧は消去する項）

上で述べた連立 1 次方程式を上三角型に直す手順を前進消去，上三角方程式を下から順に解く手順を後退代入とよんでいる．そして，連立 1 次方程式を前進消去と後退代入により解く方法をガウスの消去法とよんでいる．もちろんガウスの消去法は，4 元以上の連立 1 次方程式にも適用できる．

**例題 2.1**

次の連立 4 元 1 次方程式をガウスの消去法により解け．

$$\begin{cases} x - 4y + 3z - \ u = -3 \\ -x + 4y - 2z - 2u = -5 \\ x - 5y + 2z + \ u = 4 \\ 2x - 5y + 4z - 3u = -7 \end{cases}$$

【解】 はじめに 1 番目の式を用いて 2 番目の式以降から $x$ を消去する．それには 1 番目の式と 2 番目の式を足す．同様に 1 番目の式を $-1$ 倍および $-2$ 倍して 3 番目の式および 4 番目の式に足す．その結果，

$$\begin{cases} x - 4y + 3z - \phantom{3}u = -3 \\ \phantom{x - 4y + 3}z - 3u = -8 \\ \phantom{x} -y - \phantom{3}z + 2u = 7 \\ \phantom{x -} 3y - 2z - \phantom{3}u = -1 \end{cases}$$

となる．2 番目以降の方程式で前進消去を機械的に続けようとすると，2 番目の方程式には $y$ がないため，この方程式を使っても $y$ は消去できない．しかし方程式の順序を入れ換えても解は変わらないから，たとえば 2 番目と 3 番目の方程式を交換する．その結果

$$\begin{cases} x - 4y + 3z - \phantom{3}u = -3 \\ \phantom{x} -y - \phantom{3}z + 2u = 7 \\ \phantom{x - 4y + 3}z - 3u = -8 \\ \phantom{x -} 3y - 2z - \phantom{3}u = -1 \end{cases}$$

となるため，ガウスの消去法が使える．このとき 3 番目の方程式には $y$ がないため，$y$ を消去する必要はなく，4 番目の方程式から $y$ を消去すればよい．そのため，2 番目の方程式に 3 を掛けて 4 番目の方程式に足す．その結果

$$\begin{cases} x - 4y + 3z - \phantom{3}u = -3 \\ \phantom{x} -y - \phantom{3}z + 2u = 7 \\ \phantom{x - 4y + 3}z - 3u = -8 \\ \phantom{x - 4y} -5z + 5u = 20 \end{cases}$$

となる．次に 3 番目の方程式を使って 4 番目の方程式から $z$ を消去する．最終的には

$$\begin{cases} x - 4y + 3z - \phantom{3}u = -3 \\ \phantom{x} -y - \phantom{3}z + 2u = 7 \\ \phantom{x - 4y + 3}z - 3u = -8 \\ \phantom{x - 4y + 3z} -10u = -20 \end{cases}$$

となる．そこで下から順に

$$u = 2, \qquad z = -2, \qquad y = -1, \qquad x = 1$$

となる．

ガウスの消去法を用いて連立1次方程式を機械的に解くとき唯一困ることは，上の例題のように，場合によっては消去の段階で左上の項がたまたま0になり，消去が続けられなくなることである．左上の項は消去の要となるため，ピボット（枢軸）とよんでいる．図2.2に一般の場合のピボットの位置を示しておく．しかし，たとえピボットが0になっても，もとの連立1次方程式が一意の解をもつならば，この例題のように方程式の入れ換えを行うことによって，原理的*には必ずガウスの消去法で解を求めることができる．逆にガウスの消去法で方程式の入れ換えを行っても消去が続けられなくなれば，それはもとの方程式の解が一意に定まらないか，あるいは存在しないかのどちらかである．この点については後述する．

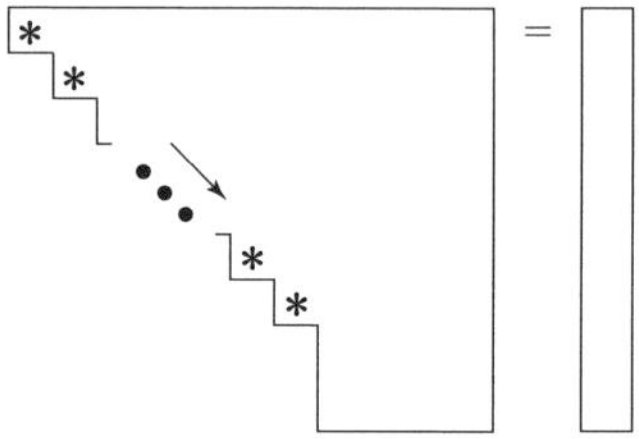

**図 2.2** ピボットの位置（∗）

**◇問 2.1◇** ガウスの消去法を用いて次の連立1次方程式を解け．

(1) $2x + y = 5, \qquad x - 3y = -1$

(2) $x + 2y - 4z = -4, \qquad 2x + 5y - 9z = -8, \qquad x + 4y - 3z = -7$

## 2.2 掃き出し法

ガウスの消去法の変形に，掃き出し法とよばれる方法がある．前に取り上げた3元1次方程式

---

* 原理的といったのは，数値計算においてガウスの消去法を機械的に使うと非常に誤差が大きくなる可能性があるからである．

$$\begin{cases} x - 4y + 3z = -1 \\ x - 5y + 2z = 2 \\ 2x - 5y + 4z = -1 \end{cases}$$

を例にとって，掃き出し法を説明しよう．まず，この方法では常にピボットを 1 にするように変形する．1 番目の式のピボットは 1 なのでそのままでよい．そこでガウスの消去法と同じく，1 番目の方程式を用いて 2 番目と 3 番目の方程式から $x$ を消去する．

$$\begin{cases} x - 4y + 3z = -1 \\ \quad\; -y - \;\; z = 3 \\ \quad\;\; 3y - 2z = 1 \end{cases}$$

次に，2 番目の式のピボットを 1 にするため，$-1$ で割る．

$$\begin{cases} x - 4y + 3z = -1 \\ \quad\;\;\; y + \;\; z = -3 \\ \quad\;\; 3y - 2z = 1 \end{cases}$$

そしてこの式を用いて上下の式から $y$ を消去する．ガウスの消去法との差は，ガウスの消去法では着目している式より下の式だけから未知数を消去したが，掃き出し法では上下すべての式から未知数を消去する．このとき，着目している式より上にある式のピボットは 1 のままで変化しないことに注意する．具体的には 2 番目の式を $-4$ 倍して 1 番目の式から引き，3 倍して 3 番目の式から引く．その結果

$$\begin{cases} x \quad + \quad 7z = -13 \\ \quad y + \quad\;\; z = -3 \\ \qquad\quad -5z = 10 \end{cases}$$

となる．最後に 3 番目のピボットを 1 にするため，$-5$ で割る．

$$\begin{cases} x \quad + 7z = -13 \\ \quad y + \;\; z = -3 \\ \qquad\quad z = -2 \end{cases}$$

そして，上の 2 つの式から $z$ を消去する．具体的には 3 番目の式を 7 倍して

1 番目の式から引き，また 3 番目の式を 2 番目の式から引く．その結果

$$\begin{cases} x \qquad = 1, \\ \quad y \quad = -1, \\ \qquad z = -2 \end{cases}$$

となる．この結果をみてもわかるように，掃き出し法では，上の手順を終了した時点で連立 1 次方程式の解が求まっており，ガウスの消去法における後退代入を行う必要はない*．図 2.3 は掃き出し法の手順をまとめたものである．

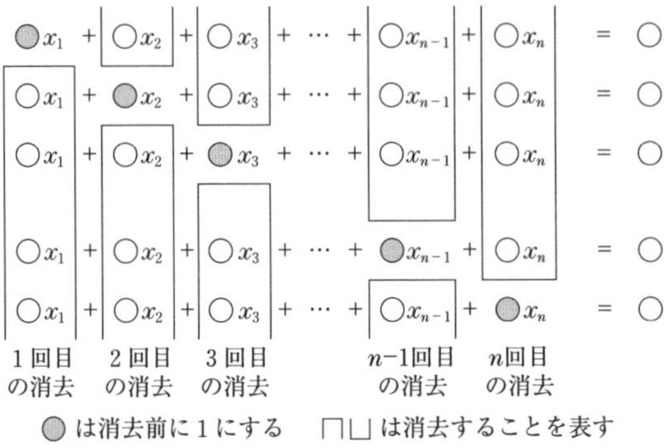


**図 2.3**　掃き出し法の計算手順

◇**問 2.2**◇　掃き出し法を用いて次の連立 1 次方程式を解け．

(1) $2x + y = 5, \qquad x - 3y = -1$

(2) $x + 2y - 4z = -4, \qquad 2x + 5y - 8z = -9, \qquad 2x + 4y - 3z = -3$

## 2.3　行列と基本変形

ガウスの消去法や掃き出し法で連立 1 次方程式を解く場合，連立 1 次方程式の係数と右辺の値は，消去のたびに変化していくが，未知数自身は変化しない．そこで，簡便な記法として，未知数は書かずに係数だけを取り出し，それを変化させていくという方法がある．ガウスの消去法を例にとってこの方法を説明

*　前進消去における演算回数が増えるため，全体としての演算回数はガウスの消去法と変わらない．なお，掃き出し法でもガウスの消去法と同じくピボットが 0 になれば，方程式の順番を入れ換える．

しよう．2.1 節で取り上げた連立 3 元 1 次方程式

$$\begin{cases} x - 4y + 3z = -1 \\ x - 5y + 2z = 2 \\ 2x - 5y + 4z = -1 \end{cases}$$

では，方程式の係数と右辺を同じ順序で 2 次元的に配置して

$$\begin{bmatrix} 1 & -4 & 3 & -1 \\ 1 & -5 & 2 & 2 \\ 2 & -5 & 4 & -1 \end{bmatrix}$$

と記す．このようにいくつかの数字の組を 2 次元的に長方形（正方形を含む）の形に配置し，括弧でくくったものを行列とよんでいる．そして数字の横の並びのそれぞれを，横書きの本の場合と同じく行とよぶ．一方，縦の数字の並びのそれぞれを列とよぶ．また行列を形づくっている数字を行列の要素とよんでいる．したがって，上の例では行が 3 で列が 4 であり，12 個の要素がある．またこの行列を 3 行 4 列の行列とよぶ．いまの時点では，行列とはただ単に数字を長方形に並べたものにすぎないことを注意しておく．ただし，後述のように演算規則を導入することにより，行列は非常に便利な性質をもつようになる．

はじめに取り上げた連立 1 次方程式をガウスの消去法で解く場合に消去の過程で現れる方程式を，上のように係数だけ取り出して行列の形に書くと

$$\begin{bmatrix} 1 & -4 & 3 & -1 \\ 1 & -5 & 2 & 2 \\ 2 & -5 & 4 & -1 \end{bmatrix} \to \begin{bmatrix} 1 & -4 & 3 & -1 \\ 0 & -1 & -1 & 3 \\ 0 & 3 & -2 & 1 \end{bmatrix} \to \begin{bmatrix} 1 & -4 & 3 & -1 \\ 0 & -1 & -1 & 3 \\ 0 & 0 & -5 & 10 \end{bmatrix}$$

となる．ここで，まず 2 番目の行列とはじめの行列の関係を調べておこう．もとの消去法に戻ると，1 番目の方程式を 2 番目の方程式から引いていることになるので，1 行目の各要素を，同じ列ごとに 2 行目の各要素から引き算をしていることになる．あるいは同じことであるが，1 行目の各要素をそれぞれ $-1$ 倍した上で，同じ列ごとに 2 行目の各要素に足していると考えてもよい．この操作を簡単に行列の 2 行目から 1 行目を引く，あるいは 2 行目に 1 行目の $-1$ 倍を足すとよぶことにしよう．

このよび方を使うと，2 番目の行列から 3 番目の行列を導くには，2 番目の行

列の 2 行目に $-3$ を掛けたものを 3 行目から引く（あるいは 2 行目に $-3$ を掛けたものを 3 行目に足す）という手続きを行っていることになる．

例題 2.1 の連立 1 次方程式については，ここで述べた操作のほかに方程式の順番を入れ換えるという操作を行っているが，これは入れ換え前後の方程式からつくった行列

$$\begin{bmatrix} 1 & -4 & 3 & -1 & -3 \\ 0 & 0 & 1 & -3 & -8 \\ 0 & -1 & -1 & 2 & 7 \\ 0 & 3 & -2 & -1 & -1 \end{bmatrix} \to \begin{bmatrix} 1 & -4 & 3 & -1 & -3 \\ 0 & -1 & -1 & 2 & 7 \\ 0 & 0 & 1 & -3 & -8 \\ 0 & 3 & -2 & -1 & -1 \end{bmatrix}$$

を見比べると，行の入れ換えを行ったことに対応する．

掃き出し法では，そのほかにピボットを 1 にするため方程式を何倍か（0 倍すると方程式はなくなるので 0 倍は除外）するという操作，すなわち行列であればある行を何倍かするという操作も行っている．

ここで述べた 3 つの操作，すなわち

> (1) 行列のある行に定数を掛けて他の行と加減を行う操作（正確にいえば，行列の 2 つの行に注目して 1 つの行の各要素に同じ数を掛けた上で，列ごとにもう 1 つの行の要素と加減を行う操作），
>
> (2) 行列の行を入れ換える操作，
>
> (3) 行列の行を何倍か（0 倍を除く）する操作

を行列の基本変形（詳しくは行基本変形）とよんでいる．行列に基本変形を行っていくと行列の要素自体は次々に変化していくが，もとになる連立 1 次方程式の解は変わらないので，基本変形前後の行列は無関係ではないといえる．

ガウスの消去法で連立 1 次方程式を解く場合の前進消去とは，係数からつくった行列に注目すれば，行列の基本変形を行って，最終的に

$$\begin{bmatrix} * & - & - & \cdots & - & - \\ 0 & * & - & \cdots & - & - \\ 0 & 0 & * & \cdots & - & - \\ \vdots & \vdots & \vdots & \ddots & \vdots & - \\ 0 & 0 & \cdots & \cdots & * & - \end{bmatrix}$$

という形の行列にすることである．ここで，$*$ は 0 でない数字であり，$-$ は適当な数字（0 でもよい）である．また掃き出し法では，行列の基本変形を行って行列を

$$\begin{bmatrix} 1 & 0 & 0 & \cdots & 0 & - \\ 0 & 1 & 0 & \cdots & 0 & - \\ 0 & 0 & 1 & \cdots & 0 & - \\ \vdots & \vdots & \vdots & \ddots & \vdots & - \\ 0 & 0 & \cdots & \cdots & 1 & - \end{bmatrix}$$

という形にする．

**例題 2.2**

次の連立 1 次方程式を行列の基本変形を利用して上三角型にせよ．

$$\begin{cases} 2x - 4y + 3z - \ \ u = -2 \\ \ \ x - 2y + 2z + \ \ u = 1 \\ \ \ x - 5y + 4z - 3u = -8 \\ 3x + 2y - 2z - 2u = 1 \end{cases}$$

【解】

$$\begin{bmatrix} 2 & -4 & 3 & -1 & -2 \\ 1 & -2 & 2 & 1 & 1 \\ 1 & -5 & 4 & -3 & -8 \\ 3 & 2 & -2 & -2 & 1 \end{bmatrix} \to \begin{bmatrix} 2 & -4 & 3 & -1 & -2 \\ 0 & 0 & 1/2 & 3/2 & 2 \\ 0 & -3 & 5/2 & -5/2 & -7 \\ 0 & 8 & -13/2 & -1/2 & 4 \end{bmatrix}$$

$$\to \begin{bmatrix} 2 & -4 & 3 & -1 & -2 \\ 0 & -3 & 5/2 & -5/2 & -7 \\ 0 & 0 & 1/2 & 3/2 & 2 \\ 0 & 8 & -13/2 & -1/2 & 4 \end{bmatrix} \to \begin{bmatrix} 2 & -4 & 3 & -1 & -2 \\ 0 & -3 & 5/2 & -5/2 & -7 \\ 0 & 0 & 1/2 & 3/2 & 2 \\ 0 & 0 & 1/6 & -43/6 & -44/3 \end{bmatrix}$$

$$\to \begin{bmatrix} 2 & -4 & 3 & -1 & -2 \\ 0 & -3 & 5/2 & -5/2 & -7 \\ 0 & 0 & 1/2 & 3/2 & 2 \\ 0 & 0 & 0 & -46/6 & -46/3 \end{bmatrix}$$

**◇問 2.3◇** 次の行列に基本変形を施して上三角型にせよ.

$$\begin{bmatrix} 1 & a & 1 \\ b & 1+ab & c \\ 1 & d & 1 \end{bmatrix}$$

## 2.4 行列の表し方

前節では，行列はそのままでは数字を長方形に並べたものにすぎないが，基本変形という操作を導入することによって連立1次方程式の解法に利用できることを示した．一方，見方を変えれば，行列はベクトルを並べたものと見なせるため，行列の特殊なものがベクトルであるともいえる．本節では，ベクトルの演算と関連づけて行列の演算を定義してみよう．

一般に行の数が $m$，列の数が $n$ の $m$ 行 $n$ 列の行列を考える．この行列を簡単に $(m, n)$ 行列または $m \times n$ 行列とよぶことにしよう．このとき，要素の数は $m \times n$ 個ある．したがって，$m$ や $n$ が大きいときには各要素をアルファベットで区別しているとすぐに文字が不足してしまう．このような場合，各要素を添え字をもった小文字で区別すると便利である．そして，はじめの添え字は行の番号，2番目の添え字を列の番号を表すとしておく*．たとえば3行4列の $(3, 4)$ 行列の場合には

$$\begin{bmatrix} a_{11} & a_{12} & a_{13} & a_{14} \\ a_{21} & a_{22} & a_{23} & a_{24} \\ a_{31} & a_{32} & a_{33} & a_{34} \end{bmatrix}$$

* 後述の転置行列や対称行列の場合には，この約束には従わないことがある．

と記す．このとき，$a_{21}, a_{13}$ はそれぞれ 2 行 1 列目の要素と 1 行 3 列目の要素である．一方，行列全体は大文字で表すことが多い．たとえば $m$ 行 $n$ 列の行列を $A$ と書くことにすれば

$$A = \begin{bmatrix} a_{11} & a_{12} & \cdots & a_{1n} \\ a_{21} & a_{22} & \cdots & a_{2n} \\ \vdots & \vdots & \ddots & \vdots \\ a_{m1} & a_{m2} & \cdots & a_{mn} \end{bmatrix} \tag{2.1}$$

である．また，$m$ 行 1 列の行列 $B$ と，1 行 $n$ 列の行列を $C$ は，

$$B = \begin{bmatrix} b_1 \\ b_2 \\ \vdots \\ b_m \end{bmatrix}, \qquad C = \begin{bmatrix} c_1 & c_2 & \cdots & c_n \end{bmatrix} \tag{2.2}$$

と記すことができる．

$C$ の形はベクトル（の成分表示）と似ている．実際，ベクトルは行または列が 1 の特殊な行列と見なすことができる．そこで，行列の演算規則を決める場合，ベクトルの演算規則をその特殊な場合として含むように決めると便利だと予想できる．$B$ のような行列を列ベクトル，$C$ のような行列を行ベクトルとよんでいる．特にベクトル（1 行または 1 列の行列）であることを強調する場合には，それらを小文字の太文字で表すことがある．

$(m, n)$ 行列 $A$ があった場合，行と列を入れ換えた行列も考えられる．これをもとの行列の転置行列とよび，$A^T$ で表す．$A^T$ は定義から $(n, m)$ 行列である．上添え字 $T$ は転置であることを英語の transpose の頭文字である．式 (2.1), (2.2) の $A$，$B$，$C$ に対応させれば

$$A^T = \begin{bmatrix} a_{11} & a_{21} & \cdots & a_{m1} \\ a_{12} & a_{22} & \cdots & a_{m2} \\ \vdots & \vdots & \ddots & \vdots \\ a_{1n} & a_{2n} & \cdots & a_{mn} \end{bmatrix} \tag{2.3}$$

$$B^T = \begin{bmatrix} b_1 & b_2 & \cdots & b_m \end{bmatrix}, \qquad C^T = \begin{bmatrix} c_1 \\ c_2 \\ \vdots \\ c_n \end{bmatrix} \tag{2.4}$$

となる.

定義から転置行列には

$$(A^T)^T = A$$

という性質がある.

## 2.5 行列の演算

### (1) 行列の相等

2つのベクトルが等しいとは，成分の個数が等しく，しかも対応する成分が等しいということであった．同様に，行列の場合も，2つの行列 $A$ と $B$ が同じ大きさ（すなわち行の数と列の数が等しい）で，すべての対応する要素が等しいとき $A$ と $B$ は等しいと定義する．すなわち

$$\text{すべての}\, i,\ j\, \text{について}\ a_{ij} = b_{ij}\ \text{のとき}\ A = B$$

である.

### (2) 行列の和と差，スカラー倍

2つのベクトルの和と差は，それぞれの成分の個数が等しいときに定義され，それぞれの成分どうしの和と差として定義した．行列の和と差も同様に，2つの行列の大きさが等しいときに，各成分の和と差として定義する．すなわち，

$$\begin{bmatrix} a_{11} & \cdots & a_{1n} \\ \vdots & \ddots & \vdots \\ a_{m1} & \cdots & a_{mn} \end{bmatrix} \pm \begin{bmatrix} b_{11} & \cdots & b_{1n} \\ \vdots & \ddots & \vdots \\ b_{m1} & \cdots & b_{mn} \end{bmatrix} = \begin{bmatrix} a_{11} \pm b_{11} & \cdots & a_{1n} \pm b_{1n} \\ \vdots & \ddots & \vdots \\ a_{m1} \pm b_{m1} & \cdots & a_{mn} \pm b_{mn} \end{bmatrix} \tag{2.5}$$

である.

ベクトルのスカラー倍については，たとえばベクトルを2倍する場合には各

成分を2倍したように，各成分をスカラー倍した．行列の場合も各要素をスカラー倍すると定義する：

$$k\begin{bmatrix} a_{11} & \cdots & a_{1n} \\ \vdots & \ddots & \vdots \\ a_{m1} & \cdots & a_{mn} \end{bmatrix} = \begin{bmatrix} ka_{11} & \cdots & ka_{1n} \\ \vdots & \ddots & \vdots \\ ka_{m1} & \cdots & ka_{mn} \end{bmatrix} \tag{2.6}$$

この定義は，和の定義とも矛盾しない．たとえば同じ行列の和は，行列を2倍したものと解釈するのが自然であるが，確かに

$$\begin{bmatrix} a_{11} & \cdots & a_{1n} \\ \vdots & \ddots & \vdots \\ a_{m1} & \cdots & a_{mn} \end{bmatrix} + \begin{bmatrix} a_{11} & \cdots & a_{1n} \\ \vdots & \ddots & \vdots \\ a_{m1} & \cdots & a_{mn} \end{bmatrix} = \begin{bmatrix} 2a_{11} & \cdots & 2a_{1n} \\ \vdots & \ddots & \vdots \\ 2a_{m1} & \cdots & 2a_{mn} \end{bmatrix}$$

となっている．

このように定義した行列の和については，交換法則や結合法則が成り立つ．

$$A + B = B + A \tag{2.7}$$

$$(A + B) + C = A + (B + C) \tag{2.8}$$

また，$k$ をスカラーとすれば

$$k(A + B) = kA + kB \tag{2.9}$$

が成り立つ．

**(3) 行列の積**

**(a) 行ベクトルと列ベクトルの積**

2つのベクトルの間には内積というベクトルをスカラー（大きさだけをもっていて，1つの数字で表せる量）に対応させる演算があった．それに類似させて行ベクトルと列ベクトルの積を，各成分の積和

$$\begin{bmatrix} a_1 & a_2 & \cdots & a_n \end{bmatrix} \begin{bmatrix} b_1 \\ b_2 \\ \vdots \\ b_n \end{bmatrix} = a_1b_1 + a_2b_2 + \cdots + a_nb_n \tag{2.10}$$

で定義しよう．2つの成分しかもたない2次元ベクトルと3つの成分をもつ3

次元ベクトルの間には内積が定義できないように，上のような定義ができるためには行ベクトルの要素の数（列の数）と列ベクトルの要素の数（行の数）が同じでなければならない．言い換えれば，いまの場合には 1 行 $n$ 列の $(1, n)$ 行列と $n$ 行 1 列の $(n, 1)$ 行列の積がベクトルの内積と同じ規則によってスカラーになることを意味している．スカラーは 1 行 1 列の行列と見なせるので，行と列に注目すれば積 $(1, n)(n, 1)$ が（間に挟まれた共通の $n$ を取り除いて）$(1, 1)$ 行列になることを意味している（図 2.4(a)）．このことから，積の順序を交換すると全く別の結果が得られることになる（例題 2.4 参照）．

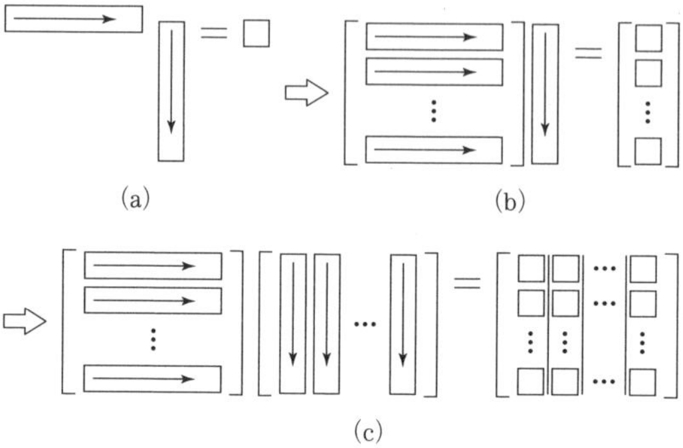

図 **2.4** 行列の積

### (b) 行列と列ベクトルの積

$(m, n)$ 行列 $A$ を $(1, n)$ 行列（行ベクトル）を縦に $m$ 個並べたものと見なすことにしよう．そして $(m, n)$ 行列 $A$ と $(1, n)$ 行列 $B$ の積をそれぞれ $(1, n)$ 行列と $B$ との積の集まり（$m$ 個ある）と見なして，その結果を縦に並べて列ベクトルと見なしてみよう．このことをベクトルの表記を借りて図示すると図 2.4(b) になる．

そこで $(m, n)$ 行列と $(n, 1)$ 行列の積を

$$\begin{bmatrix} a_{11} & a_{12} & \cdots & a_{1n} \\ a_{21} & a_{22} & \cdots & a_{2n} \\ \vdots & \vdots & \ddots & \vdots \\ a_{m1} & a_{m2} & \cdots & a_{mn} \end{bmatrix} \begin{bmatrix} b_1 \\ b_2 \\ \vdots \\ b_n \end{bmatrix} = \begin{bmatrix} a_{11}b_1 + a_{12}b_2 + \cdots + a_{1n}b_n \\ a_{21}b_1 + a_{22}b_2 + \cdots + a_{2n}b_n \\ \vdots \\ a_{m1}b_1 + a_{m2}b_2 + \cdots + a_{mn}b_n \end{bmatrix} \tag{2.11}$$

で定義する．この場合も積が定義できるためには行列の列の数と列ベクトルの行（すなわち要素）の数が一致する必要がある．行と列の数に注目すれば，行列と列ベクトルの積 $(m,n)(n,1)$ は（間にある共通の $n$ を取り除いて）列ベクトル $(m,1)$ となる．

この定義を用いれば，連立1次方程式

$$\begin{cases} a_{11}x_1 + a_{12}x_2 + & \cdots \quad +a_{1n}x_n = b_1 \\ a_{21}x_1 + a_{22}x_2 + & \cdots \quad +a_{2n}x_n = b_2 \\ & \vdots \\ a_{m1}x_1 + a_{m2}x_2 + & \cdots \quad +a_{mn}x_n = b_m \end{cases} \tag{2.12}$$

は簡単に

$$A\boldsymbol{x} = \boldsymbol{b} \tag{2.13}$$

と書ける．ここで，$A$ は係数だけからつくった $(m,n)$ 行列，$\boldsymbol{x}$ は未知数を順に並べてつくった列ベクトル，$\boldsymbol{b}$ は連立1次方程式の右辺を順に並べてつくった列ベクトル，すなわち

$$A = \begin{bmatrix} a_{11} & a_{12} & \cdots & a_{1n} \\ a_{21} & a_{22} & \cdots & a_{2n} \\ \vdots & \vdots & \ddots & \vdots \\ a_{m1} & a_{m2} & \cdots & a_{mn} \end{bmatrix}, \qquad \boldsymbol{x} = \begin{bmatrix} x_1 \\ x_2 \\ \vdots \\ x_m \end{bmatrix}, \qquad \boldsymbol{b} = \begin{bmatrix} b_1 \\ b_2 \\ \vdots \\ b_m \end{bmatrix} \tag{2.14}$$

である．このことは実際に行列と列ベクトルの定義によって左辺を計算すれば

$$\begin{bmatrix} a_{11}x_1 + \cdots + a_{1n}x_n \\ a_{21}x_1 + \cdots + a_{2n}x_n \\ \vdots \\ a_{m1}x_1 + \cdots + a_{mn}x_n \end{bmatrix} = \begin{bmatrix} b_1 \\ b_2 \\ \vdots \\ b_m \end{bmatrix}$$

となることからわかる．

**(c) 行列と行列の積**

行列と列ベクトルの積の延長として $(m,n)$ 行列 $A$ と $(n,k)$ 行列 $B$ の積 $AB$ を定義してみよう．この場合，行列 $B$ を $k$ 個の列ベクトルの集まりと見なす．したがって，積が定義できるためには行列 $A$ の列の数と行列 $B$ の行の数が等

しくなければならない．すなわち，$n$ が共通である $(m,n)$ 行列と $(n,k)$ 行列に対してだけ積が定義できる．積は $B$ の $k$ 個ある列ベクトルそれぞれについて行う．結果として得られる $k$ 個の列ベクトルは，(b) で述べたように $m$ 個の要素をもっているため，積の結果は $(m,k)$ 行列となる（図2.4(c)）．すなわち，$(m,n)$ 行列 $A$ と $(n,k)$ 行列 $B$ の積は（$(m,n)$ と $(n,k)$ の間にある共通の $n$ を取り除いて）$(m,k)$ 行列 $C$ となる．式で書くと

$$\begin{bmatrix} a_{11} & a_{12} & \cdots & a_{1n} \\ a_{21} & a_{22} & \cdots & a_{2n} \\ \vdots & \vdots & \ddots & \vdots \\ a_{m1} & a_{m2} & \cdots & a_{mn} \end{bmatrix} \begin{bmatrix} b_{11} & b_{12} & \cdots & b_{1k} \\ b_{21} & b_{22} & \cdots & b_{2k} \\ \vdots & \vdots & \ddots & \vdots \\ b_{n1} & b_{n2} & \cdots & b_{nk} \end{bmatrix}$$

$$= \begin{bmatrix} a_{11}b_{11}+\cdots+a_{1n}b_{n1} & a_{11}b_{12}+\cdots+a_{1n}b_{n2} & \cdots & a_{11}b_{1k}+\cdots+a_{1n}b_{nk} \\ a_{21}b_{11}+\cdots+a_{2n}b_{n1} & a_{21}b_{12}+\cdots+a_{2n}b_{n2} & \cdots & a_{21}b_{1k}+\cdots+a_{2n}b_{nk} \\ \vdots & \vdots & \ddots & \vdots \\ a_{m1}b_{11}+\cdots+a_{mn}b_{n1} & a_{m1}b_{12}+\cdots+a_{mn}b_{n2} & \cdots & a_{m1}b_{1k}+\cdots+a_{mn}b_{nk} \end{bmatrix} \tag{2.15}$$

あるいは要素で行列を代表させると積 $C$ の $ij$ 要素 $c_{ij}$ は

$$c_{ij} = \sum_{l=1}^{n} a_{il}b_{lj} \tag{2.16}$$

となる．

この定義から，$(m,n)$ 行列と $(n,k)$ 行列の積を計算するには合計 $mk$ 個の積和（1つの積和の計算には $n$ 回掛け算）を計算する必要があることがわかる．

2つの行列 $A$，$B$ の間に積 $AB$ が定義できたとしても，積 $BA$ は定義できるとは限らない．$AB$ と $BA$ の両方が定義できるのは $A$ と $B$ が同じ大きさで，また行と列の数の等しい行列（正方行列）に限られる．

**例題 2.3**

$A = \begin{bmatrix} 1 & 0 \\ 1 & 1 \end{bmatrix}, B = \begin{bmatrix} 1 & 1 \\ 0 & 1 \end{bmatrix}, C = \begin{bmatrix} 1 & 1 \\ 1 & 1 \end{bmatrix}$ のとき，$AB$，$BA$，$(AB)C$，$A(BC)$ を計算せよ．

【解】

$$AB = \begin{bmatrix} 1 & 1 \\ 1 & 2 \end{bmatrix}, \qquad BA = \begin{bmatrix} 2 & 1 \\ 1 & 1 \end{bmatrix}$$

$$(AB)C = \begin{bmatrix} 1 & 1 \\ 1 & 2 \end{bmatrix} \begin{bmatrix} 1 & 1 \\ 1 & 1 \end{bmatrix} = \begin{bmatrix} 2 & 2 \\ 3 & 3 \end{bmatrix}$$

$$A(BC) = \begin{bmatrix} 1 & 0 \\ 1 & 1 \end{bmatrix} \begin{bmatrix} 2 & 2 \\ 1 & 1 \end{bmatrix} = \begin{bmatrix} 2 & 2 \\ 3 & 3 \end{bmatrix}$$

この例題からわかるように，行列の積に関しては，一般に交換法則は成り立たないが，結合法則

$$(AB)C = A(BC)$$

は成り立つ．

なお，この行列の積の定義は，その特殊な場合としてベクトルどうしの積や行列と列ベクトルの積の定義も含まれていることに注意する．

**例題 2.4**

$(m,1)$ 行列（列ベクトル）と $(1,n)$ 行列（行ベクトル）の積を計算せよ．

【解】

$$\begin{bmatrix} a_1 \\ a_2 \\ \vdots \\ a_m \end{bmatrix} \begin{bmatrix} b_1 & b_2 & \cdots & b_n \end{bmatrix} = \begin{bmatrix} a_1b_1 & a_1b_2 & \cdots & a_1b_n \\ a_2b_1 & a_2b_2 & \cdots & a_2b_n \\ \vdots & \vdots & \ddots & \vdots \\ a_mb_1 & a_mb_2 & \cdots & a_mb_n \end{bmatrix} \tag{2.17}$$

このように，列ベクトルと行ベクトルの積は行列になる．

◇**問 2.4**◇　$A = \begin{bmatrix} 1 & 2 \\ 3 & 4 \end{bmatrix}, B = \begin{bmatrix} 4 & 3 \\ 2 & 1 \end{bmatrix}$ のとき，以下の計算をせよ．

(1) $2A + B$,　(2) $A - 4B$,　(3) $AB$,　(4) $BA$

### (4) 部分行列

行列はその要素をなす数字の集まりであるが，

$$A = \left[\begin{array}{c:c} A_{11} & A_{12} \\ \hdashline A_{21} & A_{22} \end{array}\right]$$

のように縦横の線で区切るといくつかの小部分に分けることができる．このとき，各小部分は行列と見なすことができ，それぞれを部分行列という．上の例では $(m, n)$ 行列 $A$ を4つの部分行列に分けているが，それぞれの小行列を上のように $A_{11}$，$A_{12}$，$A_{21}$，$A_{22}$ と記すことにすると

$$A_{11} = \begin{bmatrix} a_{11} & \cdots & a_{1r} \\ \vdots & \ddots & \vdots \\ a_{p1} & \cdots & a_{pr} \end{bmatrix}, \qquad A_{12} = \begin{bmatrix} a_{1r+1} & \cdots & a_{1n} \\ \vdots & \ddots & \vdots \\ a_{pr+1} & \cdots & a_{pn} \end{bmatrix}$$

$$A_{21} = \begin{bmatrix} a_{p+11} & \cdots & a_{p+1r} \\ \vdots & \ddots & \vdots \\ a_{m1} & \cdots & a_{mr} \end{bmatrix}, \qquad A_{22} = \begin{bmatrix} a_{p+1r+1} & \cdots & a_{p+1n} \\ \vdots & \ddots & \vdots \\ a_{mr+1} & \cdots & a_{mn} \end{bmatrix}$$

である．同様に $(n, k)$ 行列 $B$ も小行列の集まりと見なすことにする．このとき，各小行列間に積が定義できるような分割になっていれば，小行列をあたかも数字（行列の要素）であるかのように見なして行列の積が計算できる．具体的には，たとえば $A$ と $B$ を図2.5のようにして，それぞれ4つの小行列に分けた場合には各小行列間に積が定義できる．このとき，積 $AB$ は

$$\begin{aligned} AB &= \begin{bmatrix} A_{11} & A_{12} \\ A_{21} & A_{22} \end{bmatrix} \begin{bmatrix} B_{11} & B_{12} \\ B_{21} & B_{22} \end{bmatrix} \\ &= \begin{bmatrix} A_{11}B_{11} + A_{12}B_{21} & A_{11}B_{12} + A_{12}B_{22} \\ A_{21}B_{11} + A_{22}B_{21} & A_{21}B_{12} + A_{22}B_{22} \end{bmatrix} \end{aligned} \tag{2.18}$$

から計算できる．ここで，それぞれの小行列の積や和は行列の積や和の定義に

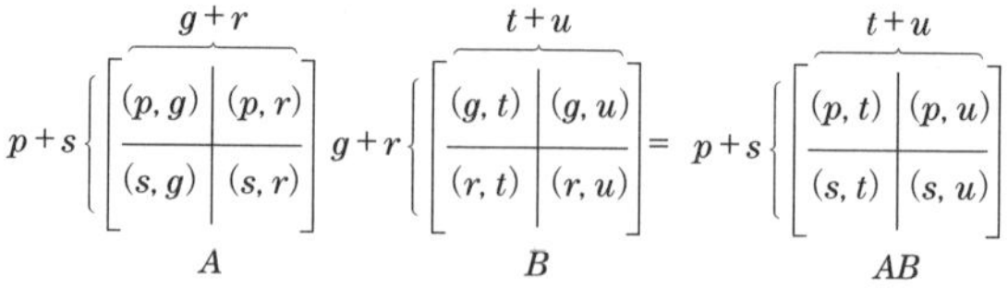


**図 2.5**　部分行列の積

従って計算する．

**例題 2.5**

次の行列の積の計算を部分行列に分けて行え．

$$A = \begin{bmatrix} 1 & 0 & 1 & 2 & 2 \\ 0 & 1 & 0 & 1 & 2 \\ 0 & 0 & 0 & 1 & 2 \\ 0 & 0 & 0 & 2 & 1 \\ 0 & 0 & 0 & 1 & 2 \end{bmatrix}, \qquad B = \begin{bmatrix} 1 & 2 & 0 \\ 2 & 3 & 0 \\ 3 & 1 & 0 \\ 0 & 0 & 1 \\ 0 & 0 & 2 \end{bmatrix}$$

【解】

$$A_{11} = \begin{bmatrix} 1 & 0 & 1 \\ 0 & 1 & 0 \end{bmatrix}, \quad A_{12} = \begin{bmatrix} 2 & 2 \\ 1 & 2 \end{bmatrix}, \quad A_{21} = \begin{bmatrix} 0 & 0 & 0 \\ 0 & 0 & 0 \\ 0 & 0 & 0 \end{bmatrix}, \quad A_{22} = \begin{bmatrix} 12 \\ 21 \\ 12 \end{bmatrix}$$

$$B_{11} = \begin{bmatrix} 1 & 2 \\ 2 & 3 \\ 3 & 1 \end{bmatrix}, \quad B_{12} = \begin{bmatrix} 0 \\ 0 \\ 0 \end{bmatrix}, \quad B_{21} = \begin{bmatrix} 0 & 0 \\ 0 & 0 \end{bmatrix}, \quad B_{22} = \begin{bmatrix} 1 \\ 2 \end{bmatrix}$$

とおくと

$$AB = \begin{bmatrix} A_{11}B_{11} + A_{12}B_{21} & A_{11}B_{12} + A_{12}B_{22} \\ A_{21}B_{11} + A_{22}B_{21} & A_{21}B_{12} + A_{22}B_{22} \end{bmatrix}$$

$$= \begin{bmatrix} A_{11}B_{11} & A_{12}B_{22} \\ [0] & A_{22}B_{22} \end{bmatrix} = \begin{bmatrix} 4 & 3 & 6 \\ 2 & 3 & 5 \\ 0 & 0 & 5 \\ 0 & 0 & 4 \\ 0 & 0 & 5 \end{bmatrix}$$

ただし [0] はすべての要素が 0 の行列を表す．

## 2.6 行列の階数

ガウスの消去法にならい，行列 $A$ に行基本変形を行ってまず 1 列目の第 2 要素以下をすべて 0 にし，次に 2 列目の第 3 要素以下をすべて 0 にするといったことを繰り返し, $i$ 列まで進んだとする．ところが次の消去に進む段階で，図 2.6 に示すように，$i+1$ 列に注目したとき第 $i+1$ 要素から下の要素がすべて 0 になったとする．すなわち $a_{i+1j}=0$ $(i+1 \leq j \leq m)$ になったとする．このような場合にはガウスの消去法の手続きは続けられなくなるが，図 2.6 のように部分行列 $B$ を，第 1 列目に 0 でない要素が少なくとも 1 つ現れる最初の行列として，$B$ に対して $A$ で行ったような変形を繰り返す．以下，同様にすれば最終的には図 2.7 のような形の行列になる．このような行列を，階段型行列という．

この階段行列の階段の数，すなわち図 2.6 の $r$ のことを行列 $A$ の階数またはランクという．行基本変形の仕方によって得られる階段型行列は異なるが，ランクは一定であることが知られている．すなわち，ランクはある行列に対して固有にそなわった数である．

次に，連立 1 次方程式

$$\begin{cases} a_{11}x_1 + & \cdots & +a_{1n}x_n = b_1 \\ & \vdots & \\ a_{m1}x_1 + & \cdots & +a_{mn}x_n = b_n \end{cases}$$

すなわち

$$A\boldsymbol{x} = \boldsymbol{b}, \text{ またはそれと同値な } A'\boldsymbol{x}' = 0$$

を再度考える．ただし

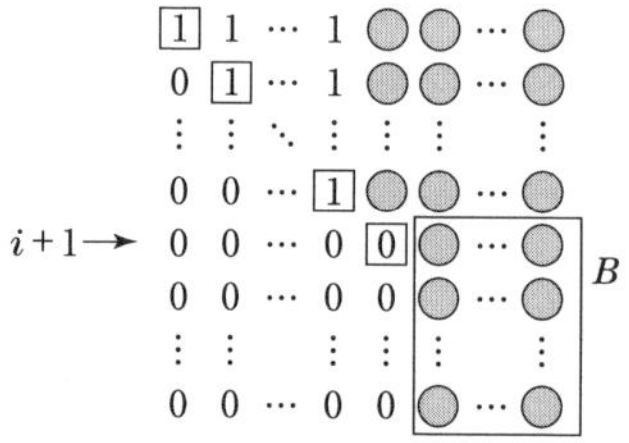


**図 2.6** 階段行列への変形

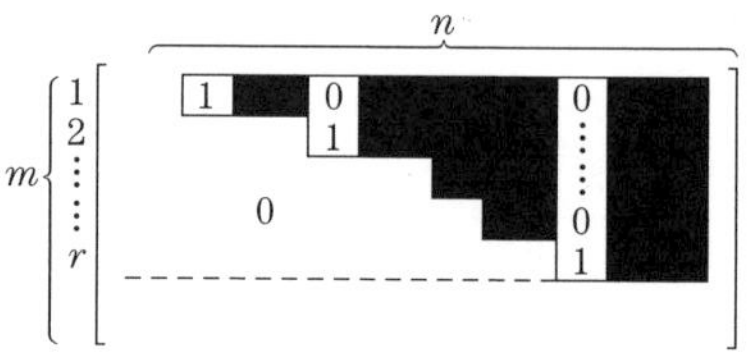


**図 2.7** $r$ 行の階段行列

$$
A = \begin{bmatrix} a_{11} & a_{12} & \cdots & a_{1n} \\ a_{21} & a_{22} & \cdots & a_{2n} \\ \vdots & \vdots & \ddots & \vdots \\ a_{m1} & a_{m2} & \cdots & a_{mn} \end{bmatrix}, \qquad \boldsymbol{x} = \begin{bmatrix} x_1 \\ x_2 \\ \vdots \\ x_m \end{bmatrix}, \qquad \boldsymbol{b} = \begin{bmatrix} b_1 \\ b_2 \\ \vdots \\ b_m \end{bmatrix}
$$

$$
A' = \begin{bmatrix} a_{11} & a_{12} & \cdots & a_{1n} & b_1 \\ a_{21} & a_{22} & \cdots & a_{2n} & b_2 \\ \vdots & \vdots & \ddots & \vdots & \vdots \\ a_{m1} & a_{m2} & \cdots & a_{mn} & b_n \end{bmatrix}, \qquad \boldsymbol{x}' = \begin{bmatrix} x_1 \\ x_2 \\ \vdots \\ x_m \\ -1 \end{bmatrix}
$$

であり，$A'$ は $A$ を拡大したという意味で拡大行列という．ここで行列 $A$ のランクが $r$ であるとすれば，拡大行列 $A'$ に行基本変形を施すと，見かけ上ランクが $r+1$ の階段型行列になる．ここで，わかりやすくするため図 2.8 に示すように未知数の名前を $x$ から $y$ につけ換えると

$$
\begin{bmatrix} c_{11} & c_{12} & \cdots & c_{1r} & c_{1r+1} & \cdots & c_{1n} & d_1 \\ 0 & c_{22} & \cdots & c_{2r} & c_{2r+1} & \cdots & c_{2n} & d_2 \\ \vdots & \vdots & \ddots & \vdots & \vdots & \vdots & \ddots & \vdots \\ 0 & 0 & \cdots & c_{rr} & c_{rr+1} & \cdots & c_{rn} & d_r \\ 0 & 0 & \cdots & 0 & 0 & \cdots & 0 & d_{r+1} \\ 0 & 0 & \cdots & 0 & 0 & \cdots & 0 & 0 \\ \vdots & \vdots & \ddots & \vdots & \vdots & \vdots & \ddots & \vdots \\ 0 & 0 & \cdots & 0 & 0 & \cdots & 0 & 0 \end{bmatrix} \begin{bmatrix} y_1 \\ y_2 \\ \vdots \\ y_r \\ y_{r+1} \\ \vdots \\ y_n \\ -1 \end{bmatrix} = \begin{bmatrix} 0 \\ 0 \\ \vdots \\ 0 \\ 0 \\ \vdots \\ 0 \\ 0 \end{bmatrix} \tag{2.19}
$$

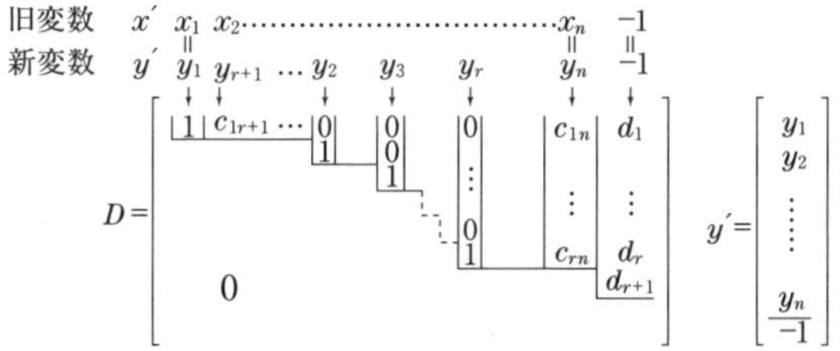


**図 2.8** 変数名のつけ換え

という方程式になる．ただし，$c_{11} \neq 0$，$\cdots$，$c_{rr} \neq 0$ である．もちろんこの方程式の解は，未知数の名前を $y$ から $x$ に戻せば，もとの連立方程式の解になる．

式 (2.19) において $d_{r+1} \neq 0$ になったとする．このとき，行列の掛け算を実行すると $r+1$ 番目の等式は $-d_{r+1} = 0$ という誤った等式が現れる．したがって，この場合にはもとの方程式は解をもたないことがわかる．一方，$d_{r+1} = 0$ の場合には $A'$ のランクは $r$ であり，連立方程式は

$$\begin{bmatrix} c_{11} & c_{12} & \cdots & c_{1r} & e_{1r+1} & \cdots & e_{1n} & d_1 \\ 0 & c_{22} & \cdots & c_{2r} & e_{2r+1} & \cdots & e_{2n} & d_2 \\ \vdots & \vdots & \ddots & \vdots & \vdots & \ddots & \vdots & \vdots \\ 0 & 0 & \cdots & c_{rr} & e_{rr+1} & \cdots & e_{rn} & d_r \\ 0 & 0 & \cdots & 0 & 0 & \cdots & 0 & 0 \\ 0 & 0 & \cdots & 0 & 0 & \cdots & 0 & 0 \\ \vdots & \vdots & \ddots & \vdots & \vdots & \vdots & \ddots & \vdots \\ 0 & 0 & \cdots & 0 & 0 & \cdots & 0 & 0 \end{bmatrix} \begin{bmatrix} y_1 \\ y_2 \\ \vdots \\ y_r \\ y_{r+1} \\ \vdots \\ y_n \\ -1 \end{bmatrix} = \begin{bmatrix} 0 \\ 0 \\ \vdots \\ 0 \\ 0 \\ \vdots \\ 0 \\ 0 \end{bmatrix} \tag{2.20}$$

となる．この場合，$y_{r+1},\cdots,y_n$ がどのような値をとっても $r+1$ 番目から $n$ 番目の方程式が成立する．そこで $\alpha_{r+1},\cdots,\alpha_n$ を任意の数として

$$y_{r+1} = \alpha_{r+1}, \cdots, \ y_n = \alpha_n$$

という解が得られる．一方，1 番目から $r$ 番目の式は

$$\begin{array}{rlllll} c_{11}y_1 + c_{12}y_2 + \cdots + & c_{1r}y_r & + c_{1r+1}\alpha_{r+1} & + \cdots + c_{1n}\alpha_n & - d_1 & = 0 \\ c_{22}y_2 + \cdots + & c_{2r}y_r & + c_{2r+1}\alpha_{r+1} & + \cdots + c_{2n}\alpha_n & - d_2 & = 0 \\ & \vdots & & & & \\ c_{r-1r-1}y_{r-1} + & c_{r-1r}y_r & + c_{r-1r+1}\alpha_{r+1} & + \cdots + c_{r-1n}\alpha_n & - d_{r-1} & = 0 \\ & c_{rr}y_r & + c_{rr+1}\alpha_{r+1} & + \cdots + c_{rn}\alpha_n & - d_r & = 0 \end{array}$$

を意味する．したがって，もとの連立 1 次方程式の解は

$$
\begin{cases}
y_n = \alpha_n \\
\quad\vdots \\
y_{r+1} = \alpha_{r+1} \\
y_r = (1/c_{rr})(d_r - (c_{rr+1}\alpha_{r+1} + \cdots + c_{rn}\alpha_n)) \\
y_{r-1} = (1/c_{r-1r-1})(d_{r-1} - (c_{r-1r}y_r + c_{r-1r+1}\alpha_{r+1} + \cdots + c_{r-1n}\alpha_n)) \\
\quad\vdots \\
y_1 = (1/c_{11})(d_1 - (c_{12}y_2 + \cdots + c_{1r}y_r + c_{1r+1}\alpha_{r+1} + \cdots + c_{1n}\alpha_n))
\end{cases}
\tag{2.21}
$$

となる．ここで $n-r$ 個の任意定数が現れたが，この $n-r$ を解の自由度という．そして $n=r$ であれば任意定数が現れないが，そのとき解は一意に定まる．

以上をまとめると次のようになる．

> 連立1次方程式が解をもつためには，行列 $A$ と拡大行列 $A'$ のランクが等しくなければならない．また，そのとき方程式の数とランクが一致すれば，解は一意に定まる．

**◇問 2.5◇**　次の行列の階数を求めよ．

(1) $\begin{bmatrix} 1 & -2 & 2 \\ 2 & -3 & 5 \\ 1 & 2 & -1 \end{bmatrix}$,　(2) $\begin{bmatrix} 1 & -2 & -1 & -2 \\ 2 & -4 & -1 & -3 \\ 1 & -2 & 2 & 1 \end{bmatrix}$

## 2.7　正方行列と逆行列

### (1) 正方行列

行の数と列の数が等しい行列を正方行列とよんでいる．本節では，正方行列のみを対象としよう．行列 $A$ の対角線にあたる要素の和をその行列のトレース (trace) とよび，$\mathrm{Tr}\,A$ と記す．すなわち，

$$
\mathrm{Tr}\,A = \sum_{i=1}^{n} a_{ii} \tag{2.22}
$$

である．

行列のすべての要素が0の行列を0行列とよぶ．ある行列と0行列の積は0行

列になる．その意味で0行列は数字の0と似ている．ただし，2つの行列の積が0行列になったということが，必ずしもどちらか一方の行列が0行列であることを意味しないことに注意が必要である．すなわち，$AB=0$であっても$A$または$B$が0行列とは結論できない．たとえば，

$$A=\begin{bmatrix}1 & 1\\ 1 & 1\end{bmatrix},\qquad B=\begin{bmatrix}1 & -2\\ -1 & 2\end{bmatrix}$$

$$AB=\begin{bmatrix}1-1 & -2+2\\ 1-1 & -2+2\end{bmatrix}=\begin{bmatrix}0 & 0\\ 0 & 0\end{bmatrix}$$

次に，数字の1と似た役割を果たす行列に正方行列の対角線要素が0でその他の要素が1の行列

$$I=\begin{bmatrix}1 & 0 & \cdots & 0\\ 0 & 1 & \cdots & 0\\ \vdots & \vdots & \ddots & \vdots\\ 0 & 0 & \cdots & 1\end{bmatrix} \tag{2.23}$$

がある．この行列を単位行列とよび，ふつう上のように$I$（または$E$）で表す．実際，行列の積を実行してみれば，掛ける前後で行列は変わらないことを確かめることができる．すなわち

$$AI=IA=A \tag{2.24}$$

0行列と単位行列を特殊な場合として含むもう少し一般的な行列に，$\alpha$を定数として

$$\alpha I=\begin{bmatrix}\alpha & 0 & \cdots & 0\\ 0 & \alpha & \cdots & 0\\ \vdots & \vdots & \ddots & \vdots\\ 0 & 0 & \cdots & \alpha\end{bmatrix} \tag{2.25}$$

という形の行列がある．この形の行列をスカラー行列とよんでいる．スカラー行列は，任意の正方行列と交換可能である．

そのほか，特殊な形をした正方行列で特別な役割を果たす行列に

$$H = \begin{bmatrix} 1 & \cdots & 0 & \cdots & 0 \\ \vdots & \ddots & \vdots & \ddots & \vdots \\ 0 & \cdots & \alpha & \cdots & 0 \\ \vdots & \ddots & \vdots & \ddots & \vdots \\ 0 & \cdots & 0 & \cdots & 1 \end{bmatrix} \begin{matrix} \\ \\ \leftarrow i \\ \\ \\ \end{matrix} \tag{2.26}$$
$$\qquad\qquad\uparrow_{i}$$

$$P = \begin{bmatrix} 1 & \cdots & 0 & \cdots & 0 & \cdots & 0 \\ \vdots & \ddots & \vdots & \ddots & \vdots & \ddots & \vdots \\ 0 & \cdots & 0 & \cdots & 1 & \cdots & 0 \\ \vdots & \ddots & \vdots & \ddots & \vdots & \ddots & \vdots \\ 0 & \cdots & 1 & \cdots & 0 & \cdots & 0 \\ \vdots & \ddots & \vdots & \ddots & \vdots & \ddots & \vdots \\ 0 & \cdots & 0 & \cdots & 0 & \cdots & 1 \end{bmatrix} \begin{matrix} \\ \\ \leftarrow i \\ \\ \leftarrow k \\ \\ \\ \end{matrix} \tag{2.27}$$
$$\qquad\uparrow_{i}\qquad\uparrow_{k}$$

$$G = \begin{bmatrix} 1 & \cdots & 0 & \cdots & 0 & \cdots & 0 \\ \vdots & \ddots & \vdots & \ddots & \vdots & \ddots & \vdots \\ 0 & \cdots & 1 & \cdots & 0 & \cdots & 0 \\ \vdots & \ddots & \vdots & \ddots & \vdots & \ddots & \vdots \\ 0 & \cdots & \alpha & \cdots & 1 & \cdots & 0 \\ \vdots & \ddots & \vdots & \ddots & \vdots & \ddots & \vdots \\ 0 & \cdots & 0 & \cdots & 0 & \cdots & 1 \end{bmatrix} \begin{matrix} \\ \\ \leftarrow i \\ \\ \leftarrow k \\ \\ \\ \end{matrix} \tag{2.28}$$
$$\qquad\uparrow_{i}\qquad\uparrow_{k}$$

がある．これらの行列を正方行列 $A$ に左から掛けると，$HA$ は行列 $A$ の $i$ 行だけを $\alpha$ 倍した行列，$PA$ は行列 $A$ の $i$ 行と $k$ を入れ換えた行列，また $GA$ は行列 $A$ の $i$ 行の $\alpha$ 倍を $k$ 行に足した行列になることがわかる．すなわち，$H$，$P$，$G$ を左から掛けることは行基本変形に対応する．

また，よく使われる行列に

$$D = \begin{bmatrix} d_{11} & 0 & \cdots & 0 \\ 0 & d_{22} & \cdots & 0 \\ \vdots & \vdots & \ddots & \vdots \\ 0 & 0 & \cdots & d_{nn} \end{bmatrix}, \qquad U = \begin{bmatrix} u_{11} & u_{12} & \cdots & u_{1n} \\ 0 & u_{22} & \cdots & u_{2n} \\ \vdots & \vdots & \ddots & \vdots \\ 0 & 0 & \cdots & u_{nn} \end{bmatrix},$$

$$L = \begin{bmatrix} l_{11} & 0 & \cdots & 0 \\ l_{21} & l_{22} & \cdots & 0 \\ \vdots & \vdots & \ddots & \vdots \\ l_{n1} & l_{n2} & \cdots & l_{nn} \end{bmatrix} \tag{2.29}$$

があり，$D$ は対角行列，$U$ は上三角行列，$L$ は下三角行列とよばれる．

正方行列で $a_{ij} = a_{ji}$ $(i \neq j)$ が成り立つ行列，すなわち対角線に対して係数が対称な行列を対称行列という．この定義から対称行列では，もとの行列とその転置行列は等しくなる．すなわち，対称行列 $A$ に対して $A = A^T$ が成り立つ．

### (2) 逆行列

2つの正方行列 $A$，$B$ に対して $AB = I$ が成り立ったとする．この式を満足する行列 $B$ を $A$ の逆行列とよび，$A^{-1}$ と記す．すなわち

$$AA^{-1} = I \tag{2.30}$$

逆行列が存在するならば

$$(A^{-1})^{-1} = A, \qquad A^{-1}A = I \tag{2.31}$$

が成り立つ．

**例題 2.6**

(1) $(A^{-1})^{-1} = A$，(2) $A^{-1}A = I$ を証明せよ．

【解】

(1) $AA^{-1} = I$ の両辺に右側から $(A^{-1})^{-1}$ を掛けると $(AA^{-1})(A^{-1})^{-1} = I(A^{-1})^{-1}$ となる．したがって $A(A^{-1}(A^{-1})^{-1}) = I(A^{-1})^{-1}$ となるため，$AI = (A^{-1})^{-1}$，すなわち $(A^{-1})^{-1} = A$

(2) $A = (A^{-1})^{-1}$ より $A^{-1}A = A^{-1}(A^{-1})^{-1} = I$

逆行列は常に存在するとは限らない．逆行列が存在するような行列を正則行列とよんでいる．以下，正則行列に対して，逆行列の求め方について説明する．

2 行 2 列の行列

$$\begin{bmatrix} a_{11} & a_{12} \\ a_{21} & a_{22} \end{bmatrix}$$

を例にとってこの行列の逆行列を求めてみよう．求める行列を

$$\begin{bmatrix} x_1 & y_1 \\ x_2 & y_2 \end{bmatrix}$$

と記したとき，定義から

$$\begin{bmatrix} a_{11} & a_{12} \\ a_{21} & a_{22} \end{bmatrix} \begin{bmatrix} x_1 & y_1 \\ x_2 & y_2 \end{bmatrix} = \begin{bmatrix} 1 & 0 \\ 0 & 1 \end{bmatrix}$$

となる．この式は，次の 2 組の方程式

$$\begin{bmatrix} a_{11} & a_{12} \\ a_{21} & a_{22} \end{bmatrix} \begin{bmatrix} x_1 \\ x_2 \end{bmatrix} = \begin{bmatrix} 1 \\ 0 \end{bmatrix}, \qquad \begin{bmatrix} a_{11} & a_{12} \\ a_{21} & a_{22} \end{bmatrix} \begin{bmatrix} y_1 \\ y_2 \end{bmatrix} = \begin{bmatrix} 0 \\ 1 \end{bmatrix}$$

と同等である．これらは，2 組の連立 2 元 1 次方程式

$$\begin{cases} a_{11}x_1 + a_{12}x_2 = 1 \\ a_{21}x_1 + a_{22}x_2 = 0, \end{cases} \qquad \begin{cases} a_{11}y_1 + a_{12}y_2 = 0 \\ a_{21}y_1 + a_{22}y_2 = 1 \end{cases}$$

を意味するから，原理的にはこれらの方程式を解いて解を行列の形に並べればよい．ここで，（行列の形で表現した）掃き出し法を適用することを考える．これらの方程式の左辺は同じであることに注目すれば，これらの方程式を解くことは

$$\begin{bmatrix} a_{11} & a_{12} & 1 \\ a_{21} & a_{22} & 0 \end{bmatrix}, \qquad \begin{bmatrix} a_{11} & a_{12} & 0 \\ a_{21} & a_{22} & 1 \end{bmatrix}$$

という形の行列に基本変形を行って，

$$\begin{bmatrix} 1 & 0 & x_1 \\ 0 & 1 & x_2 \end{bmatrix}, \qquad \begin{bmatrix} 1 & 0 & y_1 \\ 0 & 1 & y_2 \end{bmatrix}$$

という形の行列に変形することを意味する．このとき $x_1$，$x_2$，$y_1$，$y_2$ が解になっている．（行）基本変形では，連立 1 次方程式の右辺のベクトル $\boldsymbol{b}$ 以外の行

列要素の変形の方法や変形後の値は $\boldsymbol{b}$ の値に無関係であることに注意しよう．このことは $\boldsymbol{b}$ の値が何であっても同じ基本変形でそれぞれの連立 1 次方程式の解が求まることを意味している．そこで，2 組の方程式を解くことは，(2,4) 行列（中央の線はわかりやすくするために便宜的につけたもので行列の演算には関係しない）

$$\left[\begin{array}{cc|cc} a_{11} & a_{12} & 1 & 0 \\ a_{21} & a_{22} & 0 & 1 \end{array}\right]$$

に基本変形を施して

$$\left[\begin{array}{cc|cc} 1 & 0 & x_1 & y_2 \\ 0 & 1 & x_2 & y_2 \end{array}\right]$$

の形にすることを意味しており，このとき $x_1,x_2$ がはじめの連立 1 次方程式の解，そして $y_1,y_2$ が 2 番目の方程式の解になる．言い換えれば，基本変形で上の形になったとき，行列の右半分が逆行列になっていることになる．

この方法は，どのような大きさの正方行列にも適用できる．具体的に $(n,n)$ 行列

$$A = \begin{bmatrix} a_{11} & a_{12} & \cdots & a_{1n} \\ a_{21} & a_{22} & \cdots & a_{2n} \\ \vdots & \vdots & \ddots & \vdots \\ a_{n1} & a_{n2} & \cdots & a_{nn} \end{bmatrix}$$

の逆行列を求めるには，

$$\bar{A} = \left[\begin{array}{cccc|cccc} a_{11} & a_{12} & \cdots & a_{1n} & 1 & 0 & \cdots & 0 \\ a_{21} & a_{22} & \cdots & a_{2n} & 0 & 1 & \cdots & 0 \\ \vdots & \vdots & \ddots & \vdots & \vdots & \vdots & \ddots & \vdots \\ a_{n1} & a_{n2} & \cdots & a_{nn} & 0 & 0 & \cdots & 1 \end{array}\right]$$

という $(n,2n)$ 行列を導入し，この行列に（行）基本変形すなわち，

① ある行を何倍か（0 倍は除く）する，

② ある行から別の行を何倍かしたものを加減する，

③ 行を入れ換える，

という操作を行って

$$\bar{A}' = \left[\begin{array}{cccc|cccc} 1 & 0 & \cdots & 0 & b_{11} & b_{12} & \cdots & b_{1n} \\ 0 & 1 & \cdots & 0 & b_{21} & b_{22} & \cdots & b_{2n} \\ \vdots & \vdots & \ddots & \vdots & \vdots & \vdots & \ddots & \vdots \\ 0 & 0 & \cdots & 1 & b_{n1} & b_{n2} & \cdots & b_{nn} \end{array}\right]$$

という形の行列に変形する．結果として得られた行列の右半分の $(n, n)$ 行列がもとの行列の逆行列になっている．

このことから，逆行列をもたない行列とは，基本変形によって上の形にできない行列であるといえる．

いったん $A$ の逆行列が求まれば，連立 1 次方程式

$$A\boldsymbol{x} = \boldsymbol{b}$$

の解は，$\boldsymbol{b}$ が何であっても

$$A^{-1}(A\boldsymbol{x}) = A^{-1}\boldsymbol{b}$$

すなわち

$$\boldsymbol{x} = A^{-1}\boldsymbol{b}$$

から，行列とベクトルの積で計算できる．

**◇問 2.6◇** $\begin{bmatrix} a & b \\ c & d \end{bmatrix}$ の逆行列を求めよ．ただし，$ad \neq bc$ とする．

## ▷章末問題◁

**【2.1】** 次の行列の階数を求めよ．

(1) $\begin{bmatrix} 1 & 1 & 2 & 5 \\ 0 & 1 & 1 & 2 \\ 1 & 3 & 4 & 9 \end{bmatrix}$,　(2) $\begin{bmatrix} 2 & -3 & 4 & -1 \\ 1 & 5 & -2 & 3 \\ 4 & 7 & 1 & 5 \end{bmatrix}$

**【2.2】** 次の連立 1 次方程式が解をもつための条件，およびそのときの解を求めよ．

$$\begin{cases} 2x + 3y + 4z = a \\ 3x + 4y + 5z = b \\ 4x + 5y + 6z = c \end{cases}$$

**【2.3】** 次の計算をせよ．

(1) $2\begin{bmatrix} 1 & 2 \\ -3 & 1 \end{bmatrix}\begin{bmatrix} 1 & 3 \\ -1 & 4 \end{bmatrix} - 3\begin{bmatrix} 2 & -1 \\ 1 & 3 \end{bmatrix}\begin{bmatrix} 4 & 5 \\ -1 & -2 \end{bmatrix}$

(2) $\begin{bmatrix} 1 & 2 & 3 \\ 0 & 1 & 2 \end{bmatrix}\begin{bmatrix} 1 & 0 \\ 2 & 4 \\ 3 & 1 \end{bmatrix}$, (3) $\begin{bmatrix} 1 & 0 \\ 2 & 4 \\ 3 & 1 \end{bmatrix}\begin{bmatrix} 1 & 2 & 3 \\ 0 & 1 & 2 \end{bmatrix}$

**【2.4】** $A$, $B$ を $n$ 次の正方行列とした場合，式 (2.22) で定義したトレースに対して次式が成り立つことを証明せよ．

(1) $\mathrm{Tr}(A + B) = \mathrm{Tr}(A) + \mathrm{Tr}(B)$, (2) $\mathrm{Tr}(AB) = \mathrm{Tr}(BA)$

**【2.5】** $n$ を正の整数としたとき，次式を計算せよ．

$$\begin{bmatrix} 0 & 0 & 0 & 0 \\ a & 0 & 0 & 0 \\ 0 & a & 0 & 0 \\ 0 & 0 & a & 0 \end{bmatrix}^n$$

**【2.6】** 次の行列の逆行列を求めよ．

(1) $\begin{bmatrix} 2 & 0 & 1 \\ 0 & 3 & 5 \\ 1 & -1 & 0 \end{bmatrix}$, (2) $\begin{bmatrix} a & d & e \\ 0 & b & f \\ 0 & 0 & c \end{bmatrix}$ $(abc \neq 0)$

**【2.7】** $A^2 - A + I = 0$ のとき $A$ は正則行列で，$I - A$ は $A$ の逆行列であることを示せ．

# 3

# 行　列　式

行列とは，多くの数をひとまとめに取り扱うために導入されたもので，もちろん単なる 1 つの数とは異なる．しかし，行列に対して 1 つの数を対応させることはできる．たとえば，正方行列の対角線上にある要素の和であるトレースも，そのような行列と数の間の対応関係である．本章で述べる行列式も，同じように正方行列に対して 1 つの数を対応させる関係である．このような意味で，行列と行列式は密接な関係があるが，あくまで行列式は 1 つの数（文字を含んでいる場合は式）であり，数の集まりである行列とは別物である．日本語で似ているため，慣れないうちは混同してしまうこともあるかも知れないが，英語では行列は matrix で行列式は determinant というように，全く別の言葉を使っている．

## 3.1 行列式の定義

正方行列

$$A = \begin{bmatrix} a_{11} & a_{12} & \cdots & a_{1n} \\ a_{21} & a_{22} & \cdots & a_{2n} \\ \vdots & \vdots & \ddots & \vdots \\ a_{n1} & a_{n2} & \cdots & a_{nn} \end{bmatrix}$$

に対する行列式を

$$|A| = \begin{vmatrix} a_{11} & a_{12} & \cdots & a_{1n} \\ a_{21} & a_{22} & \cdots & a_{2n} \\ \vdots & \vdots & \ddots & \vdots \\ a_{n1} & a_{n2} & \cdots & a_{nn} \end{vmatrix}$$

と記すことにしよう．そしてもとになる正方行列の行（または列）の数を $n$ とした場合，対応する行列式を $n$ 次行列式とよぶことにする．行列式の定義の仕方はいくつかあるが，ここでは帰納的に定義してみよう．

1 次行列式を

$$|a_{11}| = a_{11}$$

とする．2 次行列式は 1 次行列式を用いて

$$\begin{vmatrix} a_{11} & a_{12} \\ a_{21} & a_{22} \end{vmatrix} = a_{11}|a_{22}| - a_{12}|a_{21}|$$

と定義する．3 次行列式は 2 次行列式を用いて

$$|A| = \begin{vmatrix} a_{11} & a_{12} & a_{13} \\ a_{21} & a_{22} & a_{23} \\ a_{31} & a_{32} & a_{33} \end{vmatrix} = a_{11}\begin{vmatrix} a_{22} & a_{23} \\ a_{32} & a_{33} \end{vmatrix} - a_{12}\begin{vmatrix} a_{21} & a_{23} \\ a_{31} & a_{33} \end{vmatrix} + a_{13}\begin{vmatrix} a_{21} & a_{22} \\ a_{31} & a_{32} \end{vmatrix}$$

と定義する．すなわち，1 番目の行に着目して 1 つの要素と，その要素を含む行と列を取り除いた行列式（この場合，$2 \times 2$）を掛けて和または差をとる（着目した要素が奇数番目の場合は和，偶数番目の場合は差にする）．以下同様にして，$n$ 次行列式は，$n-1$ 次行列の行列式を用いて

$$\begin{vmatrix} a_{11} & a_{12} & \cdots & a_{1n} \\ a_{21} & a_{22} & \cdots & a_{2n} \\ \vdots & \vdots & \ddots & \vdots \\ a_{n1} & a_{n2} & \cdots & a_{nn} \end{vmatrix} = a_{11}\begin{vmatrix} a_{22} & a_{23} & \cdots & a_{2n} \\ \vdots & \vdots & \ddots & \vdots \\ a_{n2} & a_{n3} & \cdots & a_{nn} \end{vmatrix} - a_{12}\begin{vmatrix} a_{21} & a_{23} & \cdots & a_{2n} \\ \vdots & \vdots & \ddots & \vdots \\ a_{n1} & a_{n3} & \cdots & a_{nn} \end{vmatrix} +$$

$$\cdots + (-1)^{(n+1)}a_{1n}\begin{vmatrix} a_{21} & a_{22} & \cdots & a_{1n-1} \\ \vdots & \vdots & \ddots & \vdots \\ a_{n1} & a_{n2} & \cdots & a_{nn-1} \end{vmatrix} \qquad (3.1)$$

と定義する．この定義から，$n-1$ 次行列式の項の数が $p$ のとき $n$ 次行列式の項の数はその $n$ 倍の $np$ になる．1 次行列式の項が 1 であるから，2 次行列式の項はその 2 倍の 2，3 次行列式の項の数はその 3 倍で 6，4 次行列式の項の数は 3 次行列式の項の数の 4 倍で 24，5 次行列式の項の数はその 5 倍で 120，$\cdots$（一般に，$n$ 次行列式の項の数は $1\times2\times\cdots\times n=n!$），というように次数が増えると極端に項数が増すことがわかる．

**例題 3.1**

2 次の行列式と 3 次の行列式を具体的に書き下せ．

【解】　定義から 2 次の行列式は

$$\begin{vmatrix} a_{11} & a_{12} \\ a_{21} & a_{22} \end{vmatrix} = a_{11}|a_{22}| - a_{12}|a_{21}| = a_{11}a_{22} - a_{12}a_{21} \tag{3.2}$$

となる．計算は図 3.1 のようにすればよい．

3 次の行列式は，まず 2 次の行列式で表現した上で，式 (3.2) を用いればよい．すなわち

$$|A| = \begin{vmatrix} a_{11} & a_{12} & a_{13} \\ a_{21} & a_{22} & a_{23} \\ a_{31} & a_{32} & a_{33} \end{vmatrix} = a_{11}\begin{vmatrix} a_{22} & a_{23} \\ a_{32} & a_{33} \end{vmatrix} - a_{12}\begin{vmatrix} a_{21} & a_{23} \\ a_{31} & a_{33} \end{vmatrix} + a_{13}\begin{vmatrix} a_{21} & a_{22} \\ a_{31} & a_{32} \end{vmatrix}$$

$$= a_{11}a_{22}a_{33} + a_{12}a_{23}a_{31} + a_{13}a_{21}a_{32} - a_{11}a_{23}a_{32} - a_{12}a_{21}a_{33} - a_{13}a_{22}a_{31} \tag{3.3}$$

となる．覚え方は，たとえば，図 3.2 のように行列式を 2 つ並べて書き，右下向きの矢印の項の積を計算し正の符号をつけ，左下向きの矢印の項の積を計算し負の符号をつけてすべてを加えればよい*.

なお，この結果を用いれば，ベクトル $\boldsymbol{a}=(a_1,a_2,a_3)$ と $\boldsymbol{b}=(b_1,b_2,b_3)$

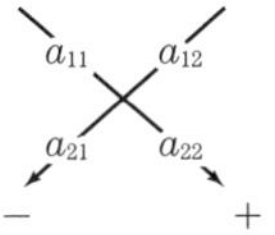


**図 3.1**　2 × 2 行列式の計算法

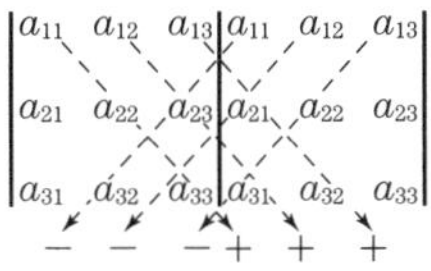


**図 3.2**

* 4 次以上の行列式には，このような便利な覚え方はない．

のベクトル積は，次のように簡単に表される．

$$\boldsymbol{a} \times \boldsymbol{b} = \begin{vmatrix} \boldsymbol{i} & \boldsymbol{j} & \boldsymbol{k} \\ a_1 & a_2 & a_3 \\ b_1 & b_2 & b_3 \end{vmatrix}$$

**例題 3.2**

単位行列に対する行列式の値を求めよ．

【解】

$$\begin{vmatrix} 1 & 0 & 0 & \cdots & 0 \\ 0 & 1 & 0 & \cdots & 0 \\ 0 & 0 & 1 & \cdots & 0 \\ \vdots & \vdots & \vdots & \ddots & \vdots \\ 0 & 0 & 0 & \cdots & 1 \end{vmatrix} = 1 \times \begin{vmatrix} 1 & 0 & \cdots & 0 \\ 0 & 1 & \cdots & 0 \\ \vdots & \vdots & \ddots & \vdots \\ 0 & 0 & \cdots & 1 \end{vmatrix} = \cdots = 1 \times \cdots \times 1 = 1 \qquad (3.4)$$

## 3.2 行列式の性質

定義によって計算するとたいへんな面倒な行列式をわざわざ導入するのは，行列式には数々の便利な性質があるからである．

行列式にはまず次の性質がある．

「行列式で 2 つの列ベクトルが一致すれば，行列式の値は 0 になる．」

たとえば 2 次の行列式では

$$\begin{vmatrix} a_{11} & a_{11} \\ a_{12} & a_{12} \end{vmatrix} = a_{11}a_{12} - a_{11}a_{12} = 0$$

となり，確かに主張が正しいことがわかる．

さらに次の性質もある．

「行列式は各列ベクトルに関して線形である．」

ただし，線形とは定数 $p$，$q$ に対して

$$\begin{vmatrix} a_{11} & \cdots & pa_{1i}+qb_{1i} & \cdots & a_{1n} \\ \vdots & \ddots & \vdots & \ddots & \vdots \\ a_{n1} & \cdots & pa_{ni}+qb_{ni} & \cdots & a_{nn} \end{vmatrix}$$

$$= p\begin{vmatrix} a_{11} & \cdots & a_{1i} & \cdots & a_{1n} \\ \vdots & \ddots & \vdots & \ddots & \vdots \\ a_{n1} & \cdots & a_{ni} & \cdots & a_{nn} \end{vmatrix} + q\begin{vmatrix} a_{11} & \cdots & b_{1i} & \cdots & a_{1n} \\ \vdots & \ddots & \vdots & \ddots & \vdots \\ a_{n1} & \cdots & b_{ni} & \cdots & a_{nn} \end{vmatrix} \tag{3.5}$$

あるいは同じことであるが $\boldsymbol{a}_1,\cdots,\boldsymbol{a}_n$，$\boldsymbol{b}_i$ を $(n,1)$ 行列として，

$$\begin{aligned} &\begin{vmatrix} \boldsymbol{a}_1 & \cdots & p\boldsymbol{a}_i+q\boldsymbol{b}_i & \cdots & \boldsymbol{a}_n \end{vmatrix} \\ &= p\begin{vmatrix} \boldsymbol{a}_1 & \cdots & \boldsymbol{a}_i & \cdots & \boldsymbol{a}_n \end{vmatrix} + q\begin{vmatrix} \boldsymbol{a}_1 & \cdots & \boldsymbol{b}_i & \cdots & \boldsymbol{a}_n \end{vmatrix} \end{aligned} \tag{3.6}$$

が成り立つことを一言で表現する言葉である．

2 次の行列式では（たとえば第 2 列に対して），

$$\begin{aligned} \begin{vmatrix} a_{11} & pa_{12}+qb_{12} \\ a_{21} & pa_{22}+qb_{22} \end{vmatrix} &= a_{11}(pa_{22}+qb_{22})-(pa_{12}+qb_{12})a_{21} \\ &= p(a_{11}a_{22}-a_{12}a_{21})+q(a_{11}b_{22}-b_{12}a_{21}) \\ &= p\begin{vmatrix} a_{11} & a_{12} \\ a_{21} & a_{22} \end{vmatrix} + q\begin{vmatrix} a_{11} & b_{12} \\ a_{21} & b_{22} \end{vmatrix} \end{aligned}$$

となるため，上の主張は正しいことがわかる．

特に $q=0$ とすれば

$$\begin{vmatrix} \boldsymbol{a}_1 & \cdots & p\boldsymbol{a}_i & \cdots & \boldsymbol{a}_n \end{vmatrix} = p\begin{vmatrix} \boldsymbol{a}_1 & \cdots & \boldsymbol{a}_i & \cdots & \boldsymbol{a}_n \end{vmatrix} \tag{3.7}$$

となる．

ここには記さないが，これらの性質は，式 (3.1) の定義を用いて数学的帰納法により証明できる．

これら 2 つの性質を用いれば，「行列の 2 つの列を入れ換えると，行列式の値は符号を変える」ことがわかる．なぜなら，

$$0 = \begin{vmatrix} \boldsymbol{a}_1 \cdots \boldsymbol{a}_i+\boldsymbol{a}_j \cdots \boldsymbol{a}_j+\boldsymbol{a}_i \cdots \boldsymbol{a}_n \end{vmatrix}$$

$$= \left| \boldsymbol{a}_1 \cdots \boldsymbol{a}_i \cdots \boldsymbol{a}_j + \boldsymbol{a}_i \cdots \boldsymbol{a}_n \right| + \left| \boldsymbol{a}_1 \cdots \boldsymbol{a}_j \cdots \boldsymbol{a}_j + \boldsymbol{a}_i \cdots \boldsymbol{a}_n \right|$$

$$= \left| \boldsymbol{a}_1 \cdots \boldsymbol{a}_i \cdots \boldsymbol{a}_j \cdots \boldsymbol{a}_n \right| + \left| \boldsymbol{a}_1 \cdots \boldsymbol{a}_i \cdots \boldsymbol{a}_i \cdots \boldsymbol{a}_n \right|$$

$$+ \left| \boldsymbol{a}_1 \cdots \boldsymbol{a}_j \cdots \boldsymbol{a}_j \cdots \boldsymbol{a}_n \right| + \left| \boldsymbol{a}_1 \cdots \boldsymbol{a}_j \cdots \boldsymbol{a}_i \cdots \boldsymbol{a}_n \right|$$

$$= \left| \boldsymbol{a}_1 \cdots \boldsymbol{a}_i \cdots \boldsymbol{a}_j \cdots \boldsymbol{a}_n \right| + \left| \boldsymbol{a}_1 \cdots \boldsymbol{a}_j \cdots \boldsymbol{a}_i \cdots \boldsymbol{a}_n \right| \tag{3.8}$$

となるからである．また,「行列式のある列に他の列を定数倍したものを足しても行列式の値が変わらない」こともわかる．なぜなら

$$\left| \boldsymbol{a}_1 \ \cdots \ \boldsymbol{a}_i + q\boldsymbol{a}_j \ \cdots \ \boldsymbol{a}_n \right| = \left| \boldsymbol{a}_1 \ \cdots \ \boldsymbol{a}_i \ \cdots \ \boldsymbol{a}_n \right|$$

$$+q \left| \boldsymbol{a}_1 \ \cdots \ \boldsymbol{a}_j \ \cdots \ \boldsymbol{a}_j \ \cdots \ \boldsymbol{a}_n \right| = \left| \boldsymbol{a}_1 \ \cdots \ \boldsymbol{a}_i \ \cdots \ \boldsymbol{a}_n \right| \tag{3.9}$$

であるからである．

線形性を利用すると，行列式の別の表現もできる．いま

$$\boldsymbol{e}_1 = \begin{bmatrix} 1 \\ 0 \\ \vdots \\ 0 \end{bmatrix}, \qquad \boldsymbol{e}_2 = \begin{bmatrix} 0 \\ 1 \\ \vdots \\ 0 \end{bmatrix}, \qquad \cdots, \qquad \boldsymbol{e}_n = \begin{bmatrix} 0 \\ 0 \\ \vdots \\ 1 \end{bmatrix}$$

とすれば

$$\begin{vmatrix} a_{11} & a_{12} & \cdots & a_{1n} \\ a_{21} & a_{22} & \cdots & a_{2n} \\ \vdots & \vdots & \ddots & \vdots \\ a_{n1} & a_{n2} & \cdots & a_{nn} \end{vmatrix} = \left| \sum_{i=1}^{n} a_{i1}\boldsymbol{e}_i \ \sum_{j=1}^{n} a_{j2}\boldsymbol{e}_j \ \cdots \ \sum_{k=1}^{n} a_{kn}\boldsymbol{e}_k \right|$$

$$= \sum_{i=1}^{n} a_{i1} \left| \boldsymbol{e}_i \sum_{j=1}^{n} a_{j2}\boldsymbol{e}_j \cdots \sum_{k=1}^{n} a_{k1}\boldsymbol{e}_k \right|$$

$$= \sum_{i=1}^{n} a_{i1} \sum_{j=1}^{n} a_{j2} \left| \boldsymbol{e}_i\boldsymbol{e}_j \cdots \sum_{k=1}^{n} a_{k1}\boldsymbol{e}_k \right|$$

$$= \cdots$$

$$= \sum_{i=1}^{n} a_{i1} \sum_{j=1}^{n} a_{j2} \cdots \sum_{k=1}^{n} a_{kn} \left| \boldsymbol{e}_i\boldsymbol{e}_j \cdots \boldsymbol{e}_k \right|$$

となる．ここで，総和はそれぞれ独立に 1 から $n$ までとるため，項の数は $n^n$ 個あるが，実際は行列式 $|\boldsymbol{e}_i \cdots \boldsymbol{e}_k|$ において列が同一で 0 になるものが多く，0 でないものは 1 から $n$ の順列の数であるため $n!$ 個である．0 でないものは行の入れ換えによってすべて

$$|\boldsymbol{e}_i \cdots \boldsymbol{e}_k| = (-1)^m \begin{vmatrix} 1 & 0 & \cdots & 0 \\ 0 & 1 & \cdots & 0 \\ \vdots & \vdots & \ddots & \vdots \\ 0 & 0 & \cdots & 1 \end{vmatrix}$$

に変形できる．ただし，$m$ は行の入れ換えの回数を表す．いま，$\sigma(i, j, \cdots, k)$ を，偶数回の入れ換えで $(1, 2, \cdots, n)$ になる場合（偶順列）には 1，奇数回の入れ換えで $(1, 2, \cdots, n)$ になる場合（奇順列）には $-1$ と定義すれば

$$|\boldsymbol{e}_i \boldsymbol{e}_j \cdots \boldsymbol{e}_k| = \sigma(i, j, \cdots, k) \tag{3.10}$$

となる．したがって，行列式の別の表現として

$$|A| = \sum \sigma(i, j, \cdots, k) a_{i1} a_{j2} \cdots a_{kn} \tag{3.11}$$

と書ける．ただし，総和は $(1, 2, \cdots, n)$ のすべての順列（$n!$）にわたってとるものとする．

**例題 3.3**

式 (3.11) を $3 \times 3$ の場合に具体的に書き下せ．

【解】

$$\begin{aligned} |A| &= \sum \sigma(i, j, k) a_{i1} a_{j2} a_{k3} \\ &= \sigma(1,2,3) a_{11} a_{22} a_{33} + \sigma(2,3,1) a_{21} a_{32} a_{13} + \sigma(3,1,2) a_{31} a_{12} a_{23} \\ &\quad + \sigma(3,2,1) a_{31} a_{22} a_{13} + \sigma(2,1,3) a_{21} a_{12} a_{33} + \sigma(1,3,2) a_{11} a_{32} a_{23} \\ &= a_{11} a_{22} a_{33} + a_{21} a_{32} a_{13} + a_{31} a_{12} a_{23} - a_{31} a_{22} a_{13} - a_{21} a_{12} a_{33} \\ &\quad - a_{11} a_{32} a_{23} \end{aligned}$$

さらに,「ある行列に対する行列式の値と，転置行列に対する行列式の値は等

しい」という性質もある．なぜなら，転置行列に対して式 (3.11) は

$$|A| = \sum \sigma(i, j, \cdots, k) a_{1i} a_{2j} \cdots a_{nk} \tag{3.12}$$

となるが，式 (3.12) の $a_{1i}a_{2j}\cdots a_{nk}$ は積の順序を交換すれば式 (3.11) の $a_{i1}a_{j2}\cdots a_{kn}$ と一致させることができるからである．

具体的にこの事実を 3 次の行列式で確かめると

$$\begin{aligned}|A^T| &= \begin{vmatrix} a_{11} & a_{21} & a_{31} \\ a_{12} & a_{22} & a_{32} \\ a_{13} & a_{23} & a_{33} \end{vmatrix} \\ &= \sigma(1,2,3)a_{11}a_{22}a_{33} + \sigma(2,3,1)a_{12}a_{23}a_{31} + \sigma(3,1,2)a_{13}a_{21}a_{32} \\ &\quad + \sigma(3,2,1)a_{13}a_{22}a_{31} + \sigma(2,1,3)a_{12}a_{21}a_{33} + \sigma(1,3,2)a_{11}a_{23}a_{32} \\ &= a_{11}a_{22}a_{33} + a_{21}a_{32}a_{13} + a_{31}a_{12}a_{23} - a_{11}a_{32}a_{23} - a_{21}a_{12}a_{33} \\ &\quad - a_{31}a_{22}a_{13}\end{aligned}$$

となるが，これは式 (3.3) と一致する．

転置行列の行列式に対する上で述べた列の間の操作は，もとの行列式では行の間の操作を行っていることに相当する．したがって，ここで述べた性質は，上に述べた行列式の性質が列を行に読み換えても成り立つことを示している．以上をまとめると，

> 「行列式で 2 つの行（列）ベクトルが一致すれば，行列式の値は 0 になる．」
> 「行列式は各行（列）ベクトルに関して線形である．」
> 「行列の 2 つの行（列）を入れ換えると，行列式の値は符号を変える．」
> 「行列式のある行（列）に他の行（列）を定数倍したものを足しても行列式の値が変わらない．」

**◇問 3.1◇**　次の式を証明せよ．

(1) $\begin{vmatrix} 1+a & 1 \\ 1 & 1+b \end{vmatrix} = ab\left(1 + \dfrac{1}{a} + \dfrac{1}{b}\right)$

$$(2)\ \begin{vmatrix} 1+a & 1 & 1 \\ 1 & 1+b & 1 \\ 1 & 1 & 1+c \end{vmatrix} = abc\left(1+\frac{1}{a}+\frac{1}{b}+\frac{1}{c}\right)$$

## 3.3 行列式の計算

本節では，上に述べた諸性質を利用して，行列式の値を計算してみよう．

まず，下三角行列に対する行列式の値は対角要素の積になる．すなわち

$$|A| = \begin{vmatrix} a_{11} & 0 & \cdots & 0 \\ a_{21} & a_{22} & \cdots & 0 \\ \vdots & \vdots & \ddots & \vdots \\ a_{n1} & a_{n2} & \cdots & a_{nn} \end{vmatrix} = a_{11}a_{22}\cdots a_{nn} \tag{3.13}$$

である．これは定義式 (3.1) から

$$\begin{vmatrix} a_{11} & 0 & 0 & \cdots & 0 \\ a_{21} & a_{22} & 0 & \cdots & 0 \\ \vdots & \vdots & \vdots & \ddots & \vdots \\ a_{n1} & a_{n2} & a_{n3} & \cdots & a_{nn} \end{vmatrix} = a_{11}\begin{vmatrix} a_{22} & 0 & \cdots & 0 \\ a_{32} & a_{33} & \cdots & 0 \\ \vdots & \vdots & \ddots & \vdots \\ a_{n2} & a_{n3} & \cdots & a_{nn} \end{vmatrix}$$

$$= a_{11}a_{22}\begin{vmatrix} a_{33} & 0 & \cdots & 0 \\ a_{43} & a_{44} & \cdots & 0 \\ \vdots & \vdots & \ddots & \vdots \\ a_{n3} & a_{n4} & \cdots & a_{nn} \end{vmatrix}$$

$$= \cdots = a_{11}a_{22}\cdots a_{n-1n-1}a_{nn}$$

となるため明らかである．次に，下三角行列の転置行列は上三角行列であるから，上三角行列に対する行列式の値も対角要素の積になることがわかる．また，このことから上（下）三角行列の対角要素に少なくとも 1 つ 0 があれば行列式の値は 0 であることもわかる．

ここで，連立 1 次方程式に対するガウスの消去法の前進消去を思い出してみよう．ガウスの消去法では行基本変形のうち「ある行を定数倍する（だけで他の行には足さない）という操作」を用いずにもとの行列を上三角型に変形した．

そこで，行列式の行に対してガウスの消去法で用いた行基本変形を行っても，行列式の性質から，行列式の絶対値は変化せず，たかだか符号が変化するだけである．したがって，行列式の値を求める場合には，ガウスの消去法の前進消去を行い，上三角型にする．そしてその際に行った行の入れ換えの回数 $j$ を記録しておく．行列式の値は上三角型になったときの対角線要素の積に $(-1)^j$ を掛けたものになる．なおピボットの入れ換えを行ってもピボットが 0 になってしまう場合には対角要素に 0 が残るため，その時点で行列式の値は 0 になることがわかる．

**例題 3.4**

次の等式（Vandermonde の行列式）を証明せよ．

$$\begin{vmatrix} 1 & 1 & 1 & \cdots & 1 \\ x_1 & x_2 & x_3 & \cdots & x_n \\ x_1^2 & x_2^2 & x_3^2 & \cdots & x_n^2 \\ \vdots & \vdots & \vdots & \ddots & \vdots \\ x_1^{n-1} & x_2^{n-1} & x_3^{n-1} & \cdots & x_n^{n-1} \end{vmatrix}$$
$$= (-1)^{n(n-1)/2}(x_1 - x_2)(x_1 - x_3)\cdots(x_1 - x_n) \times (x_2 - x_3)\cdots (x_2 - x_n) \times (x_{n-1} - x_n) \tag{3.14}$$

【解】

この式が成り立つことを示すには，以下のように考えればよい．まず，両辺を $x_i (i = 1, \cdots, n)$ に対する多項式と見なす．次に，左辺で $x_i = x_j$ とすれば列が一致するため行列式の値は 0 になる．したがって，因数定理から左辺が $(x_i - x_j)$ で割り切れる．このことは，左辺が $(x_i - x_j)$ という因数をもっていることを意味するが，これがすべての $i \neq j$ に対していえる．両辺の多項式の次数を比べれば，係数にあたる部分を除いて左辺は右辺の形に書けることがわかる．一方，係数は両辺の 1 つの項（たとえば $x_2 x_3^2 \cdots x_n^{n-1}$）を比べることにより，$(-1)^{n(n-1)/2}$ になることがわかる．

◇**問 3.2**◇　次の行列式の値を求めよ．

(1) $\begin{vmatrix} 1 & 2 & 3 \\ 4 & 5 & 4 \\ 3 & 2 & 11 \end{vmatrix}$, (2) $\begin{vmatrix} 1 & 2 & 3 \\ 4 & 5 & 6 \\ 1 & 1 & 1 \end{vmatrix}$

## 3.4 余　因　子

はじめに，言葉の定義を行う．$n$ 次行列式 $|A|$ の中で $(i,j)$ 要素である $a_{ij}$ の要素に注目する．そして，もとの行列式の $i$ 行目と $j$ 列目を取り除いてつくった $n-1$ 次の行列式に $(-1)^{i+j}$ を掛けたものを $a_{ij}$ の余因子とよび，$A_{ij}$ と記す．すなわち，

$$\begin{vmatrix} a_{11} & \cdots & a_{1j} & \cdots & a_{1n} \\ \vdots & \ddots & \vdots & \ddots & \vdots \\ a_{i1} & \cdots & a_{ij} & \cdots & a_{in} \\ \vdots & \ddots & \vdots & \ddots & \vdots \\ a_{n1} & \cdots & a_{nj} & \cdots & a_{nn} \end{vmatrix}$$

のとき

$$A_{ij} = (-1)^{i+j} \begin{vmatrix} a_{11} & \cdots & a_{1j-1} & a_{1j+1} & \cdots & a_{1n} \\ \vdots & \ddots & \vdots & \vdots & \ddots & \vdots \\ a_{i-11} & \cdots & a_{i-1j-1} & a_{i-1j+1} & \cdots & a_{i-1n} \\ a_{i+11} & \cdots & a_{i+1j-1} & a_{i+1j+1} & \cdots & a_{i+1n} \\ \vdots & \ddots & \vdots & \vdots & \ddots & \vdots \\ a_{n1} & \cdots & a_{nj-1} & a_{nj+1} & \cdots & a_{nn} \end{vmatrix} \tag{3.15}$$

である．さらに，行列 $A$ に対して，余因子 $A_{ij}$ を要素とする行列の転置行列を余因子行列とよび，$A^*$ と記すことにしよう．すなわち，

$$A^* = \begin{bmatrix} A_{11} & \cdots & A_{j1} & \cdots & A_{n1} \\ \vdots & \ddots & \vdots & \ddots & \vdots \\ A_{1i} & \cdots & A_{ji} & \cdots & A_{ni} \\ \vdots & \ddots & \vdots & \ddots & \vdots \\ A_{1n} & \cdots & A_{jn} & \cdots & A_{nn} \end{bmatrix} \tag{3.16}$$

である．

**例題 3.5**

次の行列の余因子行列を求めよ．

$$|A| = \begin{vmatrix} a_{11} & a_{12} & a_{13} \\ a_{21} & a_{22} & a_{23} \\ a_{31} & a_{32} & a_{33} \end{vmatrix}$$

【解】

$$|A_{11}| = \begin{vmatrix} a_{22} & a_{23} \\ a_{32} & a_{33} \end{vmatrix}, \qquad |A_{12}| = -\begin{vmatrix} a_{21} & a_{23} \\ a_{31} & a_{33} \end{vmatrix}, \qquad |A_{13}| = \begin{vmatrix} a_{21} & a_{22} \\ a_{31} & a_{32} \end{vmatrix}$$

などを用いれば余因子行列は

$$A^* = \begin{vmatrix} a_{22}a_{33} - a_{23}a_{32} & a_{13}a_{32} - a_{12}a_{33} & a_{12}a_{23} - a_{13}a_{22} \\ a_{23}a_{31} - a_{21}a_{33} & a_{11}a_{33} - a_{13}a_{31} & a_{13}a_{21} - a_{11}a_{23} \\ a_{21}a_{32} - a_{23}a_{31} & a_{12}a_{31} - a_{11}a_{32} & a_{11}a_{22} - a_{12}a_{21} \end{vmatrix}$$

となる．

はじめに，行列式の定義式は余因子を用いて

$$|A| = a_{11}A_{11} + a_{12}A_{12} + \cdots + a_{1n}A_{1n}$$

と書ける．次に，

$$
\begin{aligned}
|A| &= \begin{vmatrix} a_{11} & \cdots & a_{1j} & \cdots & a_{1n} \\ a_{21} & \cdots & a_{2j} & \cdots & a_{2n} \\ \vdots & \ddots & \vdots & \ddots & \vdots \\ a_{n1} & \cdots & a_{nj} & \cdots & a_{nn} \end{vmatrix} = - \begin{vmatrix} a_{21} & \cdots & a_{2j} & \cdots & a_{2n} \\ a_{11} & \cdots & a_{1j} & \cdots & a_{1n} \\ \vdots & \ddots & \vdots & \ddots & \vdots \\ a_{n1} & \cdots & a_{nj} & \cdots & a_{nn} \end{vmatrix} \\
&= (-1) \times \left( a_{21} \begin{vmatrix} a_{12} & \cdots & a_{1n} \\ \vdots & \ddots & \vdots \\ a_{n2} & \cdots & a_{nn} \end{vmatrix} - \cdots + (-1)^{(n+1)} a_{2n} \begin{vmatrix} a_{11} & \cdots & a_{1n-1} \\ \vdots & \ddots & \vdots \\ a_{n1} & \cdots & a_{nn-1} \end{vmatrix} \right) \\
&= a_{21}A_{21} + a_{22}A_{22} + \cdots + a_{2n}A_{2n}
\end{aligned}
$$

が成り立つ（第 2 式から第 3 式には 1 回の行の入れ換えを行っている）．さらに

$$
\begin{aligned}
|A| &= \begin{vmatrix} a_{11} & \cdots & a_{1j} & \cdots & a_{1n} \\ a_{21} & \cdots & a_{2j} & \cdots & a_{2n} \\ a_{31} & \cdots & a_{3j} & \cdots & a_{3n} \\ \vdots & \ddots & \vdots & \ddots & \vdots \\ a_{n1} & \cdots & a_{nj} & \cdots & a_{nn} \end{vmatrix} = \begin{vmatrix} a_{31} & \cdots & a_{3j} & \cdots & a_{3n} \\ a_{11} & \cdots & a_{1j} & \cdots & a_{1n} \\ a_{21} & \cdots & a_{2j} & \cdots & a_{2n} \\ \vdots & \ddots & \vdots & \ddots & \vdots \\ a_{n1} & \cdots & a_{nj} & \cdots & a_{nn} \end{vmatrix} \\
&= a_{31} \begin{vmatrix} a_{12} & \cdots & a_{1n} \\ \vdots & \ddots & \vdots \\ a_{n2} & \cdots & a_{nn} \end{vmatrix} - \cdots + (-1)^{(n+1)} a_{3n} \begin{vmatrix} a_{11} & \cdots & a_{1n-1} \\ \vdots & \ddots & \vdots \\ a_{n1} & \cdots & a_{nn-1} \end{vmatrix} \\
&= a_{31}A_{31} + a_{32}A_{32} + \cdots + a_{3n}A_{3n}
\end{aligned}
$$

が成り立つ（第 2 式から第 3 式には 2 回の行の入れ換えを行っている）．

以下，同様にして任意の $i$ について

$$
|A| = a_{i1}A_{i1} + a_{i2}A_{i2} + \cdots + a_{in}A_{in} \tag{3.17}
$$

が成り立つことがわかる．これを行列式の $i$ 行についての余因子展開とよんでいる．一方，$i$ と $k$ の 2 つの行が等しく，その結果 0 となる行列式

$$0 = \begin{vmatrix} a_{11} & \cdots & a_{1j} & \cdots & a_{1n} \\ \vdots & \ddots & \vdots & \ddots & \vdots \\ a_{k1} & \cdots & a_{kj} & \cdots & a_{kn} \\ \vdots & \ddots & \vdots & \ddots & \vdots \\ a_{k1} & \cdots & a_{kj} & \cdots & a_{kn} \\ \vdots & \ddots & \vdots & \ddots & \vdots \\ a_{n1} & \cdots & a_{nj} & \cdots & a_{nn} \end{vmatrix} \begin{matrix} \\ \\ \leftarrow i \\ \\ \leftarrow k \\ \\ \\ \end{matrix}$$

を $i$ 行について余因子展開することにより

$$a_{k1}A_{i1} + a_{k2}A_{i2} + \cdots + a_{kn}A_{in} = 0 \quad (k \neq i) \tag{3.18}$$

が得られる．

ある行列に対する行列式とその転置行列に対する行列式の値が等しいという性質から，ここで述べた性質はすべて列に関する性質として読み換えることができる．すなわち，列についても余因子展開ができて

$$\begin{cases} |A| = a_{1j}A_{1j} + a_{2j}A_{2j} + \cdots + a_{nj}A_{nj} \\ a_{1k}A_{1j} + a_{2k}A_{2j} + \cdots + a_{nk}A_{nj} = 0 \quad (k \neq j) \end{cases} \tag{3.19}$$

となる．

**◇問 3.3◇** $\begin{bmatrix} 1 & 2 & 2 \\ 1 & 1 & 1 \\ -1 & 2 & 1 \end{bmatrix}$ の余因子行列を求めよ．

## 3.5 クラーメルの公式

連立 $n$ 元 1 次方程式

$$\begin{cases} a_{11}x_1 + a_{12}x_2 + \cdots + a_{1n}x_n = b_1 \\ a_{21}x_1 + a_{22}x_2 + \cdots + a_{2n}x_n = b_2 \\ \qquad\qquad \vdots \\ a_{n1}x_1 + a_{n2}x_2 + \cdots + a_{nn}x_n = b_n \end{cases} \tag{3.20}$$

の解の公式にクラーメルの公式がある．いま，$j$ を $1, 2, \cdots, n$ のどれかとして，$B_j$ という行列を，連立 1 次方程式の係数からつくった行列

$$A = \begin{bmatrix} a_{11} & a_{12} & \cdots & a_{1n} \\ a_{21} & a_{22} & \cdots & a_{2n} \\ \vdots & \vdots & \ddots & \vdots \\ a_{n1} & a_{n2} & \cdots & a_{nn} \end{bmatrix} \tag{3.21}$$

の第 $j$ 列ベクトルを連立 1 次方程式の右辺の列ベクトルで置き換えた行列と定義する．すなわち，

$$B_j = \begin{bmatrix} a_{11} & \cdots & \overset{\overset{j}{\downarrow}}{b_1} & \cdots & a_{1n} \\ a_{21} & \cdots & b_2 & \cdots & a_{2n} \\ \vdots & \ddots & \vdots & \ddots & \vdots \\ a_{n1} & \cdots & b_n & \cdots & a_{nn} \end{bmatrix} \tag{3.22}$$

である．このとき連立 1 次方程式の解は

$$x_1 = \frac{|B_1|}{|A|}, \quad \cdots, \quad x_j = \frac{|B_j|}{|A|}, \quad \cdots, \quad x_n = \frac{|B_n|}{|A|} \tag{3.23}$$

で与えられる．これをクラーメルの公式とよぶ*．

クラーメルの公式は，以下のようにして証明することができる．

連立 1 次方程式 (3.20) の第 1 式の両辺に行列式 $|A|$ の第 $j$ 列の余因子 $A_{1j}$ を掛け，第 2 式に $A_{2j}$ を掛け，以下第 $n$ 式まで同様の掛け算を行ったあと，すべてを加え合わせると

$$\left(\sum_{k=1}^{n} a_{k1}A_{kj}\right)x_1 + \left(\sum_{k=1}^{n} a_{k2}A_{kj}\right)x_2 + \cdots + \left(\sum_{k=1}^{n} a_{kj}A_{kj}\right)x_j$$
$$+ \cdots + \left(\sum_{k=1}^{n} a_{kn}A_{kj}\right)x_n = \sum_{k=1}^{n} b_k A_{kj}$$

となる．一方，余因数の性質 (3.18) から $x_1, \cdots, x_{j-1}, x_{j+1}, \cdots, x_n$ の係数はすべ

* クラーメルの公式はきれいな形をしているが，行列式の計算に時間がかかるため，数値計算では $n$ が 5 以上の場合にはほとんど使われない．

て 0 であり，また $x_j$ の係数は $|A|$ となる．そこで

$$\sum_{k=1}^{n} b_k A_{kj} = D_j$$

とおけば

$$|A|x_j = D_j$$

となる．ここで，$D_j$ は行列式 $A$ の第 $j$ 列の要素 $a_{1j},\cdots,a_{nj}$ をそれぞれ $b_1,\cdots,b_n$ で置き換えたものを $j$ 列について余因子展開した式なので，式 (3.22) の $B_j$ の行列式と一致する．したがって，$|A| \neq 0$ ならば式 (3.23) が成り立つ．

逆にこの $x_1,\cdots,x_n$ を連立方程式の $i$ 番目の式を $|A|$ 倍した式に代入すれば

$$\begin{aligned}
&|A|(a_{i1}x_1 + a_{i2}x_2 + \cdots + a_{in}x_n)\\
&= a_{i1}\sum_{k=1}^{n} b_k A_{k1} + a_{i2}\sum_{k=1}^{n} b_k A_{k2} + \cdots + a_{in}\sum_{k=1}^{n} b_k A_{kn}\\
&= a_{i1}(b_1A_{11} + \cdots + b_nA_{n1}) + \cdots + a_{in}(b_1A_{1n} + \cdots + b_nA_{nn})\\
&= b_1(a_{i1}A_{11} + \cdots + a_{in}A_{1n}) + \cdots + b_i(a_{i1}A_{i1} + \cdots + a_{in}A_{in}) + \cdots\\
&\quad + b_n(a_{i1}A_{n1} + \cdots + a_{in}A_{nn}) = b_1 \times 0 + \cdots + b_i|A| + \cdots + b_n \times 0\\
&= b_i|A|
\end{aligned}$$

となるため，連立 1 次方程式を満足する．

**例題 3.6**

(1) 連立 2 元 1 次方程式および (2) 連立 3 元 1 次方程式にクラーメルの公式を適用せよ．

(1) $\begin{cases} a_{11}x_1 + a_{12}x_2 = b_1 \\ a_{21}x_1 + a_{22}x_2 = b_2 \end{cases}$

【解】

$$\begin{cases} x_1 = \dfrac{1}{|A|}\begin{vmatrix} b_1 & a_{12} \\ b_2 & a_{22} \end{vmatrix} = \dfrac{a_{22}b_1 - a_{12}b_2}{a_{11}a_{22} - a_{12}a_{21}} \\[2ex] x_2 = \dfrac{1}{|A|}\begin{vmatrix} a_{11} & b_1 \\ a_{21} & b_2 \end{vmatrix} = \dfrac{a_{11}b_2 - a_{21}b_2}{a_{11}a_{22} - a_{12}a_{21}} \end{cases}$$

(2) $$\begin{cases} a_{11}x_1 + a_{12}x_2 + a_{13}x_3 = b_1 \\ a_{21}x_1 + a_{22}x_2 + a_{23}x_3 = b_2 \\ a_{31}x_1 + a_{32}x_2 + a_{33}x_3 = b_3 \end{cases}$$

【解】

$$\begin{cases} x_1 = \dfrac{1}{|A|}\begin{vmatrix} b_1 & a_{12} & a_{13} \\ b_2 & a_{22} & a_{23} \\ b_3 & a_{32} & a_{33} \end{vmatrix} \\ \quad = \dfrac{a_{22}a_{33}b_1 + a_{13}a_{32}b_2 + a_{12}a_{23}b_3 - a_{23}a_{32}b_1 - a_{12}a_{33}b_2 - a_{13}a_{22}b_3}{a_{11}a_{22}a_{33} + a_{12}a_{23}a_{31} + a_{13}a_{21}a_{32} - a_{11}a_{23}a_{32} - a_{12}a_{21}a_{33} - a_{13}a_{22}a_{31}} \\[2ex] x_2 = \dfrac{1}{|A|}\begin{vmatrix} a_{11} & b_1 & a_{13} \\ a_{21} & b_2 & a_{23} \\ a_{31} & b_3 & a_{33} \end{vmatrix} \\ \quad = \dfrac{a_{23}a_{31}b_1 + a_{11}a_{33}b_2 + a_{13}a_{21}b_3 - a_{21}a_{33}b_1 - a_{13}a_{31}b_2 - a_{11}a_{23}b_3}{a_{11}a_{22}a_{33} + a_{12}a_{23}a_{31} + a_{13}a_{21}a_{32} - a_{11}a_{23}a_{32} - a_{12}a_{21}a_{33} - a_{13}a_{22}a_{31}} \\[2ex] x_3 = \dfrac{1}{|A|}\begin{vmatrix} a_{11} & a_{12} & b_1 \\ a_{21} & a_{22} & b_2 \\ a_{31} & a_{32} & b_3 \end{vmatrix} \\ \quad = \dfrac{a_{21}a_{32}b_1 + a_{12}a_{31}b_2 + a_{11}a_{22}b_3 - a_{22}a_{31}b_1 - a_{11}a_{32}b_2 - a_{12}a_{21}b_3}{a_{11}a_{22}a_{33} + a_{12}a_{23}a_{31} + a_{13}a_{21}a_{32} - a_{11}a_{23}a_{32} - a_{12}a_{21}a_{33} - a_{13}a_{22}a_{31}} \end{cases}$$

クラーメルの公式が使えるためには，係数からつくった行列式 $A$ が 0 であってはならない．しかし，連立 1 次方程式が解を一意にもつ場合には，左辺の係数からつくった行列式は 0 にならない．なぜなら，解が一意に求まる場合にはガウスの消去法における前進消去で左辺の係数からつくった行列が，行基本変形で必ず対角要素が 0 でない上三角行列に変形できる．したがって，前節の最後に述べたように，上三角行列の行列式の値，すなわち，もとの行列式の値は 0 でないからである．

◇**問 3.4**◇　クラーメルの公式を用いて次の連立 1 次方程式を解け．

$$x + 3y + 3z = 12, \qquad x + y + z = 6, \qquad -x + 2y + z = 2$$

前節で定義した余因子行列 $A^*$ を用いれば，逆行列に対する公式

$$A^{-1} = \frac{1}{|A|} A^* \tag{3.24}$$

も以下のようにして証明することができる．

$$A = \begin{bmatrix} a_{11} & a_{12} & \cdots & a_{1n} \\ a_{21} & a_{22} & \cdots & a_{2n} \\ \vdots & \vdots & \ddots & \vdots \\ a_{n1} & a_{n2} & \cdots & a_{nn} \end{bmatrix}$$

の逆行列を

$$X = \begin{bmatrix} x_{11} & x_{12} & \cdots & x_{1n} \\ x_{21} & x_{22} & \cdots & x_{2n} \\ \vdots & \vdots & \ddots & \vdots \\ x_{n1} & x_{n2} & \cdots & x_{nn} \end{bmatrix}$$

とすれば定義から

$$AX = \begin{bmatrix} 1 & 0 & \cdots & 0 \\ 0 & 1 & \cdots & 0 \\ \vdots & \vdots & \ddots & \vdots \\ 0 & 0 & \cdots & 1 \end{bmatrix}$$

が成り立つ．左辺の積を計算して両辺の $k$ 列目を比較すれば

$$\begin{cases} a_{11}x_{1k} + & \cdots & + a_{1n}x_{nk} = 0 \\ & \vdots & \\ a_{k1}x_{1k} + & \cdots & + a_{kn}x_{nk} = 1 \\ & \vdots & \\ a_{n1}x_{1k} + & \cdots & + a_{nn}x_{nk} = 0 \end{cases} \tag{3.25}$$

という連立 $n$ 元 1 次方程式が得られる．この方程式をクラーメルの公式を用いて解けば

$$x_{jk} = |B_k|/|A| \quad (j = 1, \cdots, n)$$

となる．ここで $|B_k|$ は行列 $A$ の $k$ 列目を式 (3.25) の右辺で置き換えたものであり，この列に沿って $|B_k|$ を余因子展開すれば $|A|$ の $a_{kj}$ における余因子 $|A_{kj}|$ となる．すなわち

$$|x_{jk}| = |A_{kj}|/|A| \quad (j = 1, \cdots, n)$$

したがって，

$$A^{-1} = X = \begin{bmatrix} x_{11} & x_{12} & \cdots & x_{1n} \\ x_{21} & x_{22} & \cdots & x_{2n} \\ \vdots & \vdots & \ddots & \vdots \\ x_{n1} & x_{n2} & \cdots & x_{nn} \end{bmatrix} = \begin{bmatrix} A_{11}/|A| & A_{21}/|A| & \cdots & A_{n1}/|A| \\ A_{12}/|A| & A_{22}/|A| & \cdots & A_{n2}/|A| \\ \vdots & \vdots & \ddots & \vdots \\ A_{1n}/|A| & a_{2n}/|A| & \cdots & A_{nn}/|A| \end{bmatrix}$$
$$= A^*/|A| \tag{3.26}$$

**例題 3.7**

次の $(3, 3)$ 行列の逆行列を式 (3.26) を用いて求めよ．

$$\begin{bmatrix} 1 & 2 & 3 \\ 2 & 3 & 1 \\ 3 & 1 & 2 \end{bmatrix}$$

【解】 $|A| = 6+6+6-27-8-1 = -18$, $|A_{11}| = 5$, $|A_{12}| = -1$, $|A_{13}| = -7$, $|A_{21}| = -1$, $|A_{22}| = -7$, $|A_{23}| = 5$, $|A_{31}| = -7$, $|A_{32}| = 5$, $|A_{33}| = -1$ より

$$A^{-1} = -\frac{1}{18}\begin{bmatrix} 5 & -1 & -7 \\ -1 & -7 & 5 \\ -7 & 5 & -1 \end{bmatrix}$$

なお，この公式はクラーメルの公式と同様にきれいな形をしているが，多くの行列式の計算が必要となり，$n$ が 3 より大きいときには実用的でない．そのような場合には 2.6 節の方法を用いる方がよい．

## ▷章末問題◁

**【3.1】** 次の行列式の値を求めよ．

$$(1)\ \begin{vmatrix} 1 & 1 & 1 \\ x & y & z \\ y+z & z+x & x+y \end{vmatrix}, \quad (2)\ \begin{vmatrix} \omega & \omega^2 & 1 \\ \omega^2 & 1 & \omega \\ 1 & \omega & \omega^2 \end{vmatrix}$$

**【3.2】** 次の方程式を解け．

$$(1)\ \begin{vmatrix} 1 & 1 & 2-x \\ 0 & 1+x & 6 \\ 1-x & 2 & 6 \end{vmatrix} = 0, \quad (2)\ \begin{vmatrix} 5-2x & 1-3x & 7-x \\ 1 & 7 & 4 \\ 0 & 6 & 3 \end{vmatrix} = 0$$

**【3.3】** 次の行列式を因数分解せよ．

$$(1)\ \begin{vmatrix} 1 & a & a^3 \\ 1 & b & b^3 \\ 1 & c & c^3 \end{vmatrix}, \quad (2)\ \begin{vmatrix} 1 & 1 & 1 & 1 \\ a & b & c & d \\ a^2 & b^2 & c^2 & d^2 \\ a^3 & b^3 & c^3 & d^3 \end{vmatrix}$$

**【3.4】** 次の行列式の値を求めよ．

$$(1)\ \begin{vmatrix} 2 & 0 & 1 & -2 \\ 1 & 3 & 2 & -1 \\ -1 & 5 & 1 & 1 \\ 2 & 7 & -6 & 3 \end{vmatrix},\quad (2)\ \begin{vmatrix} a+p & b & c & d \\ a & b+p & c & d \\ a & b & c+p & d \\ a & b & c & d+p \end{vmatrix}$$

**【3.5】** $a$ を定数とするとき，次の 3 つの直線が 1 点で交わるように $a$ の値を定めよ．

$$(a-1)x+2y=2a-1, \qquad 2x+4y=3a, \qquad (3a-2)x-2y=a-2$$

**【3.6】** $A=a\alpha+b\gamma+c\beta, B=a\beta+b\alpha+c\gamma, C=a\gamma+b\beta+c\alpha$ のとき

$$\begin{vmatrix} a & b & c \\ c & a & b \\ b & c & a \end{vmatrix}\begin{vmatrix} \alpha & \beta & \gamma \\ \gamma & \alpha & \beta \\ \beta & \gamma & \alpha \end{vmatrix} = \begin{vmatrix} A & B & C \\ C & A & B \\ B & C & A \end{vmatrix}$$

を示し，$(a^3+b^3+c^3-3abc)(\alpha^3+\beta^3+\gamma^3-3\alpha\beta\gamma)=A^3+B^3+C^3-3ABC$ を証明せよ．

# 4

# 線形変換と行列

## 4.1　2次元の写像と行列

連立2元1次方程式

$$\begin{cases} a_{11}x_1 + a_{12}x_2 = y_1 \\ a_{21}x_1 + a_{22}x_2 = y_2 \end{cases} \tag{4.1}$$

を解くことは，$y_1, y_2$ を与えて，未知数 $x_1, x_2$ を求める手続きである．一方，これらの式は，$x_1, x_2$ を与えて，$y_1, y_2$ を求める関係式と見なすこともできる．本章では，式 (4.1) をこのような見方でみてみよう．この場合，$(x_1, x_2)$ は $x_1$-$x_2$ 平面内の1点（2次元ベクトルの成分）を表し，$(y_1, y_2)$ は $y_1$-$y_2$ 平面内の1点（2次元ベクトルの成分）を表すため，式 (4.1) は2つの平面の間（2次元ベクトル間）の変換関係を表している（図 4.1）．この変換を線形変換または線形写像という．変換 (4.1) の特徴の一つに，原点は原点に写像されることがあげられる．このことは (0, 0) を代入することにより確かめられる．さらに，原点を通る直線は，変換後も原点を通る直線に写像されることもわかる．実際，$x_1$-$x_2$ 面での直線

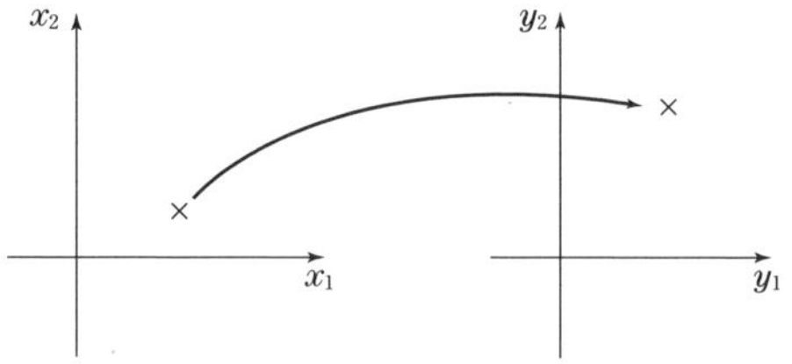


**図 4.1**　線形写像

$$x_2 = kx_1$$

の上の点は $(x_1, kx_1)$ で表されるが，これを式 (4.1) に代入すれば

$$\begin{cases} y_1 = ax_1 + bkx_1 = (a+bk)x_1 \\ y_2 = cx_1 + dkx_1 = (c+dk)x_1 \end{cases}$$

となり，これから $a + bk \neq 0$ のとき

$$y_2 = \frac{c+dk}{a+bk} y_1$$

となる．このことは，$y_1, y_2$ が直線上にあることを示している．

変換 (4.1) は (2,2) 行列を用いて

$$\begin{bmatrix} y_1 \\ y_2 \end{bmatrix} = \begin{bmatrix} a_{11} & a_{12} \\ a_{21} & a_{22} \end{bmatrix} \begin{bmatrix} x_1 \\ x_2 \end{bmatrix} \tag{4.2}$$

と表せることは，右辺の積を計算すればわかる．ここで，行列の要素の意味を調べてみよう．そのために，$x_1$-$x_2$ 面内の 1 点 $(1,0)$ が変換によって，$y_1$-$y_2$ 面内のどのような点に移るかを調べる．式 (4.2) に $x_1 = 1, x_2 = 0$ を代入して積を計算すれば $(a_{11}, a_{21})$ となる．同様にすれば $x_1$-$x_2$ 面内の 1 点 $(0,1)$ は変換によって，$y_1$-$y_2$ 面内の $(a_{12}, a_{22})$ に移ることがわかる．すなわち，係数 $(a_{11}, a_{21})$，$(a_{12}, a_{22})$ は点 $(1,0)$，$(0,1)$ が写像された先の点の座標を表すことがわかる．

**例題 4.1**

平面内の 1 点を $\theta$ だけ回転させる変換 $A$ を求めよ．

【解】 図 4.2 からこの変換により点 $(1,0)$ は点 $(\cos\theta, \sin\theta)$ に，点 $(0,1)$ は点 $(-\sin\theta, \cos\theta)$ に移る．したがって，

$$A = \begin{bmatrix} \cos\theta & -\sin\theta \\ \sin\theta & \cos\theta \end{bmatrix} \tag{4.3}$$

となる．

次にこの変換によって，図 4.3 に示した $x_1$-$x_2$ 平面上の 1 辺の長さ 1 の正方形がどのような図形に写像されるかを調べてみよう．すでに $(1,0)$，$(0,1)$ は調べたため，$(1,1)$ の行き先を調べる．式 (4.2) を用いて計算すれば $(a_{11}+a_{12}, a_{21}+a_{22})$ となるが，この点は図 4.3 に示すように $(0,0)$，$(a_{11}, a_{21})$，$(a_{12}, a_{22})$ を 3 頂点

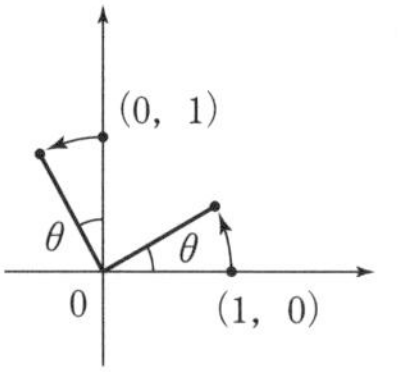


**図 4.2**　角度 $\theta$ の回転

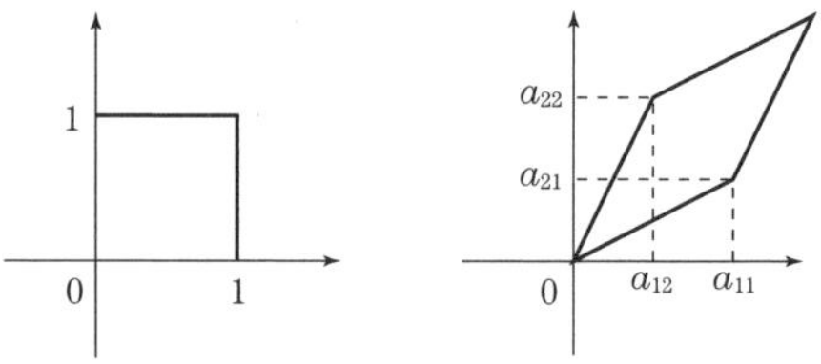


**図 4.3**　正方形の写像

とする平行四辺形の残りの頂点になっている．このことと，原点を通る直線が式 (4.2) で原点を通る直線に写像されて曲線にはならないことから，正方形は上で述べた平行四辺形に写像されることがわかる．ここで，この平行四辺形の面積は

$$a_{11}a_{22} - a_{12}a_{21} = \begin{vmatrix} a_{11} & a_{12} \\ a_{21} & a_{22} \end{vmatrix}$$

ということに注意すれば，行列式の幾何学的な意味が明らかになる．すなわち，行列式は線形変換によって面積が拡大（縮小）される割合を示している．

ここで，もし上の行列式の値が 0 になった場合にどうなるかを考えてみよう．幾何学的に考えれば正方形がつぶれて面積をもたなくなることに対応するが，実際，式 (4.1) の第 1 式に $a_{22}$ を掛け，第 2 式に $a_{12}$ を掛けて差し引けば，$a_{11}a_{22} - a_{12}a_{21} = 0$ より，

$$a_{22}y_1 = a_{12}y_2$$

となるため，$x_1$ と $x_2$ の値にかかわらず，$a_{12}$ と $a_{22}$ で決まる 1 つの直線になることがわかる（特殊な場合として 1 点を含む）．

このように変換 (4.1) は，一般に 2 次元平面を 2 次元平面に写像するが，係数によっては変換後に 1 つの直線になったり，1 点になったりする場合がある．

## 4.2　3 次元の写像と行列

次に，3 変数の線形写像

$$\begin{cases} a_{11}x_1 + a_{12}x_2 + a_{13}x_3 = y_1 \\ a_{21}x_1 + a_{22}x_2 + a_{23}x_3 = y_2 \\ a_{31}x_1 + a_{32}x_2 + a_{33}x_3 = y_3 \end{cases} \tag{4.4}$$

を考えてみよう．これは 3 次元空間内の 1 点 $(x_1, x_2, x_3)$ を別の 3 次元空間の 1 点 $(y_1, y_2, y_3)$ に移す写像と考えられる．この変換も 2 次元の場合と同様に原点を原点に移し，また原点を通る直線を原点を通る直線に移す写像になっている．さらに行列の要素の意味も 2 次元の場合と同様に調べることができる．すなわち，$(1,0,0), (0,1,0), (0,0,1)$ を式 (4.4) に代入すれば，それぞれ $(a_{11}, a_{21}, a_{31}), (a_{12}, a_{22}, a_{32}), (a_{13}, a_{23}, a_{33})$ となることから，式 (4.4) の係数からつくった行列の列ベクトルは点（あるいはベクトル）$(1,0,0), (0,1,0), (0,0,1)$ の移った先の点の座標（あるいはベクトル）になる．

**例題 4.2**

$z$ 軸のまわりに角度 $\theta$ だけ回転させる変換 $B$ を求めよ．

【解】 このような回転では $z$ 座標は変化しない．そこで例題 4.1 の結果を参照すれば 3 点 $(1,0,0)$，$(0,1,0)$，$(0,0,1)$ はそれぞれ 3 点 $(\cos\theta, \sin\theta, 0)$，$(-\sin\theta, \cos\theta, 0)$，$(0,0,1)$ に移る．したがって，求める変換は

$$B = \begin{bmatrix} \cos\theta & -\sin\theta & 0 \\ \sin\theta & \cos\theta & 0 \\ 0 & 0 & 1 \end{bmatrix} \tag{4.5}$$

となる．

2 次元の場合と同様に，変換 (4.4) によって $x_1$-$x_2$-$x_3$ 面内の 3 点 $(1,0,0)$，$(0,1,0)$，$(0,0,1)$ からできる立方体は，変換後は $(a_{11}, a_{21}, a_{31})$，$(a_{12}, a_{22}, a_{32})$，$(a_{13}, a_{23}, a_{33})$ を 3 辺とする平行 6 面体になる．そしてその平行 6 面体の体積が，行列式

$$|A| = \begin{vmatrix} a_{11} & a_{12} & a_{13} \\ a_{21} & a_{22} & a_{23} \\ a_{31} & a_{32} & a_{33} \end{vmatrix}$$

の値になる．すなわち行列式は写像による体積の拡大（縮小）率を表している．

なお，上の行列式が0になった場合には，立方体は変換後につぶれてしまう．この場合には，変換 (4.4) によって，3次元空間が2次元平面や1次元直線あるいは1点に写像されることになる．

## 4.3 異なった次元間の写像

例として，次の式で表される変換を考えよう．

$$\begin{cases} a_{11}x_1 + a_{12}x_2 + a_{13}x_3 = y_1 \\ a_{21}x_1 + a_{22}x_2 + a_{23}x_3 = y_2 \end{cases} \tag{4.6}$$

これは行列を用いれば

$$\begin{bmatrix} a_{11} & a_{12} & a_{13} \\ a_{21} & a_{22} & a_{23} \end{bmatrix} \begin{bmatrix} x_1 \\ x_2 \\ x_3 \end{bmatrix} = \begin{bmatrix} y_1 \\ y_2 \end{bmatrix}$$

と記すことができる．この式からも明らかなように，この変換は空間内の点（3次元ベクトル）を平面内の点（2次元ベクトル）写像している．もとの変換式を連立1次方程式と見なして解けば，$t$ を任意の定数として

$$x_3 = t, \qquad x_1 = \frac{\begin{vmatrix} y_1 - a_{13}t & a_{12} \\ y_2 - a_{23}t & a_{22} \end{vmatrix}}{\begin{vmatrix} a_{11} & a_{12} \\ a_{21} & a_{22} \end{vmatrix}}, \qquad x_2 = \frac{\begin{vmatrix} a_{11} & y_1 - a_{13}t \\ a_{21} & y_2 - a_{23}t \end{vmatrix}}{\begin{vmatrix} a_{11} & a_{12} \\ a_{21} & a_{22} \end{vmatrix}}$$

となる．すなわち，$t$ を変えることにより解はいくらでもある（不定）．これを幾何学的に解釈すれば，上の関係で結ばれた空間内の点は $t$ の値にかかわらず変換後は平面内の同じ点 $(y_1, y_2)$ に写像されることを意味している．このことは，図4.4に示した3次元ベクトル（の矢印の先端）のすべてが図に示した $x$-$y$ 面の同じベクトル $\boldsymbol{k}$（の矢印の先端）に正射影されることに類似している．

次に，変換

$$\begin{cases} a_{11}x_1 + a_{12}x_2 = y_1 \\ a_{21}x_1 + a_{22}x_2 = y_2 \\ a_{31}x_1 + a_{32}x_2 = y_3 \end{cases} \tag{4.7}$$

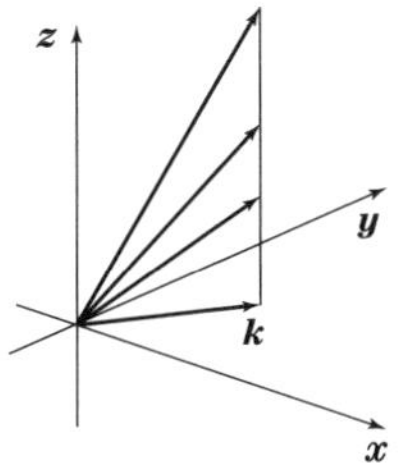


**図 4.4**　3 次元ベクトルの $x$-$y$ 面への正射影

を考えよう．これは行列を用いれば

$$\begin{bmatrix} a_{11} & a_{12} \\ a_{21} & a_{22} \\ a_{31} & a_{32} \end{bmatrix} \begin{bmatrix} x_1 \\ x_2 \end{bmatrix} = \begin{bmatrix} y_1 \\ y_2 \\ y_3 \end{bmatrix}$$

と記すことができる．この式から，この変換は平面内の点（2 次元ベクトルの成分）を空間内の点（3 次元ベクトルの成分）に写像している．

もとの変換式を，$(x_1, x_2)$ を未知数とする連立 1 次方程式と見なすと，たとえば上の 2 つの式から $(x_1, x_2)$ が求まってしまうから，方程式に解があるためには，この値を一番下の式の左辺に代入したとき，それが右辺の値と一致する必要がある．右辺がそれ以外の値のときには解がない（不能）．このように $y_3$ が自由にとれないということは，幾何学的にいえばこの変換によって 3 次元空間全体を表せないという当然のことを意味している．

## 4.4　線形写像と行列

いままではもっぱら 2 次元と 3 次元の変換を考えてきたが，本節では変換を多次元に拡張してみよう．次の変換（写像）を考える．

$$\begin{cases} a_{11}x_1 + a_{12}x_2 + & \cdots & + a_{1n}x_n = y_1 \\ a_{21}x_1 + a_{22}x_2 + & \cdots & + a_{2n}x_n = y_2 \\ & \vdots & \\ a_{m1}x_1 + a_{m2}x_2 + & \cdots & + a_{mn}x_n = y_n \end{cases} \tag{4.8}$$

この変換は $(m,n)$ 行列 $A$ を用いて

$$\boldsymbol{y} = A\boldsymbol{x} \tag{4.9}$$

ただし

$$\boldsymbol{y} = \begin{bmatrix} y_1 \\ y_2 \\ \vdots \\ y_m \end{bmatrix}, \quad A = \begin{bmatrix} a_{11} & a_{12} & \cdots & a_{1n} \\ a_{21} & a_{22} & \cdots & a_{2n} \\ \vdots & \vdots & \ddots & \vdots \\ a_{m1} & a_{m2} & \cdots & a_{mn} \end{bmatrix}, \quad \boldsymbol{x} = \begin{bmatrix} x_1 \\ x_2 \\ \vdots \\ x_n \end{bmatrix} \tag{4.10}$$

と書くことができる．これは一般に $n$ 次元空間から $m$ 次元空間への写像を表すが，2 次元や 3 次元の場合にも述べたように行列 $A$ の形によっては必ずしも $m$ 次元にはならず，$m$ 次元より小さくなることもある．$n$ 次元空間に属するすべてのベクトル $\boldsymbol{x}$ が写像後につくる空間を像空間とよぶが，この言葉を使えば，写像 (4.9) による像空間の次元は $m$ 以下ということになる．

簡単に確かめられるように写像 (4.9) は，

$$\begin{cases} Ak\boldsymbol{x} = kA\boldsymbol{x} \quad (k : \text{定数}) \\ A(\boldsymbol{x} + \boldsymbol{x}') = A\boldsymbol{x} + A\boldsymbol{x}' \end{cases} \tag{4.11}$$

を満足する．このような条件（線形性）を満たす写像を線形写像という*.

式 (4.9) の $\boldsymbol{x}$ として特に $n$ 次元単位ベクトル

$$\boldsymbol{e}_1 = \begin{bmatrix} 1 \\ 0 \\ \vdots \\ 0 \end{bmatrix}, \quad \boldsymbol{e}_2 = \begin{bmatrix} 0 \\ 1 \\ \vdots \\ 0 \end{bmatrix}, \quad \cdots, \quad \boldsymbol{e}_n = \begin{bmatrix} 0 \\ 0 \\ \vdots \\ 1 \end{bmatrix} \tag{4.12}$$

をとれば

$$y_1 = \begin{bmatrix} a_{11} \\ a_{21} \\ \vdots \\ a_{m1} \end{bmatrix}, \quad y_2 = \begin{bmatrix} a_{12} \\ a_{22} \\ \vdots \\ a_{m2} \end{bmatrix}, \quad \cdots, \quad y_n = \begin{bmatrix} a_{1n} \\ a_{2n} \\ \vdots \\ a_{mn} \end{bmatrix} \tag{4.13}$$

---

* 式 (4.1)，(4.4)，(4.6)，(4.7) がこの条件を満たすことは容易に確かめられる．

となるため，行列 $A$ の $j$ 列を表す要素 $(a_{1j}, a_{2j}, \cdots, a_{mj})$ は $n$ 次元空間の点 $(0, \cdots, 1, \cdots, 0)$（1 は $j$ 番目）の写像後の座標を表すこと，あるいは同じことであるが行列 $A$ の各列を表すベクトルは，もとの空間の単位ベクトルの写像後のベクトルを表すことがわかる．また，$m = n$ の場合については，行列式 $|A|$ の値は $n$ 次元立体が写像によって体積がどれだけ拡大されるか（拡大率）を表す．これらの事実は，2 次元，3 次元の拡張になっている．

なお，前述のように $m = n$ の場合であっても，$n$ 次元空間が必ずしも $n$ 次元空間に写像されるとは限らず，行列式 $|A| = 0$ ならば，像空間の次元は $n$ より小さくなる．

## 4.5 変換の合成

2 つの 2 次元の変換

$$\begin{cases} a_{11}x_1 + a_{12}x_2 = y_1 \\ a_{21}x_1 + a_{22}x_2 = y_2, \end{cases} \qquad \begin{cases} b_{11}y_1 + b_{12}y_2 = z_1 \\ b_{21}y_1 + b_{12}y_2 = z_2 \end{cases} \tag{4.14}$$

すなわち，

$$\begin{bmatrix} y_1 \\ y_2 \end{bmatrix} = \begin{bmatrix} a_{11} & a_{12} \\ a_{21} & a_{22} \end{bmatrix} \begin{bmatrix} x_1 \\ x_2 \end{bmatrix}, \qquad \begin{bmatrix} z_1 \\ z_2 \end{bmatrix} = \begin{bmatrix} b_{11} & b_{12} \\ b_{21} & b_{22} \end{bmatrix} \begin{bmatrix} y_1 \\ y_2 \end{bmatrix} \tag{4.15}$$

を考える．はじめの変換により，$x_1$-$x_2$ 平面の 1 点は $y_1$-$y_2$ 平面の 1 点に写像される．さらに 2 番目の変換により $y_1$-$y_2$ 面の 1 点は $z_1$-$z_2$ 面の 1 点に写像される．そこで 2 つの変換を続けて行えば $x_1$-$x_2$ 面の 1 点が $z_1$-$z_2$ の 1 点に写像されることになる．これを 2 つの写像の合成写像とよぶ．

合成写像の形を定めよう．それには式 (4.14) の左側の式を式 (4.14) の右側の式に代入する．その結果，

$$\begin{cases} z_1 = b_{11}(a_{11}x_1 + a_{12}x_2) + b_{12}(a_{21}x_1 + a_{22}x_2) \\ \quad\; = (b_{11}a_{11} + b_{21}a_{21})x_1 + (b_{11}a_{12} + b_{12}a_{22})x_2 \\ z_2 = b_{21}(a_{11}x_1 + a_{12}x_2) + b_{22}(a_{21}x_1 + a_{22}x_2) \\ \quad\; = (b_{21}a_{11} + b_{22}a_{21})x_1 + (b_{21}a_{12} + b_{22}a_{22})x_2 \end{cases} \tag{4.16}$$

となる．一方，式 (4.15) の左側の式を式 (4.15) の右側の式に代入すれば

$$\begin{bmatrix} z_1 \\ z_2 \end{bmatrix} = \begin{bmatrix} b_{11} & b_{12} \\ b_{21} & b_{22} \end{bmatrix} \begin{bmatrix} a_{11} & a_{12} \\ a_{21} & a_{22} \end{bmatrix} \begin{bmatrix} x_1 \\ x_2 \end{bmatrix}$$

となるが，ここで行列の積の定義を使って積を計算すれば

$$\begin{bmatrix} z_1 \\ z_2 \end{bmatrix} = \begin{bmatrix} b_{11}a_{11} + b_{12}a_{21} & b_{11}a_{12} + b_{12}a_{22} \\ b_{21}a_{11} + b_{22}a_{21} & b_{21}a_{12} + b_{22}a_{22} \end{bmatrix} \begin{bmatrix} x_1 \\ x_2 \end{bmatrix} \tag{4.17}$$

が得られる．式 (4.16) と式 (4.17) を見比べれば両者は一致していることがわかる．このことは，合成写像を行う場合には行列の積を計算すればよいことを示している．あるいは逆にこのような関係を満たすように行列の積が定義されていると考えてもよい．ここでは，$(2,2)$ 行列について示しただけであるが，これは一般に $(m,n)$ 行列による写像と $(n,k)$ 行列による写像に対しても成り立つ事実である．

さて，正方行列の写像では，その行列式の意味は変換による面積（体積）の拡大（縮小）率であった．このことから，同じサイズの正方形行列 $A$ と $B$ の写像を続けて行ったとき，まず行列 $A$ によってもとの領域の面積（体積）は $|A|$ 倍され，さらに行列 $B$ によって $|B|$ 倍されるため，最終的には $|A||B|$ 倍されることになる．一方，この写像を合成写像と見なした場合には，面積（体積）は $|AB|$ 倍されたことになる．両者は等しいから，

$$|AB| = |A||B| \tag{4.18}$$

が成り立つことがわかる．

特に $B$ として $A$ の逆行列をとれば，単位行列の行列式の値が 1 であることを用いて

$$1 = |I| = |AA^{-1}| = |A||A^{-1}|, \text{ すなわち } |A^{-1}| = 1/|A| \tag{4.19}$$

となることがわかる．

**例題 4.3**

式 (4.18) を $(2,2)$ 行列で確かめよ．

【解】

$$|A||B| = \begin{vmatrix} a & b \\ c & d \end{vmatrix}\begin{vmatrix} e & f \\ g & h \end{vmatrix} = (ad-bc)(eh-fg)$$

$$\begin{aligned} |AB| &= \begin{vmatrix} ae+bg & af+bh \\ ce+dg & cf+dh \end{vmatrix} \\ &= (ae+bg)(cf+dh)-(af+bh)(ce+dg) \\ &= bc(fg-eh)-ad(fg-eh) = (ad-bc)(eh-fg) \end{aligned}$$

## 4.6　1 次独立と 1 次従属

いくつかのベクトルをそれぞれスカラー倍して足し合わせたもの，すなわち

$$\sum_{i=1}^{n} c_i \boldsymbol{x}_i = c_1\boldsymbol{x}_1 + c_2\boldsymbol{x}_2 + \cdots + c_n\boldsymbol{x}_n$$

をベクトルの 1 次結合または線形結合とよんでいる．いま，$n$ 個のベクトルの線形結合を考え，それらが 0 ベクトルになったとしよう．すなわち

$$c_1\boldsymbol{x}_1 + c_2\boldsymbol{x}_2 + \cdots + c_n\boldsymbol{x}_n = \boldsymbol{0} \tag{4.20}$$

とする．この関係式が $c_1 = \cdots = c_n = 0$ のときにのみ成り立つとき，$n$ 個のベクトル $\boldsymbol{x}_1,\cdots,\boldsymbol{x}_n$ は 1 次独立であるという．1 次独立でないとき，すなわち式 (4.20) を満足する 0 でない係数が存在するとき，$n$ 個のベクトルは 1 次従属であるという．1 次従属の場合は，たとえば $c_k \neq 0$ として

$$\boldsymbol{x}_k = -\frac{1}{c_k}(c_1\boldsymbol{x}_1 + \cdots + c_{k-1}\boldsymbol{x}_{k-1} + c_{k+1}\boldsymbol{x}_{k+1} + \cdots + c_n\boldsymbol{x}_n)$$

というように，1 つまたはそれ以上のベクトルが残りのベクトルの線形結合で表される．

2 つの 0 ベクトルでない 3 次元ベクトルを $\boldsymbol{a}_1,\boldsymbol{a}_2$ としたとき，もし $\boldsymbol{a}_2$ が $\boldsymbol{a}_1$ の定数倍でなければ，$\boldsymbol{a}_1$ と $\boldsymbol{a}_2$ は 1 つの平面を定める．さらに，$\alpha$，$\beta$ をスカラーとした場合，ベクトル

$$\boldsymbol{w} = \alpha \boldsymbol{a}_1 + \beta \boldsymbol{a}_2$$

は $\boldsymbol{a}_1$ と $\boldsymbol{a}_2$ がつくる平面内にある．2 次元平面は 3 次元空間の一部分であると考えられるため，平面を 3 次元空間の部分空間という．すなわち，$\alpha$,$\beta$ を任意に変化させたとき $\boldsymbol{w}$ のつくる集合 $S$ を部分空間という．

この概念を一般化して，0 ベクトルでない $n$ 次元ベクトル $\boldsymbol{a}_1, \cdots, \boldsymbol{a}_m (m \leq n)$ に対して

$$S = \left[ \boldsymbol{w}; \boldsymbol{w} = \sum_{j=1}^{m} c_j \boldsymbol{a}_j \right] \quad (\text{ただし}, \boldsymbol{a}_j \text{は } n \text{ 次元ベクトル}, c_j \text{は実数}) \tag{4.21}$$

を $\boldsymbol{a}_1,\cdots,\boldsymbol{a}_m$ によって張られる部分空間という．この集合 $S$ は

$$\{\boldsymbol{u}, \boldsymbol{v} : S \text{ の要素であれば} \alpha\boldsymbol{u} + \beta\boldsymbol{v} \text{も } S \text{ の要素}\} \tag{4.22}$$

という条件を満たす（この事実を $S$ は $R^n$ の部分空間という）．特にベクトル $\boldsymbol{a}_1,\cdots,\boldsymbol{a}_m$ が 1 次独立であれば，これらを $S$ の基底とよぶ*.

$m$ 個のベクトル $\boldsymbol{a}_1,\cdots,\boldsymbol{a}_m$ が 1 次独立であるとする．このとき，$A$ が正則であるならば，線形変換で移った先の $m$ 個のベクトル $A\boldsymbol{a}_1,\cdots,A\boldsymbol{a}_m$ も 1 次独立になる．なぜなら

$$c_1 A\boldsymbol{a}_1 + \cdots + c_m A\boldsymbol{a}_m = \boldsymbol{0}$$

が成り立てば,

$$c_1 A\boldsymbol{a}_1 + \cdots + c_m A\boldsymbol{a}_m = A(c_1\boldsymbol{a}_1 + \cdots + c_m\boldsymbol{a}_m) = \boldsymbol{0} \text{より}$$
$$c_1\boldsymbol{a}_1 + \cdots + c_m\boldsymbol{a}_m = \boldsymbol{0}$$

となる．ここで $\boldsymbol{a}_1,\cdots,\boldsymbol{a}_m$ は 1 次独立なので $c_1 = \cdots = c_m = 0$ が結論できる．

逆に $A$ が正則で，$m$ 個のベクトル $A\boldsymbol{a}_1,\cdots,A\boldsymbol{a}_m$ が 1 次独立であるとする．このとき，$m$ 個のベクトル $\boldsymbol{a}_1,\cdots,\boldsymbol{a}_m$ も 1 次独立になる．なぜなら

$$c_1\boldsymbol{a}_1 + \cdots + c_m\boldsymbol{a}_m = 0 \text{ ならば}$$

---

* ある空間内に 1 次独立なベクトルが $m$ 個とれるが，新たにベクトル $\boldsymbol{u}$ をとると，それは 1 次従属になるとき（すなわち，$\boldsymbol{u} = c_1\boldsymbol{a}_1 + \cdots + c_m\boldsymbol{a}_m$ となるとき），この空間は $m$ 次元であるという．言い換えれば，空間における線形独立なベクトルの最大個数をその空間の次元という.

$$A(c_1\boldsymbol{a}_1+\cdots+c_m\boldsymbol{a}_m)=c_1A\boldsymbol{a}_1+\cdots+c_mA\boldsymbol{a}_m=\boldsymbol{0}$$

となるが，仮定から $A\boldsymbol{a}_1,\cdots,A\boldsymbol{a}_m$ は 1 次独立なので $c_1=\cdots=c_m=0$ となるからである．

この事実を用いれば，$\boldsymbol{a}_1,\cdots,\boldsymbol{a}_m$ が 1 次独立かどうか，また 1 次独立でない場合にはそのうちどれが 1 次独立であるかを判定することができる．具体的にはベクトル $\boldsymbol{a}_1,\cdots,\boldsymbol{a}_m$ から行列 $B=[\boldsymbol{a}_1\cdots\boldsymbol{a}_m]$ をつくり，これに行基本変形を行って階段型行列にする．このとき図 4.5 に示すように $m$ 段の階段になれば $\boldsymbol{a}_1,\cdots,\boldsymbol{a}_m$ は 1 次独立であるといえる．すなわち，明らかに図 4.5 の各列を表すベクトル $\boldsymbol{u}_j$ は 1 次独立であり，したがって

$$\sum_{j=1}^{m}c_j\boldsymbol{u}_j=\boldsymbol{0}\text{から } c_1=\cdots=c_m=0$$

となるからである．一方，行基本変形は特殊な正則行列（式 (2.26)～(2.28)）を掛けることと同じであるため，上に述べたことから $\boldsymbol{a}_1,\cdots,\boldsymbol{a}_m$ も 1 次独立になる．

次に，階段の数が $r$ 段（$r<m$）になったとすると，1 次独立なベクトルは $r$ 個になる．そして，階段の角にあたる列を $j$ とすれば，各 $\boldsymbol{u}_j$ は 1 次独立である．それ以外のベクトルは，着目している段より左側の 1 次独立なベクトルの線形結合で表される．

たとえば 4 つのベクトルを考えた場合，図 4.6 のようになったときは $\boldsymbol{u}_3$ は $\boldsymbol{u}_1$ と $\boldsymbol{u}_2$ で表される．したがって，$\boldsymbol{a}_3$ も $\boldsymbol{a}_1$ と $\boldsymbol{a}_2$ で表すことができる．その結果，1 次独立なベクトルは $\boldsymbol{a}_1$，$\boldsymbol{a}_2$，$\boldsymbol{a}_4$ である．一方，図 4.7 のようになったとすれば，独立なベクトルは $\boldsymbol{u}_1$ と $\boldsymbol{u}_2$ だけなので，$\boldsymbol{a}_1$ と $\boldsymbol{a}_2$ が独立で $\boldsymbol{a}_3$，$\boldsymbol{a}_4$

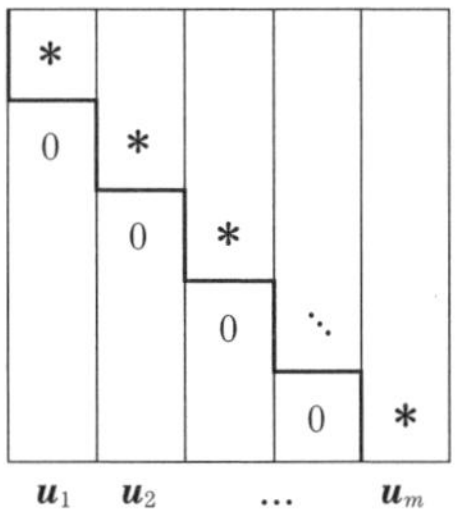


**図 4.5** すべてのベクトルが 1 次独立の場合

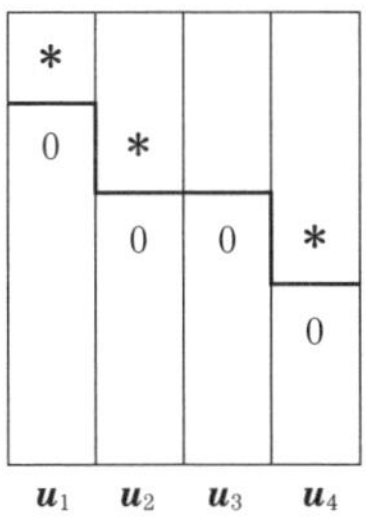


**図 4.6** 3 つのベクトルが 1 次独立の場合

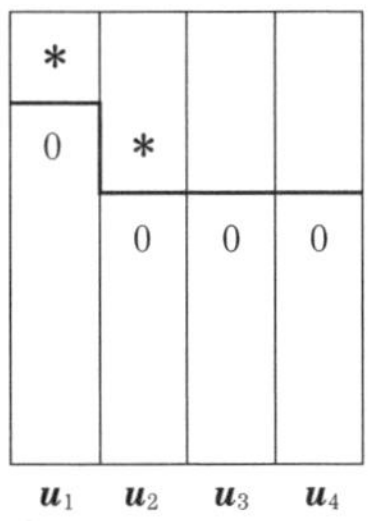


**図 4.7** 2 つのベクトルが 1 次独立の場合

は $\boldsymbol{a}_1$，$\boldsymbol{a}_2$ の線形結合で表せる．

行列 $B$ のランクの求め方を思い出せば，上述のことから行列 $B$ のランクとは行列 $B$ を構成する列ベクトルの中で 1 次独立なベクトルの最大数であるともいえる．したがって，行列 $B$ のランクとは列ベクトルが張る空間の次元のことであり，また線形写像の言葉でいえば，行列 $B$ が表す線形写像の像空間の次元を表すことになる．

なお，上で述べたことは「列」を「行」で置き換えても成り立つ．

**例題 4.4**

次の 3 つのベクトルが 1 次独立かどうかを調べよ．

$$\boldsymbol{a}_1 = \begin{bmatrix} 2 \\ 3 \\ 0 \end{bmatrix}, \qquad \boldsymbol{a}_2 = \begin{bmatrix} 1 \\ 0 \\ 1 \end{bmatrix}, \qquad \boldsymbol{a}_3 = \begin{bmatrix} 3 \\ 1 \\ 2 \end{bmatrix}$$

【解】 式 (4.20) をこのベクトルについて書き下すと，係数 $c_1, c_2, c_3$ に対する連立 3 元 1 次方程式

$$\begin{cases} 2c_1 + c_2 + 3c_3 = 0 \\ 3c_1 \qquad + \ \ c_3 = 0 \\ \qquad\ \ c_2 + 2c_3 = 0 \end{cases}$$

が得られる．そこで，この方程式を行列の行基本変形を行ってガウスの消去法で解けば

$$\begin{bmatrix} 2 & 1 & 3 & 0 \\ 3 & 0 & 1 & 0 \\ 0 & 1 & 2 & 0 \end{bmatrix} \to \begin{bmatrix} 2 & 1 & 3 & 0 \\ 0 & -3/2 & -7/2 & 0 \\ 0 & 1 & 2 & 0 \end{bmatrix} \to \begin{bmatrix} 2 & 1 & 3 & 0 \\ 0 & -3/2 & -7/2 & 0 \\ 0 & 0 & -1/3 & 0 \end{bmatrix}$$

となり，これから $c_1 = c_2 = c_3 = 0$ となる．したがって，これらのベクトルは 1 次独立である．

なお，この結論はクラーメルの公式からもいえる．上の連立 3 元 1 次方程式からつくった行列式を計算すると

$$\begin{vmatrix} 2 & 1 & 3 \\ 3 & 0 & 1 \\ 0 & 1 & 2 \end{vmatrix} = 0 + 0 + 9 - 0 - 6 - 2 = 1$$

となり，0 ではない．一方，右辺はすべて 0 なので，クラーメルの公式の分子にあたる部分はすべて 0 である．したがって解は $c_1 = c_2 = c_3 = 0$ となる．

## ▷章末問題◁

**【4.1】** 次の 1 次変換行列の意味を考えよ．

(1) $\begin{bmatrix} 0 & -1 \\ 1 & 0 \end{bmatrix}$，(2) $\begin{bmatrix} 0 & -1 \\ -1 & 0 \end{bmatrix}$，(3) $\begin{bmatrix} 0 & 1 & 0 \\ 1 & 0 & 0 \\ 0 & 0 & 1 \end{bmatrix}$

**【4.2】** 次の 1 次変換行列の意味を考えよ．

$$\begin{bmatrix} \cos\theta & \sin\theta \\ \sin\theta & -\cos\theta \end{bmatrix} = \begin{bmatrix} \cos\theta & -\sin\theta \\ \sin\theta & \cos\theta \end{bmatrix} \begin{bmatrix} 1 & 0 \\ 0 & -1 \end{bmatrix}$$

**【4.3】** 3 次元空間において，次の操作に対応する変換行列を求めよ．

(1) $y$-$z$ 面に対する対称移動，(2) $y$ 軸に対する対称移動

(3) 原点に対する対称移動

**【4.4】** 次の 3 つのベクトルが 1 次独立かどうか調べよ．

$$\boldsymbol{x}_1 = \begin{bmatrix} 1 \\ -2 \\ 3 \end{bmatrix}, \qquad \boldsymbol{x}_2 = \begin{bmatrix} 2 \\ 5 \\ -3 \end{bmatrix}, \qquad \boldsymbol{x}_3 = \begin{bmatrix} 3 \\ -1 \\ 4 \end{bmatrix}$$

# 5

# 固有値と固有ベクトル

## 5.1 固有値と固有ベクトル

行列 $A$ にベクトル $\boldsymbol{x}$ を掛けたとき

$$A\boldsymbol{x} = \lambda\boldsymbol{x} \tag{5.1}$$

が成り立ったとする．ただし，$\lambda$ は定数である．この式は，線形変換を行ってベクトル $\boldsymbol{x}$ をある空間から別の空間のベクトルに写像したとき，写像後のベクトルがもとのベクトルの定数倍になっていることを意味する．たとえば，行列 $A$ およびベクトル $\boldsymbol{x}$ として

$$A = \begin{bmatrix} 1 & -3 \\ -3 & 1 \end{bmatrix}, \qquad \boldsymbol{x} = \begin{bmatrix} 1 \\ 1 \end{bmatrix}$$

をとれば

$$\begin{bmatrix} 1 & -3 \\ -3 & 1 \end{bmatrix}\begin{bmatrix} 1 \\ 1 \end{bmatrix} = \begin{bmatrix} -2 \\ -2 \end{bmatrix} = -2\begin{bmatrix} 1 \\ 1 \end{bmatrix}$$

となるから，$\lambda = -2$ として式 (5.1) が成り立つ．さらに，ベクトル $\boldsymbol{x}$ として

$$\boldsymbol{x} = \begin{bmatrix} 1 \\ -1 \end{bmatrix}$$

をとれば

$$\begin{bmatrix} 1 & -3 \\ -3 & 1 \end{bmatrix}\begin{bmatrix} 1 \\ -1 \end{bmatrix} = \begin{bmatrix} 4 \\ 4 \end{bmatrix} = 4\begin{bmatrix} 1 \\ 1 \end{bmatrix}$$

となるから，この場合は $\lambda = 4$ として式 (5.1) が成り立つ．しかし，ベクトル $\boldsymbol{x}$ を少し変えて

$$\boldsymbol{x} = \begin{bmatrix} 2 \\ 1 \end{bmatrix}$$

とした場合には

$$\begin{bmatrix} 1 & -3 \\ -3 & 1 \end{bmatrix} \begin{bmatrix} 2 \\ 1 \end{bmatrix} = \begin{bmatrix} -1 \\ -5 \end{bmatrix}$$

となるから，もはや式 (5.1) は成り立たない．

このように，式 (5.1) を満足する $\boldsymbol{x}$ は行列 $A$ によって決まる特殊なベクトルであり，その行列に固有なベクトルという意味で固有ベクトルとよばれる．また，対応する定数 $\lambda$ は固有値とよばれる．

**◇問 5.1◇**　次の行列およびベクトルは式 (5.1) を満足していることを確かめて定数 $\lambda$ を求めよ．

$$A = \begin{bmatrix} 1 & 0 & -1 \\ 0 & 1 & -1 \\ -1 & -1 & 2 \end{bmatrix}, \quad \boldsymbol{x}_1 = \begin{bmatrix} 1 \\ 1 \\ 1 \end{bmatrix}, \quad \boldsymbol{x}_2 = \begin{bmatrix} 1 \\ -1 \\ 0 \end{bmatrix}, \quad \boldsymbol{x}_3 = \begin{bmatrix} 1 \\ 1 \\ -2 \end{bmatrix}$$

## 5.2　固有値と固有ベクトルの求め方

行列 $A$ の固有値と固有ベクトルは，定義式 (5.1) から以下のようにして求めることができる．まず，前節で取り上げた行列の固有値を求めてみよう．

固有値を $\lambda$，固有ベクトル $\boldsymbol{x}$ を

$$\boldsymbol{x} = \begin{bmatrix} x_1 \\ x_2 \end{bmatrix}$$

とすれば，定義式 (5.1) から

$$\begin{bmatrix} 1 & -3 \\ -3 & 1 \end{bmatrix} \begin{bmatrix} x_1 \\ x_2 \end{bmatrix} = \lambda \begin{bmatrix} x_1 \\ x_2 \end{bmatrix}$$

が成り立つ．これは連立2元1次方程式

$$\begin{cases} x_1 - 3x_2 = \lambda x_1, \\ -3x_1 + x_2 = \lambda x_2, \end{cases} \quad \text{すなわち} \quad \begin{cases} (1-\lambda)x_1 \quad - 3x_2 = 0 \\ \quad -3x_1 + (1-\lambda)x_2 = 0 \end{cases}$$

を意味するが，右辺が0であるため，一見，自明な解 $x_1 = 0, x_2 = 0$ しかもたないようにみえる．しかし，係数からつくった行列式が0の場合には（一意ではないが），0以外の解をもつ．このとき

$$\begin{vmatrix} 1-\lambda & -3 \\ -3 & 1-\lambda \end{vmatrix} = 0$$

であり，$\lambda$ に関する2次方程式

$$(1-\lambda)^2 - 9 = \lambda^2 - 2\lambda - 8 = (\lambda+2)(\lambda-4) = 0$$

が得られる．この方程式を解けば

$$\lambda_1 = -2, \qquad \lambda_2 = 4$$

となるが，これが固有値である．固有値を求めるときに使った上の

$$\text{行列式} = 0$$

という方程式は固有方程式とよばれる．

次に，固有値に対する固有ベクトルを求めてみよう．まず，$\lambda_1 = -2$ に対して定義式は

$$\begin{bmatrix} 1 & -3 \\ -3 & 1 \end{bmatrix} \begin{bmatrix} x_1 \\ x_2 \end{bmatrix} = -2 \begin{bmatrix} x_1 \\ x_2 \end{bmatrix}$$

となる．行列を計算すると

$$\begin{cases} x_1 - 3x_2 = -2x_1 \\ -3x_1 + x_2 = -2x_2 \end{cases}$$

となるが，これはどちらも同じ方程式

$$x_1 - x_2 = 0$$

を意味する．この方程式を解くと，$c$ を任意の数として

$$x_1 = c, \qquad x_2 = c$$

が得られる．特に $c = 1$ としたものが前節で取り上げた固有ベクトルである．同様に $\lambda_2 = 4$ に対して定義式は

$$\begin{bmatrix} 1 & -3 \\ -3 & 1 \end{bmatrix} \begin{bmatrix} x_1 \\ x_2 \end{bmatrix} = 4 \begin{bmatrix} x_1 \\ x_2 \end{bmatrix}$$

となり，これから 1 つの方程式

$$x_1 + x_2 = 0$$

が得られる．そこで $c$ を任意の数として

$$x_1 = c, \qquad x_2 = -c$$

という解が得られる．この場合も，特に $c = 1$ としたものが前節の固有ベクトルになっている．

2 行 2 列の行列では，固有方程式は 2 次方程式になるが，2 次方程式は重根をもつ場合がある．その取り扱いを例題でみてみよう．

**例題 5.1**

次の行列の固有値，固有ベクトルを求めよ．

$$\begin{bmatrix} 1 & a \\ 0 & 1 \end{bmatrix}$$

【解】 $a = 0$ のとき $\lambda = 1$（重根）であり対応する独立な固有ベクトルは 2 つあって $\boldsymbol{x}_1 = \begin{bmatrix} 1 \\ 0 \end{bmatrix}$，$\boldsymbol{x}_2 = \begin{bmatrix} 0 \\ 1 \end{bmatrix}$ となる．

$a \neq 0$ のときも $\lambda = 1$（重根）であるが $\boldsymbol{x}_1 = \begin{bmatrix} 1 \\ 0 \end{bmatrix}$ という 1 つの固有ベクトルだけが求まる．

このように，「固有方程式の根が重根になった場合には，独立な固有ベクトルが 2 つ存在する場合と 1 つしか存在しない場合がある」．

2 行 2 列で述べた固有値および固有ベクトルの求め方は行列が大きくなって

もそのまま適用できる．概略を記すと次のようになる．$(n,n)$ 行列 $A$ の固有ベクトルを $\boldsymbol{x}$，固有値を $\lambda$ は定義式 (5.1) から

$$A\boldsymbol{x} = \lambda\boldsymbol{x}$$

を満たすが，これは $I$ を単位行列として

$$(A - \lambda I)\boldsymbol{x} = 0 \tag{5.2}$$

と書き換えられる．この式を連立 1 次方程式の形に書くと

$$\begin{bmatrix} a_{11}-\lambda & a_{12} & \cdots & a_{1n} \\ a_{21} & a_{22}-\lambda & \cdots & a_{2n} \\ \vdots & \vdots & \ddots & \vdots \\ a_{n1} & a_{n2} & \cdots & a_{nn}-\lambda \end{bmatrix} \begin{bmatrix} x_1 \\ x_2 \\ \vdots \\ x_n \end{bmatrix} = \begin{bmatrix} 0 \\ 0 \\ \vdots \\ 0 \end{bmatrix} \tag{5.3}$$

となるが，この方程式が自明でない解，すなわち $x_1 = x_2 = \cdots = x_n = 0$ 以外の解をもつためには，係数からつくった行列式が 0 であればよい．このことから，固有方程式

$$|A - \lambda I| = \begin{vmatrix} a_{11}-\lambda & a_{12} & \cdots & a_{1n} \\ a_{21} & a_{22}-\lambda & \cdots & a_{2n} \\ \vdots & \vdots & \ddots & \vdots \\ a_{n1} & a_{n2} & \cdots & a_{nn}-\lambda \end{vmatrix} = 0 \tag{5.4}$$

が得られる．この方程式は $n$ 次方程式であり，それを解けば（重複したものはその数だけ数えるとして）$n$ 個の解が得られる．そこで，その解を式 (5.1) に代入して，今度は $\boldsymbol{x}$ を求めればよい．次節で示すように $n$ 個の固有値がすべて異なっていれば，それに対する $n$ 個の固有ベクトルは独立になる．固有値が重根である場合には，その固有値に対して複数の独立な固有ベクトルがとれる場合と 1 つしかとれない場合とがある．

**◇問 5.2◇**　次の行列の固有値と固有ベクトルを求めよ．

(1) $\begin{bmatrix} 1 & -2 \\ -2 & 1 \end{bmatrix}$,　(2) $\begin{bmatrix} 1 & 1 \\ -1 & 3 \end{bmatrix}$

## 5.3 行列の対角化

行列の固有値や固有ベクトルは理論的にも実用的にも重要な量であり，いろいろなところで応用される．本節では固有ベクトルを用いて行列を対角行列に変換してみよう．

5.1 節で取り上げた行列

$$A = \begin{bmatrix} 1 & -3 \\ -3 & 1 \end{bmatrix}$$

をもう一度取り上げる．この行列の固有値と固有ベクトルは

$$\lambda_1 = -2, \qquad \boldsymbol{x}_1 = c_1 \begin{bmatrix} 1 \\ 1 \end{bmatrix}, \qquad \lambda_2 = 4, \qquad \boldsymbol{x}_2 = c_2 \begin{bmatrix} 1 \\ -1 \end{bmatrix}$$

であった．いま，この 2 つの固有ベクトル ($c_1, c_2$ は 0 以外なら何でもよいが，たとえば $c_1 = c_2 = 1$ とする) を列ベクトルとするような行列および固有値を対角線上に並べた行列

$$P = \begin{bmatrix} 1 & 1 \\ 1 & -1 \end{bmatrix}, \qquad \Lambda = \begin{bmatrix} -2 & 0 \\ 0 & 4 \end{bmatrix}$$

をつくってみよう．このとき

$$AP = \begin{bmatrix} 1 & -3 \\ -3 & 1 \end{bmatrix} \begin{bmatrix} 1 & 1 \\ 1 & -1 \end{bmatrix} = \begin{bmatrix} -2 & 4 \\ -2 & -4 \end{bmatrix} = \begin{bmatrix} 1 & 1 \\ 1 & -1 \end{bmatrix} \begin{bmatrix} -2 & 0 \\ 0 & 4 \end{bmatrix} = P\Lambda$$

が成り立っている．さらに，$P$ の逆行列 $P^{-1}$ を上式の左から掛ければ逆行列の定義から

$$P^{-1}AP = P^{-1}P\Lambda = \Lambda$$

となる．このことは，もとの行列に固有ベクトルからつくった行列とその逆行列を右および左から掛けると，もとの行列は固有値を対角要素とする対角行列になることを意味している．このような操作を，行列の対角化という．

固有値が重複している場合でも，独立な固有ベクトルをもてば，行列を対角化することができる．たとえば，行列

$$A = \begin{bmatrix} 0 & 1 & 1 \\ 1 & 0 & 1 \\ 1 & 1 & 0 \end{bmatrix}$$

の固有値は 2, $-1$（重根）であるが，3 つの固有ベクトル

$$\boldsymbol{x}_1 = c_1 \begin{bmatrix} 1 \\ 1 \\ 1 \end{bmatrix}, \quad \boldsymbol{x}_2 = c_2 \begin{bmatrix} -1 \\ 1 \\ 0 \end{bmatrix}, \quad \boldsymbol{x}_3 = c_3 \begin{bmatrix} -1 \\ 0 \\ 1 \end{bmatrix}$$

をもつ．そこで固有ベクトル (たとえば $c_1 = c_2 = c_3 = 1$ とする) を列ベクトルとする行列および固有値を対角成分にする行列

$$P = \begin{bmatrix} 1 & -1 & -1 \\ 1 & 1 & 0 \\ 1 & 0 & 1 \end{bmatrix}, \quad \Lambda = \begin{bmatrix} 2 & 0 & 0 \\ 0 & -1 & 0 \\ 0 & 0 & -1 \end{bmatrix}$$

をつくる．このとき

$$AP = \begin{bmatrix} 2 & 1 & 1 \\ 2 & -1 & 0 \\ 2 & 0 & -1 \end{bmatrix} = P\Lambda$$

が成り立つことは，行列の積を計算することにより確かめられる．ここで $P^{-1}$ を左側から掛ければ

$$P^{-1}AP = P^{-1}P\Lambda = \Lambda$$

となり，確かに行列は対角化されることがわかる．

以上述べたことは，正方行列の大きさによらずに適用できる．いま，簡単のため $(n, n)$ 行列 $A$ が $n$ 個の異なる固有ベクトル $\boldsymbol{p}_i$ $(i = 1, \cdots, n)$ をもつとする．そのとき対応する固有値を $\lambda_i$ とする．固有値および固有ベクトルの定義から

$$A\boldsymbol{p}_i = \lambda_i \boldsymbol{p}_i \quad (i = 1, \cdots, n) \tag{5.5}$$

となる．このことは，ひとまとめにすれば，固有ベクトルを並べてつくった行列 $P$ に対して

$$AP = P\Lambda \tag{5.6}$$

と書くことができることを意味している．ただし

$$\Lambda = \begin{bmatrix} \lambda_1 & 0 & \cdots & 0 \\ 0 & \lambda_2 & \cdots & 0 \\ \vdots & \vdots & \ddots & \vdots \\ 0 & 0 & \cdots & \lambda_n \end{bmatrix} \tag{5.7}$$

である．一方，$P$ は独立なベクトルからつくられているため正則であり，逆行列が存在する．そこで，この式の左から $P$ の逆行列を掛ければ

$$P^{-1}AP = P^{-1}P\Lambda = \Lambda \tag{5.8}$$

となる．このことは行列 $A$ が $P$ および $P$ の逆行列を用いた変換により対角化されることを意味している*．

次に，「$A$ が $r$ 個の相異なる固有値をもつならば，対応する $r$ 個の固有ベクトルは 1 次独立である」という事実を証明しておこう．

数学的帰納法を使うことにする．$r=1$ のときは明らかなので，$r-1$ まで成り立ったとする．すなわち，相異なる $r-1$ 個の固有値 $\lambda_1,\cdots,\lambda_{r-1}$ が 1 次独立であると仮定する．いま，

$$\alpha_1\boldsymbol{p}_1 + \cdots + \alpha_{r-1}\boldsymbol{p}_{r-1} + \alpha_r\boldsymbol{p}_r = 0 \tag{5.9}$$

という関係があったとする．式 (5.9) に $A$ を左から掛けて $A\boldsymbol{p}_1 = \lambda_1\boldsymbol{p}_1,\cdots$ を考慮すれば

$$\alpha_1\lambda_1\boldsymbol{p}_1 + \cdots + \alpha_{r-1}\lambda_{r-1}\boldsymbol{p}_{r-1} + \alpha_r\lambda_r\boldsymbol{p}_r = 0 \tag{5.10}$$

となる．式 (5.9) に $\lambda_r$ を掛けて上式から引けば

$$\alpha_1(\lambda_1 - \lambda_r)\boldsymbol{p}_1 + \cdots + \alpha_{r-1}(\lambda_{r-1} - \lambda_r)\boldsymbol{p}_{r-1} = 0 \tag{5.11}$$

となるが，$\boldsymbol{p}_1,\cdots,\boldsymbol{p}_{r-1}$ が独立で，$\lambda_r \neq \lambda_i (i = 1,\cdots,r-1)$ という仮定を用いれば，$\alpha_1 = 0,\cdots,\alpha_{r-1} = 0$ となる．これと式 (5.10) から $\alpha_r = 0$ となり，式 (5.9) の係数はすべて 0，すなわち $\boldsymbol{p}_i$ は 1 次独立であることがわかる．

上の事実から，$A$ が $n$ 個の相異なる固有値をもてば，$n$ 個の異なる固有ベク

---

* $S^{-1}AS$ の形の変換を相似変換とよんでいる．

トルをもつため，$A$ は対角化可能であることがわかる．

**◇問 5.3◇** 次の行列を対角化せよ $(a \neq 0)$．

$$A = \begin{bmatrix} 1 & a \\ a & 1 \end{bmatrix}$$

**〈相似変換の意味〉**

$n$ 次元空間の任意の $n$ 次元ベクトル $\boldsymbol{x}$ は，1 次独立な $n$ 個の $n$ 次元ベクトル $\boldsymbol{f}_1, \cdots, \boldsymbol{f}_n$ を用いて

$$\boldsymbol{x} = x'_1 \boldsymbol{f}_1 + \cdots + x'_n \boldsymbol{f}_n \tag{5.12}$$

と表される．$\boldsymbol{f}_1, \cdots, \boldsymbol{f}_n$ をこの順に並べてつくった行列を $F$ とすれば上式は

$$\boldsymbol{x} = F\boldsymbol{x}', \qquad \boldsymbol{x}' = (x'_1, \cdots, x'_n)^T = \begin{bmatrix} x'_1 \\ \vdots \\ x'_n \end{bmatrix} \tag{5.13}$$

と書ける．一方，行列 $A$ により $n$ 次元ベクトル $\boldsymbol{x}$ が $\boldsymbol{y}$ に線形写像されたとすれば $\boldsymbol{y} = A\boldsymbol{x}$ と書けるが，$\boldsymbol{y} = F\boldsymbol{y}'$ によって $\boldsymbol{y}'$ を定義すれば

$$F\boldsymbol{y}' = AF\boldsymbol{x}', \text{したがって } \boldsymbol{y}' = F^{-1}AF\boldsymbol{x}' \tag{5.14}$$

となる．ただし，$F$ は正則であることを使った．上式は $\boldsymbol{x} \to \boldsymbol{y}$ の対応関係が与えられている場合に，$\boldsymbol{x}' \to \boldsymbol{y}'$ の対応関係を与える式になっている．このような意味で，$A$ と $F^{-1}AF$ は相似であるとよばれ，$A$ を $F^{-1}AF$ に対応させる変換を相似変換という．

**〈固有値の性質〉**

(1) $A$ が正則であり，$A\boldsymbol{p} = \lambda\boldsymbol{p}$ ならば $\boldsymbol{p} = \lambda A^{-1}\boldsymbol{p}$ であり，したがって

$$A^{-1}\boldsymbol{p} = \lambda^{-1}\boldsymbol{p} \tag{5.15}$$

となる．したがって，$A$ の逆行列は $A$ と同じ固有ベクトルをもち，また固有値は逆数となる．

(2) $S$ が正則で，$A\boldsymbol{x} = \lambda\boldsymbol{x}$ ならば，$S^{-1}AS(S^{-1}\boldsymbol{x}) = \lambda(S^{-1}\boldsymbol{x})$ となる．す

なわち，$A$ に相似変換を行って，$B = S^{-1}AS$ としても，$B$ と $A$ は同じ固有値をもつ．また $B$ の固有ベクトルは $A$ の固有ベクトル $\boldsymbol{x}$ を用いて $S^{-1}\boldsymbol{x}$ と表される．

行列を対角化はいろいろなところで応用されるが，ここでは一例として行列 $A$ のべき乗の求め方を示す．ただし，$A$ は相似変換により対角化されると仮定する．このとき式 (5.8) の両辺に左から $P$，右から $P^{-1}$ を掛ければ

$$A = P\Lambda P^{-1}$$

となる．そこで

$$A^m = (P\Lambda \underbrace{P^{-1})(P}_{I} \Lambda \underbrace{P^{-1})\cdots}_{I}\underbrace{\cdots(P}_{I} \Lambda P^{-1}) = P\Lambda\cdots\Lambda P^{-1} = P\Lambda^m P^{-1} \tag{5.16}$$

となる．一方，対角行列に対しては

$$\Lambda^m = \begin{bmatrix} \lambda_1^m & 0 & \cdots & 0 \\ 0 & \lambda_2^m & \cdots & 0 \\ \vdots & \vdots & \ddots & \vdots \\ 0 & 0 & \cdots & \lambda_n^m \end{bmatrix} \tag{5.17}$$

となるから，$A^m$ を計算するには式 (5.16) の最右辺の 3 つの行列の積を計算すればよい．

## 5.4　対称行列と 2 次形式

2 つの $n$ 次元ベクトル $\boldsymbol{x} = (x_1, \cdots, x_n)$，$\boldsymbol{y} = (y_1, \cdots, y_n)$ に対して内積を

$$\boldsymbol{x}^T\boldsymbol{y} = \sum_{i=1}^{n} x_i y_i = x_1y_1 + \cdots + x_ny_n \tag{5.18}$$

で定義する．

さて，2 つのベクトルの内積が 0 になる場合，これらのベクトルは互いに直交するという．いま，$n$ 次元空間に $n$ 個の独立なベクトル $\boldsymbol{f}_1, \cdots, \boldsymbol{f}_n$ があり，それらが互いに直交するとき，すなわち

$$\boldsymbol{f}_i^T \boldsymbol{f}_j = 0 \quad (\text{すべての } i \neq j \text{ の組み合わせに対して}) \tag{5.19}$$

が成り立つとき，ベクトル $\boldsymbol{f}_1,\cdots,\boldsymbol{f}_n$ は（$n$ 次元空間の）直交基底であるという．さらにその上

$$\boldsymbol{f}_i^T \boldsymbol{f}_i = 1 \quad (\text{すべての } i \text{ に対して}) \tag{5.20}$$

であれば正規直交基底であるという．そして，正規直交基底 $\boldsymbol{f}_1,\cdots,\boldsymbol{f}_n$ からつくられる行列

$$F = (\boldsymbol{f}_1 \cdots \boldsymbol{f}_n) \tag{5.21}$$

を直交行列とよび，直交行列による写像 $\boldsymbol{y} = \boldsymbol{F}x$ を直交変換という．

直交行列 $F$ に対して，その定義から

$$F^T F = I \tag{5.22}$$

が成り立つ．そして，上式と逆行列の定義から $F^{-1} = F^T$ となるため，直交行列 $F$ による $A$ の相似変換は

$$F^{-1}AF = F^T AF \tag{5.23}$$

と書ける．これを直交相似変換という．

**例題 5.2**

3 次元空間において任意に定めた 1 次独立なベクトル $\boldsymbol{a}_1,\boldsymbol{a}_2,\boldsymbol{a}_3$ に対して次のようなベクトルを求めよ．

(1) $\boldsymbol{a}_1$ と向きが同じで長さが 1 のベクトル $\boldsymbol{e}_1$

(2) $\boldsymbol{e}_1,\boldsymbol{a}_2$ の 1 次結合で，$\boldsymbol{e}_1$ に直交し，長さ 1 のベクトル $\boldsymbol{e}_2$

(3) $\boldsymbol{e}_1$ と $\boldsymbol{e}_2$ の両方に直交し，長さ 1 のベクトル $\boldsymbol{e}_3$

【解】

(1) $\boldsymbol{e}_1 = \boldsymbol{a}_1/|\boldsymbol{a}_1|$

(2) $\boldsymbol{e}_2 = \alpha\boldsymbol{e}_1 + \beta\boldsymbol{a}_2$ とおくと，$(\boldsymbol{e}_1, \boldsymbol{e}_2) = (\boldsymbol{e}_1, \alpha\boldsymbol{e}_1 + \beta\boldsymbol{a}_2) = 0$．ただし記号 $(\boldsymbol{p}, \boldsymbol{q})$ はベクトル $\boldsymbol{p}$，$\boldsymbol{q}$ の内積を表す．

式を展開して

$$\alpha(\boldsymbol{e}_1,\boldsymbol{e}_1)+\beta(\boldsymbol{a}_2,\boldsymbol{e}_1)=0, \qquad \alpha=-\beta(\boldsymbol{a}_2,\boldsymbol{e}_1)$$

したがって，$\boldsymbol{e}_2=\beta(\boldsymbol{a}_2-(\boldsymbol{a}_2,\boldsymbol{e}_1)\boldsymbol{e}_1)$ より $\boldsymbol{e}_2=\pm\dfrac{\boldsymbol{a}_2-(\boldsymbol{a}_2,\boldsymbol{e}_1)\boldsymbol{e}_1}{|\boldsymbol{a}_2-(\boldsymbol{a}_2,\boldsymbol{e}_1)\boldsymbol{e}_1|}$.
ここで，$\boldsymbol{a}_1,\boldsymbol{a}_2,\boldsymbol{a}_3$ は 1 次独立であることから，$\boldsymbol{a}_2-(\boldsymbol{a}_2,\boldsymbol{e}_1)\boldsymbol{e}_1=\boldsymbol{a}_2-(\boldsymbol{a}_2,\boldsymbol{e}_1)\boldsymbol{a}_1/|\boldsymbol{a}_1|\neq 0$ であることを用いた.
(3) $\boldsymbol{e}_3=\alpha\boldsymbol{e}_1+\beta\boldsymbol{e}_2+\gamma\boldsymbol{a}_3$ とおくと，

$$\begin{cases}(\boldsymbol{e}_1,\boldsymbol{e}_3)=(\boldsymbol{e}_1,\alpha\boldsymbol{e}_1+\beta\boldsymbol{e}_2+\gamma\boldsymbol{a}_3)=0\\(\boldsymbol{e}_2,\boldsymbol{e}_3)=(\boldsymbol{e}_2,\alpha\boldsymbol{e}_1+\beta\boldsymbol{e}_2+\gamma\boldsymbol{a}_3)=0\end{cases}$$

$\alpha=-\gamma(\boldsymbol{e}_1,\boldsymbol{a}_3)$，$\beta=-\gamma(\boldsymbol{e}_2,\boldsymbol{a}_3)$ となる ($(\boldsymbol{e}_1,\boldsymbol{e}_1)=1$，$(\boldsymbol{e}_1,\boldsymbol{e}_2)=0$ などを用いている).
したがって，$\boldsymbol{e}_3=\gamma(\boldsymbol{a}_3-(\boldsymbol{a}_3,\boldsymbol{e}_1)\boldsymbol{e}_1-(\boldsymbol{a}_3,\boldsymbol{e}_2)\boldsymbol{e}_2))$ より $\boldsymbol{e}_3=$
$\pm\dfrac{\boldsymbol{a}_3-(\boldsymbol{a}_3,\boldsymbol{e}_1)\boldsymbol{e}_1-(\boldsymbol{a}_3,\boldsymbol{e}_2)\boldsymbol{e}_2)}{|\boldsymbol{a}_3-(\boldsymbol{a}_3,\boldsymbol{e}_1)\boldsymbol{e}_1-(\boldsymbol{a}_3,\boldsymbol{e}_2)\boldsymbol{e}_2|}$.
ただし，(2) と同様の理由で，$\boldsymbol{a}_2-(\boldsymbol{a}_3,\boldsymbol{e}_1)\boldsymbol{e}_1-(\boldsymbol{a}_3,\boldsymbol{e}_2)\boldsymbol{e}_2\neq 0$ である.

同様にすれば，$n$ 次元空間に $n$ 個の 1 次独立なベクトル $\boldsymbol{a}_1,\cdots,\boldsymbol{a}_n$ があるとき，これらのベクトルから以下の手順によって正規直交基底がつくれる.

(1) $\boldsymbol{b}_1=\boldsymbol{a}_1, \qquad \boldsymbol{e}_1=\boldsymbol{b}_1/|\boldsymbol{b}_1|$
(2) $\boldsymbol{b}_2=\boldsymbol{a}_2-(\boldsymbol{a}_2,\boldsymbol{e}_1)\boldsymbol{e}_1, \qquad \boldsymbol{e}_2=\boldsymbol{b}_2/|\boldsymbol{b}_2|$
(3) $\boldsymbol{b}_3=\boldsymbol{a}_3-(\boldsymbol{a}_3,\boldsymbol{e}_1)\boldsymbol{e}_1-(\boldsymbol{a}_3,\boldsymbol{e}_2)\boldsymbol{e}_2, \qquad \boldsymbol{e}_3=\boldsymbol{b}_3/|\boldsymbol{b}_3|$ (5.24)

$$\vdots$$

(4) $\boldsymbol{b}_n=\boldsymbol{a}_n-(\boldsymbol{a}_n,\boldsymbol{e}_1)\boldsymbol{e}_1-\cdots-(\boldsymbol{a}_n,\boldsymbol{e}_{n-1})\boldsymbol{e}_{n-1}, \qquad \boldsymbol{e}_n=\boldsymbol{b}_n/|\boldsymbol{b}_n|$
この手続きをグラム・シュミットの直交化法という.

〈対称行列〉

転置行列ともとの行列が一致する行列，すなわち $A^T=A$ が成り立つ行列を対称行列という．この対称行列に対して次の事実が知られている（証明略).

「対称行列は直交相似変換により対角化できる.」
さらに，

「$n$ 次の対称行列は $n$ 個の直交する実数の固有ベクトルと実数の固有値をもつ．ただし，固有値は重根の場合もありうる．」

**〈2 次形式〉**

$n$ 個の変数 $x_1,\cdots,x_n$ と実数の係数 $a_{ij}$ に対して

$$\sum_{i=1}^{n}\sum_{j=1}^{n} a_{ij}x_ix_j \tag{5.25}$$

を 2 次形式という．ただし，$a_{ij} = a_{ji}$ という条件を課すことにする．いま，

$$A = \begin{bmatrix} a_{11} & \cdots & a_{1n} \\ \vdots & \ddots & \vdots \\ a_{n1} & \cdots & a_{nn} \end{bmatrix}, \qquad \boldsymbol{x} = (x_1, \cdots, x_n)^T = \begin{bmatrix} x_1 \\ \vdots \\ x_n \end{bmatrix}$$

とすれば，2 次形式は

$$\sum_{i=1}^{n}\sum_{j=1}^{n} a_{ij}x_ix_y = \boldsymbol{x}^T A\boldsymbol{x} \tag{5.26}$$

と書ける．$A$ は実数の対称行列であるから固有値はすべて実数になるが，これらを正の値のもの，負の値のもの，0 のものに分類し以下のように並べ換える．

$$\lambda_1, \cdots, \lambda_p > 0, \qquad \lambda_{p+1}, \cdots, \lambda_{p+q} < 0, \qquad \lambda_{p+q+1} = \cdots = \lambda_n = 0$$

このとき，$A$ は適当な直交変換 $F$ により

$$F^T AF = \begin{bmatrix} \lambda_1 & 0 & \cdots & 0 \\ 0 & \lambda_2 & \cdots & 0 \\ \vdots & \vdots & \ddots & \vdots \\ 0 & 0 & \cdots & \lambda_n \end{bmatrix} \tag{5.27}$$

の形に対角化される．そこで変数変換 $\boldsymbol{x} = F\boldsymbol{y}$ により，2 次形式は

$$\boldsymbol{y}^T(F^T AF)\boldsymbol{y} = (F\boldsymbol{y})^T A(F\boldsymbol{y}) = \boldsymbol{x}^T A\boldsymbol{x}$$

より

$$\lambda_1 y_1^2 + \cdots + \lambda_p y_p^2 + \lambda_{p+1} y_{p+1}^2 + \cdots + \lambda_{p+q} y_{p+q}^2 \tag{5.28}$$

と変換される．さらに正則行列

$$Q = \begin{bmatrix} \lambda_1 & & & & & & & & \\ & \ddots & & & & & & & \\ & & 1/\sqrt{\lambda_p} & & & & & & \\ & & & 1/\sqrt{-\lambda_{p+1}} & & & & & \\ & & & & \ddots & & & & \\ & & & & & 1/\sqrt{-\lambda_{p+q}} & & & \\ & & & & & & 1 & & \\ & & & & & & & \ddots & \\ & & & & & & & & 1 \end{bmatrix} \tag{5.29}$$

を用いて $\boldsymbol{y} = Q\boldsymbol{z}$ と変換すれば，2 次形式は

$$z_1^2 + \cdots + z_p^2 - z_{p+1}^2 - z_{p+q}^2 \tag{5.30}$$

と簡略化される．これを 2 次形式の標準形という．なお，2 次形式を標準形に直す方法はいろいろあるが，符号は一定であることが知られている．

具体的に

$$ax^2 + by^2 + cz^2 + 2fxy + 2gyz + 2hzx = d$$

に対して考えると，

$$\boldsymbol{x} = \begin{bmatrix} x \\ y \\ z \end{bmatrix}, \qquad A = \begin{bmatrix} a & f & h \\ f & b & g \\ h & g & c \end{bmatrix}$$

とおけば，2 次形式は $\boldsymbol{x}^T A\boldsymbol{x} = d$ と書け，前述の直交変換によって

$$\lambda_1 y_1^2 + \lambda_2 y_2^2 + \lambda_3 y_3^2 = d \tag{5.31}$$

と書き換えられる．ここで $d > 0$ と仮定した場合，

$\lambda_1 > 0, \lambda_2 > 0, \lambda_3 > 0$　ならば　楕円体

$\lambda_1 > 0, \lambda_2 > 0, \lambda_3 < 0$　ならば　一葉双曲面

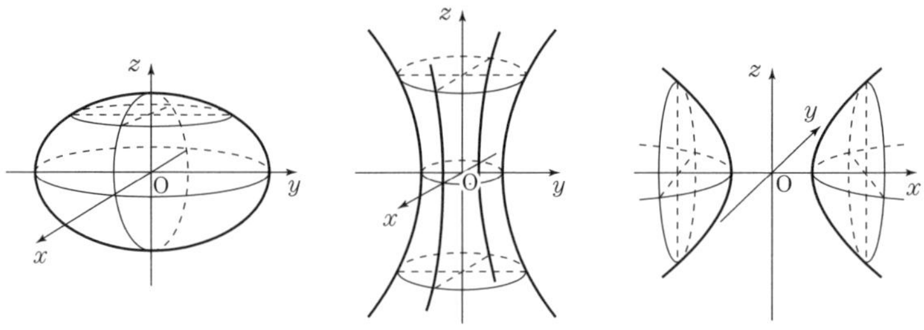


(a) 楕円体　　(b) 一葉双曲面　　(c) 二葉双曲面

**図 5.1**　2 次曲面の例

$$\lambda_1 > 0, \lambda_2 < 0, \lambda_3 < 0 \text{ ならば 二葉双曲面}$$

というように 2 次形式が表す曲面を指定することができる（図 5.1).

**例題 5.3**

2 次形式 $2x_1^2 + 6x_1x_2 + 2x_2^2$ を標準形に直せ.

【解】 $2x_1^2 + 6x_1x_2 + 2x_2^2 = x_1(2x_1 + 3x_2) + x_2(3x_1 + 2x_2)$ となるため, この式は次のように書ける.

$$\begin{bmatrix} x_1 & x_2 \end{bmatrix} \begin{bmatrix} 2 & 3 \\ 3 & 2 \end{bmatrix} \begin{bmatrix} x_1 \\ x_2 \end{bmatrix}$$

中央の行列の固有値は, 固有方程式

$$\begin{vmatrix} 2-\lambda & 3 \\ 3 & 2-\lambda \end{vmatrix} = 0$$

を解いて, $\lambda = 5, -1$ となり, それぞれの固有値に対する大きさ 1 の (規格化された) 固有ベクトルを求めれば

$$\frac{1}{\sqrt{2}} \begin{bmatrix} 1 \\ 1 \end{bmatrix}, \qquad \frac{1}{\sqrt{2}} \begin{bmatrix} 1 \\ -1 \end{bmatrix}$$

となる. したがって,

$$P = \frac{1}{\sqrt{2}} \begin{bmatrix} 1 & 1 \\ 1 & -1 \end{bmatrix}, \qquad Q = \begin{bmatrix} 1/\sqrt{5} & 0 \\ 0 & 1 \end{bmatrix}$$

という変換行列を用いれば

$$P^T AP = 5y_1^2 - y_2^2 \quad (\boldsymbol{x} = P\boldsymbol{y})$$

または

$$(PQ)^T A(PQ) = z_1^2 - z_2^2 \quad (\boldsymbol{y} = Q\boldsymbol{z})$$

となる．

## 5.5 ジョルダン標準形

$(n, n)$ 次行列が $n$ 個の独立な固有ベクトルをもたない場合には，相似変換を用いて対角行列に変換することができない．しかし，対角化できない行列に対しては，なるべく対角型に近い行列になるように変換する．そのようにして得られる行列が，ジョルダン標準形とよばれる行列である．内容が多少高度になるため，本節では $(2, 2)$ 行列と $(3, 3)$ 行列についてジョルダン標準形を簡単に紹介する．

$(2, 2)$ 行列の固有方程式は 2 次であり，固有値も 2 つあるが，本文にも述べたように，2 つの固有値が異なる場合と重なる場合がある．重なる場合でも独立な固有ベクトルが 2 つとれる場合と，1 つしかない場合がある．これらの場合に応じて，もとの行列はそれぞれ次の 3 ケースに変換することができる．

$$\begin{bmatrix} \lambda_1 & 0 \\ 0 & \lambda_2 \end{bmatrix}, \qquad \begin{bmatrix} \lambda_1 & 0 \\ 0 & \lambda_1 \end{bmatrix}, \qquad \begin{bmatrix} \lambda_1 & 1 \\ 0 & \lambda_1 \end{bmatrix} \tag{5.32}$$

これらが $(2, 2)$ 行列のジョルダン標準形である．

$(3, 3)$ 行列の場合は可能性がより多くある．まず 3 次の固有方程式が相異なる 3 つの固有値をもつ場合には，もとの行列は

$$\begin{bmatrix} \lambda_1 & 0 & 0 \\ 0 & \lambda_2 & 0 \\ 0 & 0 & \lambda_3 \end{bmatrix} \tag{5.33}$$

に変換できる．1 つの単根と 1 つの重根の場合には，重根に対応する独立な固

有ベクトルが 2 つある場合と 1 つしかない場合で，それぞれ

$$\begin{bmatrix} \lambda_1 & 0 & 0 \\ 0 & \lambda_1 & 0 \\ 0 & 0 & \lambda_3 \end{bmatrix}, \qquad \begin{bmatrix} \lambda_1 & 1 & 0 \\ 0 & \lambda_1 & 0 \\ 0 & 0 & \lambda_3 \end{bmatrix} \tag{5.34}$$

という形に変換できる．さらに 3 重根の場合には，独立な固有ベクトルが 3 つ，2 つ，1 つに応じてそれぞれ

$$\begin{bmatrix} \lambda_1 & 0 & 0 \\ 0 & \lambda_1 & 0 \\ 0 & 0 & \lambda_1 \end{bmatrix}, \qquad \begin{bmatrix} \lambda_1 & 1 & 0 \\ 0 & \lambda_1 & 0 \\ 0 & 0 & \lambda_1 \end{bmatrix}, \qquad \begin{bmatrix} \lambda_1 & 1 & 0 \\ 0 & \lambda_1 & 1 \\ 0 & 0 & \lambda_1 \end{bmatrix} \tag{5.35}$$

という形に変換できる．これら 6 つの行列が $(3,3)$ 行列のジョルダン標準形になる．

## ▷章末問題◁

**【5.1】** 次の行列の固有値および固有ベクトルを求めよ．

(1) $\begin{bmatrix} -\cos\theta & \sin\theta \\ \sin\theta & \cos\theta \end{bmatrix}$, (2) $\begin{bmatrix} 0 & 1 & 2 \\ -1 & 0 & 3 \\ -2 & -3 & 0 \end{bmatrix}$, (3) $\begin{bmatrix} 0 & 1 & 1 \\ 1 & 0 & 1 \\ 1 & 1 & 0 \end{bmatrix}$

**【5.2】** $A = \begin{bmatrix} 1 & -2 & 2 \\ -1 & 3 & -1 \\ -1 & 4 & -2 \end{bmatrix}$ のとき，$A = P\Lambda P^{-1}$ を満たす相似変換行列 $P$ を求めよ．ただし $\Lambda$ は固有値を対角要素にもつ対角行列である．次に，$(P\Lambda P^{-1})^n = P\Lambda^n P^{-1}$ を利用して $A^n$ を求めよ．

**【5.3】** 次の 2 次形式を行列形で表現せよ．

$$3x_1^2 + 4x_1x_2 - x_2^2$$

**【5.4】** 次の 2 次形式を標準形に直せ．

$$5x_1^2 + 4x_2^2 + 5x_3^2 + 4x_1x_2 + 2x_1x_3 + 4x_2x_3$$

# 6

# 連立1次方程式

## 6.1　ガウスの消去法と掃き出し法

第1章でガウスの消去法と掃き出し法について紹介したが，これらの方法は連立1次方程式をコンピュータで解くときの有力な方法になっている．そこで，本節ではこれらの方法を一般の連立1次方程式

$$\begin{cases} a_{11}^{(1)}x_1 + a_{12}^{(1)}x_2 + \cdots + a_{1n}^{(1)}x_n = b_1^{(1)} \\ a_{21}^{(1)}x_1 + a_{22}^{(1)}x_2 + \cdots + a_{2n}^{(1)}x_n = b_2^{(1)} \\ \qquad \vdots \\ a_{n1}^{(1)}x_1 + a_{n2}^{(1)}x_2 + \cdots + a_{nn}^{(1)}x_n = b_n^{(1)} \end{cases} \tag{6.1}$$

に対し，コンピュータで計算することを念頭において，もう一度述べることにする．

ガウスの消去法では，式 (6.1) を上三角型とよばれる

$$\begin{cases} a_{11}^{(1)}x_1 + a_{12}^{(1)}x_2 + a_{13}^{(1)}x_3 + \cdots + a_{1n-1}^{(1)}x_{n-1} + a_{1n}^{(1)}x_n = b_1^{(1)} \\ a_{22}^{(2)}x_2 + a_{23}^{(2)}x_3 + \cdots + a_{1n-1}^{(2)}x_{n-1} + a_{2n}^{(2)}x_n = b_2^{(2)} \\ \qquad \ddots \\ a_{1n-1}^{(n-1)}x_{n-1} + a_{nn-1}^{(n-1)}x_n = b_{n-1}^{(n-1)} \\ a_{nn}^{(n)}x_n = b_n^{(n)} \end{cases} \tag{6.2}$$

に変形することを目的とする．そのためにまず式 (6.1) の第1式を用いて第2式以降の式から $x_1$ を消去する．具体的には $j$ 番目（ただし，$j = 2, 3, \cdots, n$）の式に注目し，第1式に $a_{j1}^{(1)}/a_{11}^{(1)}$ を掛けた式を，$j$ 番目の式から引けばよい．

ここで第1式を取り除けば，

$$\left\{\begin{array}{l} a_{22}^{(2)}x_2 + a_{23}^{(2)}x_3 + \ \cdots \ + a_{2n}^{(2)}x_n = b_2^{(2)} \\ \qquad\qquad \vdots \\ a_{n2}^{(2)}x_2 + a_{n3}^{(2)}x_3 + \ \cdots \ + a_{nn}^{(2)}x_n = b_n^{(2)} \end{array}\right. \tag{6.3}$$

という $x_2, \cdots, x_n$ に関する連立 $n-1$ 元方程式になる．ただし，係数が式 (6.1) と変化するため式 (6.3) では上添え字を変化させている．同様に式 (6.3) の係数の第1添え字が $j$ $(j = 3, 4, \cdots, n)$ の式から，第1式に $a_{j2}^{(2)}/a_{22}^{(2)}$ を掛けた式を引く．その結果得られた方程式から第1式を取り除けば $n-2$ 元連立1次方程式

$$\left\{\begin{array}{l} a_{33}^{(3)}x_3 + a_{34}^{(3)}x_4 + \ \cdots \ + a_{3n}^{(3)}x_n = b_3^{(3)} \\ \qquad\qquad \vdots \\ a_{n3}^{(3)}x_3 + a_{n4}^{(3)}x_4 + \ \cdots \ + a_{nn}^{(3)}x_n = b_n^{(3)} \end{array}\right. \tag{6.4}$$

を得る．以下同様に，上の手順を繰り返し，最終的に

$$a_{nn}x^{(n)} = b_n^{(n)} \tag{6.5}$$

という方程式になるまで続ける（この手続きを前進消去という）．そして各ステップで取り除いた方程式を上から順に並べれば，式 (6.2) の形の方程式になる．このとき，$l$ 回目 $(l = 1, 2, \cdots, n-1)$ の消去において，係数は $j = l+1, \cdots, n$ に対して

$$a_{jk}^{(l+1)} = a_{jk}^{(l)} - m_{jl}a_{lk}^{(l)} \quad (k = l+1, \cdots, n) \tag{6.6}$$

$$b_j^{(l+1)} = b_j^{(l)} - m_{jl}b_l^{(l)} \tag{6.7}$$

ただし

$$m_{jl} = a_{jl}^{(l)}/a_{ll}^{(l)} \tag{6.8}$$

というように変化する．

式 (6.2) は下から順に（すなわち，$j = n, n-1, \cdots, 1$ の順に）

$$x_j = \frac{1}{a_{jj}^{(j)}}\left(b_j^{(j)} - \sum_{k=j+1}^{n} a_{jk}^{(j)}x_k\right) \tag{6.9}$$

を計算すれば $x_n, x_{n-1}, \cdots, x_1$ の順に値を求めることができる（ただし，$k > n$ のときは総和は計算しない）．式 (6.9) の手続きのことを後退代入という．

ガウスの消去法で注意すべき点は，前進消去の段階において $a_{ll}^{(l)}$ で割り算を行っている点で，もし係数 $a_{ll}^{(l)}$ が 0 になれば計算できなくなる．この $a_{ll}^{(l)}$ のことをピボットとよんでいる．また，たとえピボットが 0 でなくても非常に絶対値の小さい数であれば桁落ちや情報落ち*が起きる可能性があり，以後の計算に大きな誤差が生じる恐れがある．このことを防ぐ最も簡便な方法は，消去の段階で得られる方程式

$$\begin{cases} a_{ll}^{(l)}x_l + a_{ll+1}^{(l)}x_{l+1} + & \cdots \ +a_{ln}^{(l)}x_n = b_l^{(l)} \\ & \vdots \\ a_{il}^{(l)}x_l + a_{il+1}^{(l)}x_{l+1} + & \cdots \ +a_{in}^{(l)}x_n = b_i^{(l)} \\ & \vdots \\ a_{nl}^{(l)}x_l + a_{nl+1}^{(l)}x_{l+1} + & \cdots \ +a_{nn}^{(l)}x_n = b_n^{(l)} \end{cases}$$

から次の消去に移る前に，方程式の入れ換えを行う．すなわち上式において $x_l$ の係数の絶対値が最大になる方程式が上式の添え字 $i$ をもつ式である場合には，第 1 式とこの式を入れ換えた上で消去を行う．この手続きのことを部分ピボット選択とよぶ．

次に掃き出し法では，ガウスの消去法の前進消去の段階で着目している式より上側の式の未知数も消去する．順に説明すると，2 回目の消去で第 1 式を $a_{11}^{(1)}$ で割り算して $x_1$ の係数を 1 にした上で，$x_2$ を第 1 番目の式からも消去する．その結果，

$$\begin{cases} x_1 \qquad\qquad + a_{13}^{(2)}x_3 + a_{14}^{(2)}x_4 + & \cdots \ +a_{1n}^{(2)}x_n = b_1^{(2)} \\ a_{22}^{(2)}x_2 + a_{23}^{(2)}x_3 + a_{24}^{(2)}x_4 + & \cdots \ +a_{2n}^{(2)}x_n = b_2^{(2)} \\ \qquad\qquad a_{33}^{(3)}x_3 + a_{34}^{(3)}x_4 + & \cdots \ +a_{2n}^{(3)}x_n = b_3^{(3)} \\ & \vdots \\ \qquad\qquad a_{n3}^{(3)}x_3 + a_{n4}^{(3)}x_4 + & \cdots \ +a_{nn}^{(3)}x_n = b_n^{(3)} \end{cases}$$

---

* 桁落ちとは，たとえば 0.987654321 − 0.987654312 など似たような数の差をとると有効数字のほとんどが失われる現象であり，情報落ちとは，絶対値の非常に異なる数の差をとったとき絶対値の小さい方の数の情報が失われる現象である．

という式が得られる．さらに 3 回目の消去で $x_3$ を消去する場合も，4 番目以降の式から消去するだけではなく，2 番目の式を $a_{22}^{(2)}$ で割って $x_2$ の係数を 1 にした式と 1 番目の式の 2 つの式からも $x_3$ を消去する．その結果，

$$
\left\{
\begin{array}{rrrl}
x_1 & & + a_{14}^{(3)} x_4 + \cdots + a_{1n}^{(4)} x_n &= b_1^{(3)} \\
 x_2 & & + a_{24}^{(3)} x_4 + \cdots + a_{2n}^{(4)} x_n &= b_2^{(3)} \\
 & a_{33}^{(3)} x_3 & + a_{34}^{(3)} x_4 + \cdots + a_{2n}^{(4)} x_n &= b_3^{(3)} \\
 & & \vdots & \\
 & & a_{n3}^{(3)} x_4 + \cdots + a_{nn}^{(4)} x_n &= b_n^{(4)}
\end{array}
\right.
$$

となる．同様にこの手続きを続けていけば，最終的に方程式

$$
\left\{
\begin{array}{lllll}
x_1 & & & & = b_1^{(n)} \\
 & x_2 & & & = b_2^{(n)} \\
 & & x_3 & & = b_3^{(n)} \\
 & & & \ddots & \\
 & & & x_n & = b_n^{(n)}
\end{array}
\right.
\tag{6.10}
$$

が得られる．この式を見ればわかるように，もとの連立 1 次方程式の解がすでに求まっていることがわかる．計算手順は式 (6.6)，(6.7) を $j = l+1, \cdots, n$ だけでなく $j = 1, \cdots, l-1$ についても行えばよい．

## 6.2 LU 分 解 法

はじめに，前節で述べたガウスの消去法をもう一度見直してみよう．

連立 1 次方程式

$$
A\boldsymbol{x} = \boldsymbol{b} \tag{6.11}
$$

を解くことを考える．ここで

$$A = \begin{bmatrix} a_{11}^{(1)} & a_{12}^{(1)} & \cdots & a_{1n}^{(1)} \\ a_{21}^{(1)} & a_{22}^{(1)} & \cdots & a_{2n}^{(1)} \\ \vdots & \vdots & \ddots & \vdots \\ a_{n1}^{(1)} & a_{n2}^{(1)} & \cdots & a_{nn}^{(1)} \end{bmatrix}, \quad \boldsymbol{x} = \begin{bmatrix} x_1 \\ x_2 \\ \vdots \\ x_n \end{bmatrix}, \quad \boldsymbol{b} = \begin{bmatrix} b_1 \\ b_2 \\ \vdots \\ b_n \end{bmatrix} \tag{6.12}$$

である．いま，$m_{j1} = a_{j1}^{(1)}/a_{11}^{(1)}$ $(j = 2, 3, \cdots, n)$ として

$$M_1 = \begin{bmatrix} 1 & 0 & 0 & \cdots & 0 \\ -m_{21} & 1 & 0 & \cdots & 0 \\ -m_{31} & 0 & 1 & \cdots & 0 \\ \vdots & \vdots & \vdots & \ddots & \vdots \\ -m_{n1} & 0 & 0 & \cdots & 1 \end{bmatrix}$$

とおくと

$$M_1 A = \begin{bmatrix} 1 & 0 & 0 & \cdots & 0 \\ -m_{21} & 1 & 0 & \cdots & 0 \\ -m_{31} & 0 & 1 & \cdots & 0 \\ \vdots & \vdots & \ddots & \vdots & \vdots \\ -m_{n1} & 0 & 0 & \cdots & 1 \end{bmatrix} \begin{bmatrix} a_{11}^{(1)} & a_{12}^{(1)} & a_{13}^{(1)} & \cdots & a_{1n}^{(1)} \\ a_{21}^{(1)} & a_{22}^{(1)} & a_{23}^{(1)} & \cdots & a_{2n}^{(1)} \\ a_{31}^{(1)} & a_{32}^{(1)} & a_{33}^{(1)} & \cdots & a_{3n}^{(1)} \\ \vdots & \vdots & \vdots & \ddots & \vdots \\ a_{n1}^{(1)} & a_{n2}^{(1)} & a_{n3}^{(1)} & \cdots & a_{nn}^{(1)} \end{bmatrix}$$

$$= \begin{bmatrix} a_{11}^{(1)} & a_{12}^{(1)} & \cdots & a_{1n}^{(1)} \\ 0 & a_{22}^{(2)} & \cdots & a_{2n}^{(2)} \\ \vdots & \vdots & \ddots & \vdots \\ 0 & a_{n2}^{(2)} & \cdots & a_{nn}^{(2)} \end{bmatrix}$$

となる．ただし，

$$a_{jk}^{(2)} = a_{jk}^{(1)} - m_{j1} a_{1k}^{(1)}$$

である．次に $m_{j2} = a_{j2}^{(2)}/a_{22}^{(2)}$ $(j = 3, 4, \cdots, n)$ として

$$M_2 = \begin{bmatrix} 1 & 0 & 0 & \cdots & 0 \\ 0 & 1 & 0 & \cdots & 0 \\ 0 & -m_{32} & 1 & \cdots & 0 \\ \vdots & \vdots & \vdots & \ddots & \vdots \\ 0 & -m_{n2} & 0 & \cdots & 1 \end{bmatrix}$$

とおくと

$$M_2 M_1 A = \begin{bmatrix} 1 & 0 & 0 \cdots 0 \\ 0 & 1 & 0 \cdots 0 \\ 0 & -m_{32} & 1 \cdots 0 \\ \vdots & \vdots & \vdots \ddots \vdots \\ 0 & -m_{n2} & 0 \cdots 1 \end{bmatrix} \begin{bmatrix} a_{11}^{(1)} & a_{12}^{(1)} & a_{13}^{(1)} & \cdots & a_{1n}^{(1)} \\ 0 & a_{22}^{(2)} & a_{23}^{(2)} & \cdots & a_{2n}^{(2)} \\ 0 & a_{32}^{(2)} & a_{33}^{(2)} & \cdots & a_{3n}^{(2)} \\ \vdots & \vdots & \vdots & \ddots & \vdots \\ 0 & a_{n2}^{(2)} & a_{n3}^{(2)} & \cdots & a_{nn}^{(2)} \end{bmatrix}$$

$$= \begin{bmatrix} a_{11}^{(1)} & a_{12}^{(1)} & a_{13}^{(1)} & \cdots & a_{1n}^{(1)} \\ 0 & a_{22}^{(2)} & a_{23}^{(2)} & \cdots & a_{2n}^{(2)} \\ 0 & 0 & a_{33}^{(3)} & \cdots & a_{3n}^{(3)} \\ \vdots & \vdots & \vdots & \ddots & \vdots \\ 0 & 0 & a_{n3}^{(3)} & \cdots & a_{nn}^{(3)} \end{bmatrix}$$

となる．同様の手続きを $n-1$ 回繰り返すと

$$M_{n-1} \cdots M_1 A = \begin{bmatrix} a_{11}^{(1)} & a_{12}^{(1)} & \cdots & a_{1n}^{(1)} \\ 0 & a_{22}^{(2)} & \cdots & a_{2n}^{(2)} \\ \vdots & \vdots & \ddots & \vdots \\ 0 & 0 & \cdots & a_{nn}^{(n)} \end{bmatrix} \tag{6.13}$$

となる．ただし $a_{jk}^{(l)}$ はガウスの消去法の前進消去 (式 (6.6)) で求めたものである．したがって，この手続きによって，方程式

$$M_{n-1} \cdots M_1 A\boldsymbol{x} = M_{n-1} \cdots M_1 \boldsymbol{b} \tag{6.14}$$

が得られる．これは上三角型であるため，下から順に解くことができる．このことから，方程式 (6.11) の両辺に $M_{n-1} \cdots M_1$ を左から掛けることは，ガウスの消去法の前進消去を行うことに対応することがわかる．

式 (6.14) から直ちに

$$(M_{n-1}\cdots M_1)^{-1}(M_{n-1}\cdots M_1)A\boldsymbol{x}=\boldsymbol{b}$$

となるが，この式は

$$L=(M_{n-1}\cdots M_1)^{-1},\qquad U=(M_{n-1}\cdots M_1)A$$

とおけば，

$$LU\boldsymbol{x}=\boldsymbol{b} \tag{6.15}$$

となる．ここで，具体的に $L$ を計算してみよう．

$$L=(M_{n-1}\cdots M_2M_1)^{-1}=M_1^{-1}M_2^{-1}\cdots M_{n-1}^{-1}$$

であるが，

$$M_k^{-1}=\begin{bmatrix}1&\cdots&0&\cdots&0\\0&\cdots&1&\cdots&\cdots\\0&\cdots&-m_{k+1k}&\cdots&0\\\vdots&\ddots&\vdots&\ddots&\vdots\\0&\cdots&-m_{nk}&\cdots&1\end{bmatrix}^{-1}=\begin{bmatrix}1&\cdots&0&\cdots&0\\0&\cdots&1&\cdots&\cdots\\0&\cdots&m_{k+1k}&\cdots&0\\\vdots&\ddots&\vdots&\ddots&\vdots\\0&\cdots&m_{nk}&\cdots&1\end{bmatrix} \tag{6.16}$$

であるから，

$$L=M_1^{-1}\cdots M_{n-1}^{-1}=\begin{bmatrix}1&0&\cdots&0&0\\m_{21}&1&\cdots&0&0\\m_{31}&m_{32}&\cdots&0&0\\\vdots&\vdots&\ddots&\vdots&\vdots\\m_{n1}&m_{n2}&\cdots&m_{nn-1}&1\end{bmatrix} \tag{6.17}$$

となることがわかる．すなわち $L$ は下三角行列となる．一方，式 (6.13) から $U$ は上三角行列である．したがって，式 (6.11) と式 (6.15) を比較すれば，上の手続きにより行列 $A$ が下三角行列と上三角行列の積に分解されたことになる．この手続きのことを LU 分解とよぶ．LU 分解を行うにはガウスの消去法と同じ手順を実行し，計算途中に出てくる $m_{jl}$(式 (6.8)) を記憶しておけばよい．

行列 $A$ が LU 分解できれば，連立 1 次方程式 (6.11) を解くことは次の 2 段階の計算を行うことと同等になる．

$$\boldsymbol{L}\boldsymbol{y} = \boldsymbol{b}, \qquad U\boldsymbol{x} = \boldsymbol{y} \tag{6.18}$$

2番目の方程式を解くことは，ガウスの消去法の後退代入の手続きを行うことである．一方，1番目の方程式は

$$\begin{aligned} y_1 &= b_1 \\ m_{21}y_1 + y_2 &= b_2 \\ &\vdots \\ m_{n1}y_1 + m_{n2}y_2 + \cdots + y_n &= b_n \end{aligned} \tag{6.19}$$

を意味するため，上から順に解くことにより $y_1, y_2, \cdots, y_n$ の順に解が求まる．このように連立1次方程式の係数行列がLU分解できれば，方程式の解は簡単に求められる．連立1次方程式 (6.11) で右辺の $\boldsymbol{b}$ だけが異なる問題をいくつか解く必要がある場合には，LU分解を1回だけ行えば，後は式 (6.18) を解けばよいため，効率のよい計算ができる．

**例題 6.1**

次の行列をLU分解せよ．

$$\begin{bmatrix} 2 & 1 & 1 \\ 4 & 3 & 4 \\ 6 & 5 & 10 \end{bmatrix}$$

【解】　ガウスの消去法の前進消去を行うと，次のようになる．

$$\begin{bmatrix} 2 & 1 & 1 \\ 4 & 3 & 4 \\ 6 & 5 & 10 \end{bmatrix} \to \begin{bmatrix} 2 & 1 & 1 \\ 0 & 1 & 2 \\ 0 & 2 & 7 \end{bmatrix} \to \begin{bmatrix} 2 & 1 & 1 \\ 0 & 1 & 2 \\ 0 & 0 & 3 \end{bmatrix}$$

この3番目の行列が $U$ である．ただし，2番目の行列を導くとき，1番目の行列の第2式から第1式を2倍して引き ($m_{21} = 2$)，第3式から第1式を3倍して引いた ($m_{31} = 3$)．さらに3番目の行列を導くとき2番目の行列の第3式から第2式の2倍を引いた ($m_{32} = 2$)．したがって，

$$L = \begin{bmatrix} 1 & 0 & 0 \\ 2 & 1 & 0 \\ 3 & 2 & 1 \end{bmatrix}$$

となる．

## 6.3 コレスキー法

式 (6.11) において，行列 $A$ が正定値対称行列の場合を考える．ここで，正定値であるとは任意の 0 でないベクトル $\boldsymbol{x}$ に対して，次の内積を計算した場合，

$$(\boldsymbol{x}, A\boldsymbol{x}) > 0$$

が成り立つことをいう．この場合，

$$A = LL^T \tag{6.20}$$

となるような下三角行列 $L$ を直接計算する方法をコレスキー（Cholesky）法とよんでいる．ただし，$L^T$ は $L$ の転置行列である．$A$ の要素を $a_{ij}$，$L$ の要素を $l_{ij}$ とおくと，式 (6.20) の積を直接計算することにより，

$$a_{ij} = \sum_{k=1}^{m} l_{ik} l_{kj} = \sum_{k=1}^{m} l_{ik} l_{jk}$$

となる．ただし $m$ は $i$ と $j$ の大きくない方である．したがって $L$ の要素は $i \neq j$ のとき

$$\sum_{k=1}^{j} l_{ik} l_{jk} = a_{ij} \quad (j = 1, 2, \cdots, i-1)$$

であるから

$$l_{ij} = \frac{1}{l_{jj}} \left( a_{ij} - \sum_{k=1}^{j-1} l_{ik} l_{jk} \right) \quad (j = 1, 2, \cdots, i-1) \tag{6.21}$$

となり，$i = j$ のときは

$$l_{ii} = \sqrt{a_{ii} - \sum_{k=1}^{i-1} l_{ik}^2} \quad (i = 1, 2, \cdots, n) \tag{6.22}$$

が得られる．$A$ がこのように分解できれば，LU分解の場合と同様にして式(6.11)は容易に解くことができる．

**例題 6.2**

以下に示す $3 \times 3$ の対称行列をコレスキー分解せよ．

$$\begin{bmatrix} a & d & e \\ d & b & f \\ e & f & c \end{bmatrix} = \begin{bmatrix} l_1 & 0 & 0 \\ l_2 & l_4 & 0 \\ l_3 & l_5 & l_6 \end{bmatrix} \begin{bmatrix} l_1 & l_2 & l_3 \\ 0 & l_4 & l_5 \\ 0 & 0 & l_6 \end{bmatrix}$$
$$= \begin{bmatrix} l_1^2 & l_1 l_2 & l_1 l_3 \\ l_1 l_2 & l_2^2 + l_4^2 & l_2 l_3 + l_4 l_5 \\ l_1 l_3 & l_2 l_3 + l_4 l_5 & l_3^2 + l_5^2 + l_6^2 \end{bmatrix}$$

【解】 両辺を比較すれば以下の順に $l_i$ が求まる．

$$l_1 = \sqrt{a}, \qquad l_2 = d/\sqrt{a}, \qquad l_3 = e/\sqrt{a}$$
$$l_4 = \sqrt{b - d^2/a}, \qquad l_5 = (f - l_2 l_3)/l_4 = (f - de/a)\sqrt{a}/\sqrt{ab - d^2}$$
$$l_6 = \sqrt{c - l_3^2 - l_5^2} = \sqrt{c - e^2/a - a(f - de/a)^2/(ab - d^2)}$$

## 6.4 反 復 法

いままで述べてきたガウスの消去法，掃き出し法，LU分解法などは，方程式から未知数を順に消去していく方法で，消去法とよばれる．一方，コンピュータを利用した連立1次方程式には反復法とよばれるいくつかの解法がある．これは連立1次方程式をもとに反復式をつくり，初期の適当な値から出発して反復を繰り返しながら正解に近づけていく方法である．正解に到達するには原理的には無限回の反復が必要であるが，コンピュータには必然的に丸め誤差が入るため，(反復法が使える方程式に対しては) コンピュータのもつ精度内で，有限回の反復で正解を得ることができる．以下，反復法について簡単に説明する．

反復法の原理は式 (6.11) を

$$\boldsymbol{x} = M\boldsymbol{x} + \boldsymbol{c} \tag{6.23}$$

という形に変形する．ただし，変形の仕方は何通りもある．その後，反復式

$$\boldsymbol{x}^{(\nu+1)} = M\boldsymbol{x}^{(\nu)} + \boldsymbol{c} \tag{6.24}$$

をつくり，適当に決めた初期値 $\boldsymbol{x}^{(0)}$ から始めて順次計算を繰り返す．すなわち，$\boldsymbol{x}^{(0)}$ を式 (6.24) の右辺に代入して $\boldsymbol{x}^{(1)}$ を計算し，次に $\boldsymbol{x}^{(1)}$ を式 (6.24) の右辺に代入して $\boldsymbol{x}^{(2)}$ を計算する．以下，このような代入を，$\varepsilon$ をあらかじめ与えた小さな正数として

$$|\boldsymbol{x}^{(\nu+1)} - \boldsymbol{x}^{(\nu)}| < \varepsilon \tag{6.25}$$

または，

$$\frac{|\boldsymbol{x}^{(\nu+1)} - \boldsymbol{x}^{(\nu)}|}{|\boldsymbol{x}^{(\nu)}|} < \varepsilon$$

が成り立つまで繰り返す．もし上式が成り立てば誤差の範囲で $\boldsymbol{x}^{(\nu+1)} = \boldsymbol{x}^{(\nu)}$ が成り立つため，$\boldsymbol{x}^{(\nu)}$ は式 (6.23)，すなわち式 (6.11) を満足する．式 (6.25) が成り立ったとき，反復が収束したという．もちろんこのような方法が使えるためには反復が収束しなければならないが，収束の速さも速いほどよい．そこで，反復法 (6.24) が収束するための条件を求めてみよう．

いま，$\boldsymbol{x}$ を式 (6.23) の厳密解とすると

$$\boldsymbol{\varepsilon}^{(\nu)} = \boldsymbol{x} - \boldsymbol{x}^{(\nu)}$$

は誤差を表すベクトルである．式 (6.23) から式 (6.24) を引くと

$$\boldsymbol{\varepsilon}^{(\nu+1)} = M\boldsymbol{\varepsilon}^{(\nu)}$$

が得られるため，この式を繰り返して用いると

$$\boldsymbol{\varepsilon}^{(\nu)} = M\boldsymbol{\varepsilon}^{(\nu-1)} = \cdots = M^{\nu}\boldsymbol{\varepsilon}^{(0)}$$

となる．反復法が収束するためには，誤差ベクトルが 0 になればよいが，そのためには $M^{\nu} \to 0$ となればよい．

いま，行列 $M$ にある相似変換 $S$ を施した結果，対角化されたとする．このとき，5.3 節で述べたように，対角行列 $\Lambda$ は行列 $M$ の固有値を対角線上に並べたものになる．式で表現すれば，

$$\Lambda = S^{-1}MS, \quad \text{または} \quad M = S\Lambda S^{-1}$$

となる．したがって，

$$M^{\nu} = (S\Lambda S^{-1})(S\Lambda S^{-1})\cdots(S\Lambda S^{-1})(S\Lambda S^{-1}) = S\Lambda^{\nu}S^{-1}$$

となる．この場合，

$$\Lambda^{\nu} = \begin{bmatrix} \lambda_1^{\nu} & & & 0 \\ & \lambda_2^{\nu} & & \\ & & \ddots & \\ 0 & & & \lambda_n^{\nu} \end{bmatrix}$$

であるから，行列 $M$ のスペクトル半径 $\rho$（絶対値が最大の固有値の絶対値）が 1 より小さければ，$\nu \to \infty$ のとき $\Lambda^{\nu}$ の対角要素はすべて 0 になり，その結果，$M^{\nu}$ も 0 となる．すなわち，式 (6.24) が収束するためには $\rho < 1$ であればよい．また，$\rho$ が小さいほど収束が速いこともわかる．

さて，式 (6.23) の $M$ と $\boldsymbol{c}$ を決めるため係数行列 $A$ を

$$A = L + D + U \tag{6.26}$$

と書き直してみよう．ここで

$$L = \begin{bmatrix} 0 & 0 & \cdots & 0 & 0 \\ a_{21} & 0 & \cdots & 0 & 0 \\ \vdots & \vdots & \ddots & \vdots & \vdots \\ a_{n-11} & a_{n-12} & \cdots & 0 & 0 \\ a_{n1} & a_{n2} & \cdots & a_{nn-1} & 0 \end{bmatrix}, \quad D = \begin{bmatrix} a_{11} & 0 & \cdots & 0 & 0 \\ 0 & a_{22} & \cdots & 0 & 0 \\ \vdots & \vdots & \ddots & \vdots & \vdots \\ 0 & 0 & \cdots & a_{n-1n-1} & 0 \\ 0 & 0 & \cdots & 0 & a_{nn} \end{bmatrix},$$

$$U = \begin{bmatrix} 0 & a_{12} & \cdots & a_{1n-1} & a_{1n} \\ 0 & 0 & \cdots & a_{2n-1} & a_{2n} \\ \vdots & \vdots & \ddots & \vdots & \vdots \\ 0 & 0 & \cdots & 0 & a_{n-1n} \\ 0 & 0 & \cdots & 0 & 0 \end{bmatrix} \tag{6.27}$$

である．

**(1) ヤコビの反復法**

ヤコビの反復法は式 (6.11) を

$$A\boldsymbol{x} = (L + D + U)\boldsymbol{x} = D\boldsymbol{x} + (L + U)\boldsymbol{x} = \boldsymbol{b}$$

と書き直してから上式を

$$\boldsymbol{x} = -D^{-1}(L + U)\boldsymbol{x} + D^{-1}\boldsymbol{b}$$

と変形する方法である．したがって

$$M = -D^{-1}(L + U), \qquad \boldsymbol{c} = D^{-1}\boldsymbol{b}$$

となる．ただし $D^{-1}$ が定義できるためには $D$ の対角要素に 0 があってはならない．もし，もとの方程式の $i$ 番目の式において，$a_{ii} = 0$ であるならば方程式の順番をあらかじめ入れ換えておく．$D^{-1}$ は簡単に求まり，対角線上に $D$ の各対角要素の逆数を並べたものになる．反復式は

$$\boldsymbol{x}^{(\nu+1)} = -D^{-1}(L + U)\boldsymbol{x}^{(\nu)} + D^{-1}\boldsymbol{b} \tag{6.28}$$

となる．式 (6.28) を実際に計算すれば，

$$\begin{aligned} x'_1 &= \frac{1}{a_{11}}(b_1 - a_{12}x_2 - a_{13}x_3 - \cdots - a_{1n}x_n) \\ x'_2 &= \frac{1}{a_{22}}(b_2 - a_{21}x_1 - a_{23}x_3 - \cdots - a_{2n}x_n) \\ x'_3 &= \frac{1}{a_{33}}(b_3 - a_{31}x_1 - a_{32}x_2 - \cdots - a_{3n}x_n) \\ &\vdots \\ x'_n &= \frac{1}{a_{nn}}(b_n - a_{n1}x_1 - a_{n2}x_2 - \cdots - a_{nn-1}x_{n-1}) \end{aligned}$$

となる．ただし，反復前の上添え字 $(\nu)$ は省略し，反復後は $(\nu+1)$ の代わりにダッシュをつけている．すなわち，ヤコビの反復法では連立1次方程式 (6.11) を，上から順に $x_1, x_2, \cdots, x_n$ について解いた式を反復に使う．

**(2) ガウス・ザイデル法**

ガウス・ザイデル法では式 (6.11) を

$$(L+D)\boldsymbol{x} = -U\boldsymbol{x} + \boldsymbol{b}$$

と変形して

$$(L+D)\boldsymbol{x}^{(\nu+1)} = -U\boldsymbol{x}^{(\nu)} + \boldsymbol{b} \tag{6.29}$$

または

$$\boldsymbol{x}^{(\nu+1)} = -(L+D)^{-1}U\boldsymbol{x}^{(\nu)} + (L+D)^{-1}\boldsymbol{b}$$

とする．したがって，この場合は

$$M = -(L+D)^{-1}U, \qquad \boldsymbol{c} = (L+D)^{-1}\boldsymbol{b}$$

である．ただし，$L+D$ の逆行列を求めるのは難しいため，実際の計算には式 (6.29) の左辺の $L\boldsymbol{x}^{(\nu+1)}$ を右辺に移項し

$$\boldsymbol{x}^{(\nu+1)} = -D^{-1}(L\boldsymbol{x}^{(\nu+1)} + U\boldsymbol{x}^{(\nu)}) + D^{-1}\boldsymbol{b} \tag{6.30}$$

と書き直した式を用いる．この式を展開すれば

$$\begin{aligned}
x'_1 &= \frac{1}{a_{11}}(b_1 - a_{12}x_2 - a_{13}x_3 - \cdots - a_{1n}x_n)\\
x'_2 &= \frac{1}{a_{22}}(b_2 - a_{21}x'_1 - a_{23}x_3 - \cdots - a_{2n}x_n)\\
x'_3 &= \frac{1}{a_{33}}(b_3 - a_{31}x'_1 - a_{32}x'_2 - \cdots - a_{3n}x_n)\\
&\vdots\\
x'_n &= \frac{1}{a_{nn}}(b_n - a_{n1}x'_1 - a_{n2}x'_2 - \cdots - a_{nn-1}x'_{n-1})
\end{aligned}$$

となるが，上式は上から順に計算していくことができる．すなわち，1番目の式で $x_1$ を修正して $x'_1$ を求め，それをすぐに2番目の式の右辺に用いる．さら

に $x_1$，$x_2$ の修正値 $x'_1, x'_2$ を直ちに 3 番目の式の右辺に用いる．このようなことを $n$ 番目まで行えばよい．解の修正に最新の修正値を用いるためヤコビの反復法に比べて収束が速くなる．

**(3) SOR 法**

SOR 法（successive over relaxation method：逐次過緩和法）はガウス・ザイデル法の変形で式 (6.30) の右辺を計算して，それを $\boldsymbol{x}^{(\nu+1)}$ の予測値 $\boldsymbol{x}^*$ として，実際の $\boldsymbol{x}^{(\nu+1)}$ は $\boldsymbol{x}^{(\nu)}$ と $\boldsymbol{x}^*$ の線形結合から決める．すなわち $\alpha$ を定数（加速係数）として，

$$\begin{aligned} \boldsymbol{x}^* &= -D^{-1}(L\boldsymbol{x}^{(\nu+1)} + U\boldsymbol{x}^{(\nu)}) + D^{-1}\boldsymbol{b}, \\ \boldsymbol{x}^{(\nu+1)} &= (1-\alpha)\boldsymbol{x}^{(\nu)} + \alpha\boldsymbol{x}^* \end{aligned} \tag{6.31}$$

という反復を行う．$\alpha = 1$ の場合がガウス・ザイデル法であるが，$\alpha$ を適当に選ぶことにより収束を（ヤコビの反復法に比べて数倍から数十倍）速めることができる*．$\alpha$ は 0 と 2 の間の値をとらなければ反復が収束しないことは知られているが，ごく特殊な場合を除いて $\alpha$ の最適値を求めるのは困難である．そこで $\alpha$ を変化させて予備的な計算を行って，おおよその見当をつけるのが現実的な方法である．

## 6.5 固　有　値

本節では，行列の固有値を数値的に求める方法を説明する．行列の固有値とは，第 5 章でも述べたが，$(n, n)$ の行列 $A$ と $n$ 次元ベクトル $\boldsymbol{x}$ に対して

$$A\boldsymbol{x} = \lambda\boldsymbol{x}$$

を満足する $\lambda$ のことであった．一般に大きな行列の固有値をすべて求めようとすると，演算量が膨大になる．一方，固有値の中で絶対値が最大（最小）のものは重要な意味をもつため，それだけを求める場合も多い．そこで本節では最大・最小固有値を求める方法と比較的サイズの小さな対称行列に対して，すべての固有値を求める方法を紹介する．

---

*　ヤコビの反復法は収束が遅い反面，並列計算に適したアルゴリズムになっているため，必ずしも役に立たない方法ではない．

### (1) べき乗法

$(n,n)$ 行列 $A$ の $n$ 個の固有値がすべて異なるものとする．この固有値を $\lambda_1, \lambda_2, \cdots, \lambda_n$ とし，対応する固有ベクトルを $\boldsymbol{x}_1, \boldsymbol{x}_2, \cdots, \boldsymbol{x}_n$ とする．一般に任意の $n$ 次元ベクトル $\boldsymbol{y}$ はこの固有ベクトルの線形結合

$$\boldsymbol{y} = c_1\boldsymbol{x}_1 + c_2\boldsymbol{x}_2 + \cdots + c_n\boldsymbol{x}_n \tag{6.32}$$

で表される．式 (6.32) の両辺に左から行列 $A$ を掛けると，$\lambda_j$ に対する固有ベクトルが $\boldsymbol{x}_j$ であることを用いて

$$\begin{aligned} A\boldsymbol{y} &= c_1A\boldsymbol{x}_1 + c_2A\boldsymbol{x}_2 + \cdots + c_nA\boldsymbol{x}_n \\ &= c_1\lambda_1\boldsymbol{x}_1 + c_2\lambda_2\boldsymbol{x}_2 + \cdots + c_n\lambda_n\boldsymbol{x}_n \end{aligned}$$

となる．さらに $A$ を掛ければ

$$\begin{aligned} A^2\boldsymbol{y} &= A(c_1\lambda_1\boldsymbol{x}_1 + c_2\lambda_2\boldsymbol{x}_2 + \cdots + c_n\lambda_n\boldsymbol{x}_n) \\ &= c_1\lambda_1^2\boldsymbol{x}_1 + c_2\lambda_2^2\boldsymbol{x}_2 + \cdots + c_n\lambda_n^2\boldsymbol{x}_n \end{aligned}$$

となり，同様にして $A$ を $k$ 回掛けると

$$A^k\boldsymbol{y} = c_1\lambda_1^k\boldsymbol{x}_1 + c_2\lambda_2^k\boldsymbol{x}_2 + \cdots + c_n\lambda_n^k\boldsymbol{x}_n$$

となる．このとき，絶対値最大の固有値を $\lambda_j$ とすれば，上式は

$$\begin{aligned} A^k\boldsymbol{y} = \lambda_j^k\Biggl\{ & c_1\left(\frac{\lambda_1}{\lambda_j}\right)^k\boldsymbol{x}_1 + \cdots + c_{j-1}\left(\frac{\lambda_{j-1}}{\lambda_j}\right)^k\boldsymbol{x}_{j-1} + c_j\boldsymbol{x}_j \\ & +c_{j+1}\left(\frac{\lambda_{j+1}}{\lambda_j}\right)^k\boldsymbol{x}_{j+1} + \cdots + c_n\left(\frac{\lambda_n}{\lambda_j}\right)^k\boldsymbol{x}_n\Biggr\} \end{aligned} \tag{6.33}$$

となる．$\lambda_j$ が絶対値最大であるから，この操作を何回も続けていくと $\boldsymbol{x}_j$ の項以外の係数は 0 に近づく．すなわち

$$A^k\boldsymbol{y} \sim c_j\lambda_j^k\boldsymbol{x}_j$$

$$A^{k+1}\boldsymbol{y} \sim c_j\lambda_j^{k+1}\boldsymbol{x}_j$$

が成り立つ．このことは $A^k\boldsymbol{y}$ と $A^{k+1}\boldsymbol{y}$ を比べたとき同じ行にある要素の比が固有値 $\lambda_j$ に近づくことを意味している．

そこで，$\boldsymbol{y}$ として適当な初期ベクトル $\boldsymbol{x}^{(0)}$ を与えて，順に

$$\boldsymbol{x}^{(1)} = A\boldsymbol{x}^{(0)}, \qquad \boldsymbol{x}^{(2)} = A\boldsymbol{x}^{(1)}, \qquad \cdots, \qquad \boldsymbol{x}^{(k+1)} = A\boldsymbol{x}^{(k)} \tag{6.34}$$

を計算する．そして，$\varepsilon$ として十分に小さい正数をとって

$$\frac{|\boldsymbol{x}^{(k+1)} - \boldsymbol{x}^{(k)}|}{|\boldsymbol{x}^{(k)}|} < \varepsilon \tag{6.35}$$

となるまで計算を続ければ，$\boldsymbol{x}^{(k+1)}$ と $\boldsymbol{x}^{(k)}$ の各要素の比が求める最大固有値となる．ここで述べた方法はべき乗法とよばれる．

**(2) 逆べき乗法**

本項では，最小固有値を求める方法について述べる．

$A\boldsymbol{x} = \lambda\boldsymbol{x}$ の両辺に $A$ の逆行列を左から掛けると

$$\boldsymbol{x} = A^{-1}A\boldsymbol{x} = \lambda A^{-1}\boldsymbol{x}$$

すなわち，

$$A^{-1}\boldsymbol{x} = \lambda^{-1}\boldsymbol{x} \tag{6.36}$$

となる．この式は，$A$ の固有値が $\lambda$ のとき $A^{-1}$ の固有値が $\lambda^{-1}$ であることを示している．そこで $A^{-1}$ の絶対値最大の固有値が求まれば，それと逆数関係にある $A$ の固有値は，絶対値が最小になる．

$A^{-1}$ の最大固有値を求めるために，上述のべき乗法 (6.34) を用いることにする．このとき，適当な初期ベクトル $\boldsymbol{x}^{(0)}$ を与えて，順に

$$\boldsymbol{x}^{(1)} = A^{-1}\boldsymbol{x}^{(0)}, \quad \boldsymbol{x}^{(2)} = A^{-1}\boldsymbol{x}^{(1)}, \quad \cdots, \quad \boldsymbol{x}^{(k+1)} = A^{-1}\boldsymbol{x}^{(k)} \tag{6.37}$$

を計算すればよい．しかし実際には逆行列 $A^{-1}$ を計算する代わりに式 (6.37) と同値の連立 1 次方程式の組

$$A\boldsymbol{x}^{(1)} = \boldsymbol{x}^{(0)}, \quad A\boldsymbol{x}^{(2)} = \boldsymbol{x}^{(1)}, \quad \cdots, \quad A\boldsymbol{x}^{(k+1)} = \boldsymbol{x}^{(k)} \tag{6.38}$$

を，左から順に解いていく．この場合，係数が同じ連立 1 次方程式 $A\boldsymbol{x} = \boldsymbol{y}$ を，右辺を変化させて順に解くことになる．したがって，連立 1 次方程式の解法には，6.2 節で述べた LU 分解法を用いるのがよい．この手順により求まった解が，式 (6.35) を満足したとき計算が終わる．最小固有値は，べき乗法と同様に

得られたベクトルの要素の比で求まる．ここで述べた方法を，逆べき乗法とよんでいる．

**(3) ヤコビ法**

ヤコビ法とは，固有値を求める行列に基本回転行列とよばれる行列を用いた変換を何度も施し，最終的に対角行列に変換する方法である．このとき最終的に得られる近似対角行列の対角成分がもとの行列の固有値となる．ヤコビ法が使えるのは実対称行列に限られるが，行列のすべての固有値が一度に求まる．ただし変換に時間がかかるため，比較的小さい行列に用いられる方法である．

$n$ 次の実対称行列 $A$ の固有値およびそれに対応する固有ベクトルをそれぞれ $\lambda_i, \boldsymbol{u}_i (i = 1, 2, \cdots, n)$ とする．固有ベクトルを列とする行列を $U$，固有値を対角線上に並べた対角行列を $\Lambda$ と書くことにする．すなわち，

$$U = [\boldsymbol{u}_1 \boldsymbol{u}_2 \cdots \boldsymbol{u}_n], \qquad \Lambda = \begin{bmatrix} \lambda_1 & & & 0 \\ & \lambda_2 & & \\ & & \ddots & \\ 0 & & & \lambda_n \end{bmatrix}$$

とする．このとき固有値と固有ベクトルの定義から

$$AU = U\Lambda \tag{6.39}$$

が成り立つ．式 (6.39) の両辺に左から $U^{-1}$ を掛けると

$$U^{-1}AU = \Lambda, \text{ したがって } U^T AU = \Lambda \tag{6.40}$$

となる．ただし，$A$ が実対称行列の場合には，$U$ が直交行列（$U^{-1} = U^T$）となることを用いている（5.5 節）．式 (6.40) は実対称行列の固有値と固有ベクトルを求めるためには，行列 $A$ を対角化する直交行列 $U$ を求めればよいことを示している．

ヤコビ法では，行列 $A$ の非対角要素の中で絶対値が最大のものに着目し，それを 0 にするような直交行列（基本回転行列）$U_1$ を求め，直交変換 $U_1^T AU_1$ を施す．さらに得られた行列の非対角線要素の最大のものを 0 にするような直交行列 $U_2$ を求め，同様に直交変換を行う．このような手続きを何度も繰り返して行列を対角行列に近づける．

具体的には以下のようにする．$n$ 次の実対称行列

$$A = \begin{bmatrix} a_{11} & a_{12} & \cdots & a_{1n} \\ a_{21} & a_{22} & \cdots & a_{2n} \\ \vdots & \vdots & \ddots & \vdots \\ a_{n1} & a_{n2} & \cdots & a_{nn} \end{bmatrix}$$

の非対角要素の中で絶対値最大のものが $a_{pq}(p < q)$ であったとする．このとき $U_1$ として

$$U_1 = \begin{array}{c} \begin{matrix} \quad & p & & q & \end{matrix} \\ \begin{matrix} \quad & \downarrow & & \downarrow & \end{matrix} \\ \left[ \begin{matrix} & \vdots & & \vdots & \\ \cdots & \cos\theta & \cdots & \sin\theta & \cdots \\ & \vdots & & \vdots & \\ \cdots & -\sin\theta & \cdots & \cos\theta & \cdots \\ & \vdots & & \vdots & \end{matrix} \right] \begin{matrix} \\ \leftarrow p \\ \\ \leftarrow q \\ \\ \end{matrix} \end{array} \tag{6.41}$$

をとる．ただし，式 (6.41) において $\cos\theta$ は $(p,p)$ および $(q,q)$ 要素，$-\sin\theta$, $\sin\theta$ はそれぞれ $(p,q),(q,p)$ 要素で，他の要素については対角要素は 1，それ以外は 0 である．この $U_1$ を用いて直交変換

$$A_1 = U_1^T A U_1$$

を行えば，$A_1$ は $n$ 次の対称行列となる．実際に積を計算すれば $A_1$ の要素を $a'_{ij}$ として，

$$\left\{\begin{array}{l}\left.\begin{array}{l}a'_{pj} = a_{pj}\cos\theta - a_{qj}\sin\theta \\ a'_{qj} = a_{pj}\sin\theta + a_{qj}\cos\theta \\ a'_{ip} = a_{ip}\cos\theta - a_{iq}\sin\theta \\ a'_{iq} = a_{ip}\sin\theta + a_{iq}\cos\theta \\ a'_{ij} = a_{ij}\end{array}\right\} \qquad (i, j, \neq p, q) \\ a'_{pp} = a_{pp}\cos^2\theta + a_{qq}\sin^2\theta - 2a_{pq}\sin\theta\cos\theta \\ a'_{qq} = a_{pp}\sin^2\theta + a_{qq}\cos^2\theta + 2a_{pq}\sin\theta\cos\theta \\ a'_{pq} = (a_{pp} - a_{qq})\sin\theta\cos\theta + a_{pq}(\cos^2\theta - \sin^2\theta) \\ \qquad = \dfrac{1}{2}(a_{pp} - a_{qq})\sin 2\theta + a_{pq}\cos 2\theta \\ a'_{qp} = a'_{pq}\end{array}\right. \tag{6.42}$$

となる．このとき，$a'_{pq} = 0$ となるように $\theta$ を選べば目的は達成される．この $\theta$ は方程式

$$a'_{pq} = \frac{1}{2}(a_{pp} - a_{qq})\sin 2\theta + a_{pq}\cos 2\theta$$

から

$$\left\{\begin{array}{ll} a_{pp} = a_{qq} \text{ のとき } & \cos 2\theta = 0 \\ a_{pp} \neq a_{qq} \text{ のとき } & \tan 2\theta = \dfrac{2a_{pq}}{a_{qq} - a_{pp}}\end{array}\right. \tag{6.43}$$

のように求まる．

結果として得られた $A_1$ に対して，非対角要素の絶対値最大のものを探し，式 (6.41) と同様の直交行列 $U_2$ による直交変換

$$A_2 = U_2^T A_1 U_2$$

を行い，絶対値最大の要素を 0 とする．このような手続きを $m$ 回繰り返してすべての非対角要素が 0 になった場合，

$$\begin{aligned} A_m &= U_m^T A_{m-1} U_m = U_m^T (U_{m-1}^T A_{m-2} U_{m-1}) U_m \\ &= U_m^T U_{m-1}^T \cdots U_1^T A U_1 U_2 \cdots U_m \\ &= (U_1 U_2 \cdots U_m)^T A (U_1 U_2 \cdots U_m) \end{aligned}$$

であるから,

$$\Lambda = A_m, \qquad U = U_1 U_2 \cdots U_m \tag{6.44}$$

によって固有値および固有ベクトルを求めることができる.

なお, 直交変換を繰り返す過程でいったん 0 になった要素が 0 でなくなるが, 非対角要素の 2 乗和が変換 (6.44) によって 0 に近づくことが示せるため, この手続きにより固有値および固有ベクトルが求まることになる.

## ▷章末問題◁

**【6.1】** 次の連立 1 次方程式をガウスの消去法を用いて解け.

$$x - y + z = 5, \qquad x + 2y = 1, \qquad 2x + 3z = 9$$

**【6.2】** 式 (6.16) を確かめよ. また, $n = 4$ の場合について式 (6.17) を確かめよ.

**【6.3】**

$$\begin{bmatrix} b_1 & c_1 & & & & & \\ a_2 & b_2 & c_2 & & & & \\ & \ddots & \ddots & \ddots & & & \\ & & a_i & b_i & c_i & & \\ & & & \ddots & \ddots & \ddots & \\ & & & & a_{n-1} & b_{n-1} & c_{n-1} \\ & & & & & a_n & b_n \end{bmatrix} \begin{bmatrix} x_1 \\ x_2 \\ \vdots \\ x_i \\ \vdots \\ x_{n-1} \\ x_n \end{bmatrix} = \begin{bmatrix} d_1 \\ d_2 \\ \vdots \\ d_i \\ \vdots \\ d_{n-1} \\ d_n \end{bmatrix}$$

を 3 項方程式という. この方程式は, 係数の行列を

$$\begin{bmatrix} 1 & & & & & & \\ y_2 & 1 & & & & & \\ & \ddots & \ddots & & & & \\ & & y_i & 1 & & & \\ & & & \ddots & \ddots & & \\ & & & & y_{n-1} & 1 & \\ & & & & & y_n & 1 \end{bmatrix} \begin{bmatrix} g_1 & c_1 & & & & & \\ & g_2 & c_2 & & & & \\ & & \ddots & \ddots & & & \\ & & & g_i & c_i & & \\ & & & & \ddots & \ddots & \\ & & & & & g_{n-1} & c_{n-1} \\ & & & & & & g_n \end{bmatrix}$$

のように LU 分解して解くことができる．$y_i$ と $g_i$ を $a_i$,$b_i$,$c_i$ を用いて表せ．また，この方程式は以下のようにすれば解ける（トーマス法）ことを示せ．ただし，$s_1 = d_1, s_i = d_i - y_i s_{i-1}$ とおいている．

(1) $g_1 = b_1, s_1 = d_1$

(2) $i = 2, 3, \cdots, n-1$ に対して次の計算を行う．

$$g_i = b_i - \frac{a_i c_{i-1}}{g_{i-1}}, \qquad s_i = d_i - \frac{a_i s_{i-1}}{g_{i-1}}$$

(3) $x_n = s_n / g_n$

(4) $i = n-1, n-2, \cdots, 1$ に対して次の計算を行う．

$$x_i = \frac{s_i - c_i x_{i+1}}{g_i}$$

**【6.4】** 対称行列 $A$ を $A = U^T DU$ のように分解する方法を変形コレスキー法という．ただし，$D$ は対角要素だけをもつ行列である．この方法を以下の $3 \times 3$ の行列に適用して，$p_1$, $p_2$, $p_3$, $u_1$, $u_2$, $u_3$ を求めよ．

$$\begin{bmatrix} a & d & e \\ d & b & f \\ e & f & c \end{bmatrix} = \begin{bmatrix} 1 & 0 & 0 \\ u_1 & 1 & 0 \\ u_2 & u_3 & 1 \end{bmatrix} \begin{bmatrix} p_1 & 0 & 0 \\ 0 & p_2 & 0 \\ 0 & 0 & p_3 \end{bmatrix} \begin{bmatrix} 1 & u_1 & u_2 \\ 0 & 1 & u_3 \\ 0 & 0 & 1 \end{bmatrix}$$

**【6.5】** 問題【6.1】の方程式をヤコビの反復法とガウス・ザイデル法で $x = y = z = 1$ を出発値として解け．

**【6.6】** 式 (6.42) を確かめよ．

**【6.7】** 行列 $A$ の固有値を $\lambda_i$ としたとき，行列 $B = A - pI$ の固有値は $\lambda_i - p$ となることを示せ．このことから，$p$ を適当に選べばべき乗法の収束を加速できることを示せ．

# 7

# 非線形方程式の求根

未知数 $x$ に関する方程式を

$$f(x) = 0 \tag{7.1}$$

と書いたとき，式 (7.1) を満たす $x$ を根とよぶ．$f(x)$ が多項式でしかも次数が 4 以下の場合には，根を求める公式がある．しかし，5 次以上の方程式や $f(x)$ が多項式でない場合には，根の存在がわかっていても，特殊な場合を除いては，根は公式の形では表せない．そこで数値的に根を求める必要がある．本章ではまず，式 (7.1) の実数の根を少なくとも 1 つ求める 2 分法とニュートン法を紹介する．これらの方法は，式 (7.1) の根が関数

$$y = f(x) \tag{7.2}$$

と $x$ 軸の交点であることを利用する．

次に，ニュートン法を別の見方で見直すことにより，複素根が求まったり，連立の非線形方程式の解法に応用できることを述べる．最後に，$n$ 次方程式の根をすべて求める方法を紹介する．これは，ニュートン法を用いて連立 2 元非線形方程式を解く方法の応用になっている．

## 7.1 2 分 法

関数 (7.2) が連続であると仮定する．$x$ 軸上に相異なる 2 点 $a, b$（ただし，$a < b$ とする）を考えると，$f(x)$ は 2 点 $(a, f(a))$，$(b, f(b))$ を通る．このとき，$d$ を $f(a)$ と $f(b)$ の間の数とすれば，関数は連続であるから，$f(c) = d$ を満たす点 $c$ が少なくとも 1 つ $a$ と $b$ の間に存在する（中間値の定理）．このことは図を描いてみればすぐに確かめることができる（図 7.1）．特に，$f(a)$ と $f(b)$ が異符

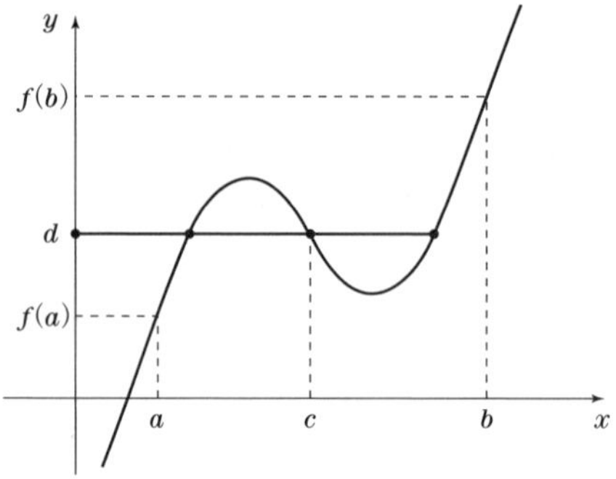


**図 7.1**　中間値の定理

号の場合には，$d = 0$ とすれば $f(c) = 0$ を満たす点，すなわち根が，少なくとも 1 つ，$a$ と $b$ の間に存在することになる．2 分法はこのことを利用する．

まず，$f(a)$ と $f(b)$ が異符号であるような 2 点，言い換えれば

$$f(a)f(b) < 0$$

を満足する 2 点 $a, b$ を試行により求める．2 分法では，この 2 点があらかじめ求まっていることが前提になる．このとき解は $a$ と $b$ の間にあるから，この解と $a$ または $b$ との差（誤差）は最大限

$$h = |b - a|$$

である．いま，$c$ として，$a, b$ の中点

$$c = \frac{a+b}{2}$$

を選ぶと，$f(a)$ と $f(b)$ が異符号であるため，次の不等式のどちらか一方が必ず成り立つ．

$$f(a)f(c) < 0,\ \text{あるいは}\ f(c)f(b) < 0$$

唯一の例外は，等号になる場合であるが，この場合には $c$ が正確な解であるから，計算は終了する．そこで，上式の前者が成り立つ場合には，$c$ を新たに $b$ と見なし，逆に後者が成り立つ場合には $c$ を新たに $a$ と見なす（図 7.2）．そうすれば解が含まれている区間は

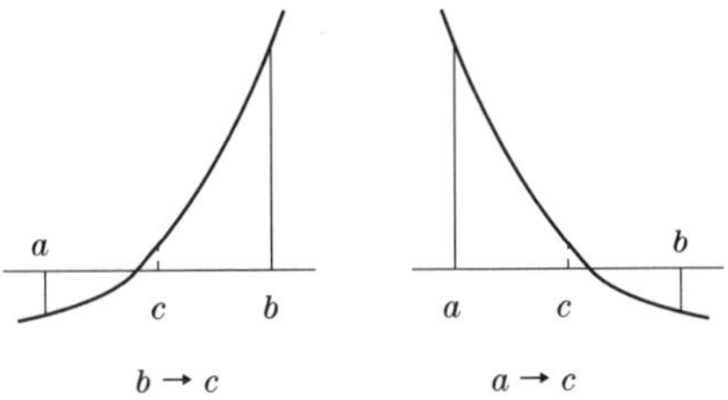


**図 7.2**　2 分法

$$|c-a| = \left|\frac{a+b}{2} - a\right| = \frac{h}{2}, \quad \text{または}\ |b-c| = \left|b - \frac{a+b}{2}\right| = \frac{h}{2}$$

というように半分に狭まる．同様にこの手続きを合計 $n$ 回繰り返せば誤差は $|b-a|/2^n$ となるため，$n$ を十分大きくとればコンピュータの誤差の範囲で根が求まることになる．

2 分法の長所として，はじめに $f(a)f(b) < 0$ を満たす $a, b$ が見つかれば，必ず 1 つの根が求まることがあげられる．短所としては，根を含む区間が 1 回の手続きで半分に狭まるだけなので，根を得るためには多くの反復が必要なこと，および $a$ と $b$ の間に多くの根がある場合にどの根が得られるかがわからないなどの点があげられる．

## 7.2　ニュートン法その 1

ニュートン法とは，図 7.3 に示すように関数 $y = f(x)$ と $x$ 軸との交点を求めるのに接線を利用する方法である．すなわち，$x_n$ を第 $n$ 番目の根の近似値としたとき，対応する曲線上の点 $(x_n, f(x_n))$ において曲線の接線を引き，$x$ 軸との交点を $n+1$ 番目の近似値 $x_{n+1}$ とする．この手続きを繰り返せば，図に示すように点列 $x_n$ は真の根に近づくと考えられる．このことを式で表すために，次のように $x_n$ での接線の傾きを 2 通りに表現して等置する．

$$f'(x_n) = \frac{0 - f(x_n)}{x_{n+1} - x_n}$$

そして，この式を $x_{n+1}$ について解けば

$$x_{n+1} = x_n - \frac{f(x_n)}{f'(x_n)} \tag{7.3}$$

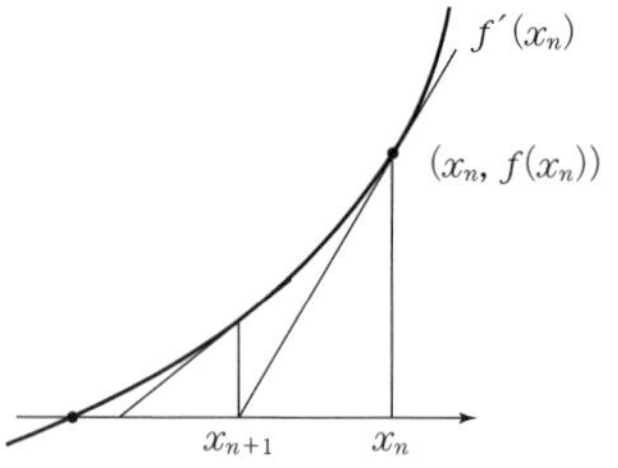


**図 7.3**　ニュートン法

が得られる．ニュートン法のアルゴリズムは，出発値（初期値）$x_0$ を適当に決めてから，式 (7.3) の漸化式に従って $x_n$ を修正していく．

**例題 7.1**

$\sqrt[m]{a}$ の近似値をニュートン法で求める漸化式を導け．

【解】 $\sqrt[m]{a}$ は $f(x) = x^m - a = 0$ の根である．このとき $f'(x) = mx^{m-1}$ であるから，式 (7.3) は

$$x_{n+1} = x_n - \frac{x_n^m - a}{mx_n^{m-1}} = \left(1 - \frac{1}{m}\right)x_n + \frac{a}{mx_n^{m-1}}$$

となる．特に $m = 2$ のとき上式は

$$x_{n+1} = \frac{1}{2}\left(x_n + \frac{a}{x_n}\right)$$

となり，$\sqrt{a}$ はこの式から計算できる．たとえば $\sqrt{2} = 1.41421356\cdots$ を計算するために $x_0 = 1$ から始めれば

$$x_1 = \frac{1}{2}\left(1 + \frac{2}{1}\right) = \frac{3}{2} = 1.5$$

$$x_2 = \frac{1}{2}\left(\frac{3}{2} + \frac{2}{3/2}\right) = \frac{17}{12} = 1.41666\cdots$$

$$x_3 = \frac{1}{2}\left(\frac{17}{12} + \frac{2}{17/12}\right) = \frac{577}{408} = 1.41421\cdots$$

となる．

ニュートン法は，例題 7.1 からもわかるように，収束が速い（3 回の反復でもよい近似値が得られている）という長所があるが，そのほかにも次節以降に述

べるような数々の利点をもっているため，よく使われる．しかし2分法と同様に複数の根がある場合，どの根に収束するかがわからないことや，2分法とは異なり，出発値が適当でなければ方程式によっては根が得られないという欠点がある．後者の例を図7.4に示しておく．したがって，2分法で根のおよその見当をつけてから収束の速いニュートン法を用いるというのが，現実的な方法として推奨される．

〈補足　セカント法〉

ニュートン法では接線の傾きを使うため微分を計算する必要がある．一方，ある点での接線の傾きは，図7.5に示すように，その点とその近くの曲線上の点を結ぶ直線の傾きで近似できる．そこで，ある点 $(x_n, f(x_n))$ での接線の傾きは，その点と1回前の反復値 $(x_{n-1}, f(x_{n-1}))$ を通る直線の傾き

$$\frac{f(x_n) - f(x_{n-1})}{x_n - x_{n-1}} \tag{7.4}$$

で近似できると考えられる．この近似を用いれば式(7.3)は

$$x_{n+1} = x_n - \frac{x_n - x_{n-1}}{f(x_n) - f(x_{n-1})} f(x_n) \tag{7.5}$$

となる．式(7.5)によって式(7.1)の根を求める方法を割線法（セカント法）とよぶ．

割線法では微分を計算する必要がないが，ニュートン法に比べて収束が遅いという欠点がある．また出発値も2つ必要になる．

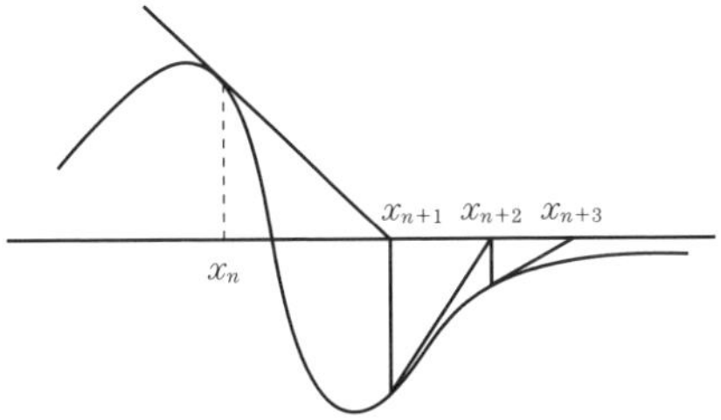


**図7.4**　ニュートン法が収束しない例

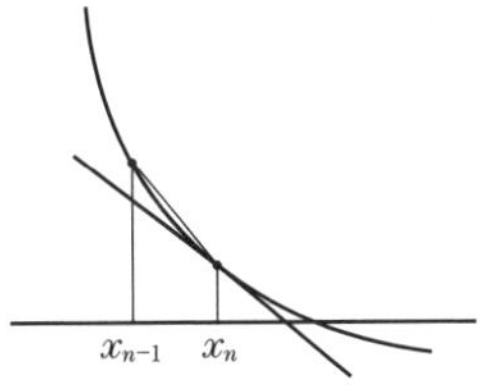


**図7.5**　セカント法

## 7.3 ニュートン法その2

本節では方程式

$$f(x) = 0 \tag{7.6}$$

の根を求めるニュートン法を前節とは別の見方で見てみよう．関数 $f(x)$ を近似解 $x_n$ のまわりにテイラー展開すれば，

$$f(x) = f(x_n) + f'(x_n)(x - x_n) + \frac{1}{2}f''(x_n)(x - x_n)^2 + \cdots \tag{7.7}$$

となる．式 (7.1) の根を求める代わりに，式 (7.7) の左辺を 0 とした方程式の根を求めることを考える．しかし，この方程式は無限次数の多項式となり解くことはできない．一方，$x_n$ は近似解であるから，$x - x_n$ は小さいと考えられる．そこで右辺の第 3 項以下を 0 とした方程式

$$0 = f(x_n) + f'(x_n)(x - x_n) \tag{7.8}$$

の根を求めてみよう．もちろん，この方程式の解は式 (7.6) の真の解ではないが，それとは十分に近いと考えられる．そこで式 (7.8) を $x$ について解いて，それを新たな近似解という意味で $x_{n+1}$ と記すことにする．このとき，式 (7.8) から

$$x_{n+1} = x_n - \frac{f(x_n)}{f'(x_n)} \tag{7.9}$$

が得られる．式 (7.9) は，前節で求めたニュートン法の公式 (7.3) にほかならない．

この説明では，関数 $f(x)$ がテイラー展開できることを仮定しただけであり，前節で述べたように根が $x$ 軸との交点であるなどという幾何学的な性質は用いていない．一方，関数論の結果から正則な複素関数はテイラー展開できるため，式 (7.7) の $x$ を複素数と見なした場合，式 (7.9) は複素数の根を求める公式としても使えることがわかる．

さらにテイラー展開を用いればニュートン法が収束の速い方法であることもわかる．いま，式 (7.6) の真の解を $\alpha$ とすれば，$f(\alpha) = 0$ である．したがって，

$n+1$ 回での誤差は

$$x_{n+1}-\alpha=\left(x_n-\frac{f(x_n)}{f'(x_n)}\right)-\alpha=x_n-\alpha-\frac{f(x_n)-f(\alpha)}{f'(x_n)} \tag{7.10}$$

と書くことができる．一方，式 (7.7) の $x$ に $\alpha$ を代入すれば

$$f(\alpha)=f(x_n)+f'(x_n)(\alpha-x_n)+\frac{1}{2}f''(x_n)(\alpha-x_n)^2+\cdots \tag{7.11}$$

となるため，これを式 (7.10) の $f(\alpha)$ に代入して

$$x_{n+1}-\alpha=\frac{1}{2}(\alpha-x_n)^2\frac{f''(x_n)}{f'(x_n)}+O((\alpha-x_n)^3)$$

が得られる．この式から

$$\frac{x_{n+1}-\alpha}{(x_n-\alpha)^2}=\frac{1}{2}\frac{f''(x_n)}{f'(x_n)}\longrightarrow\frac{1}{2}\frac{f''(\alpha)}{f'(\alpha)}=\text{一定値} \tag{7.12}$$

となることがわかるが，これは反復のある時点での誤差の 2 乗と 1 回後の反復値の誤差の比がほぼ一定値であること，言い換えれば反復が 1 回進むごとに 2 乗の割合で誤差が少なくなること（2 次の収束とよぶ）を意味している．ただし，重根の場合には $f'(x_n)$ は 0 に近くなるため，収束は遅い．

## 7.4　2 変数のニュートン法

ニュートン法は未知数が 2 つ以上の連立方程式にも適用できる．例として次の 2 元の連立方程式

$$\begin{cases} f(x,y)=0 \\ g(x,y)=0 \end{cases} \tag{7.13}$$

を考える．1 変数の場合にテイラー展開を利用したように，2 変数の場合も 2 変数のテイラー展開

$$
\begin{cases}
f(x,y) = f(x_n,y_n) + (x-x_n)f_x(x_n,y_n) + (y-y_n)f_y(x_n,y_n) \\
\qquad\qquad + \dfrac{1}{2}(x-x_n)^2 f_{xx}(x_n,y_n) + (x-x_n)(y-y_n)f_{xy} \\
\qquad\qquad + \dfrac{1}{2}(y-y_n)^2 f_{yy}(x_n,y_n) + \cdots \\
g(x,y) = g(x_n,y_n) + (x-x_n)g_x(x_n,y_n) + (y-y_n)g_y(x_n,y_n) \\
\qquad\qquad + \dfrac{1}{2}(x-x_n)^2 g_{xx}(x_n,y_n) + (x-x_n)(y-y_n)g_{xy} \\
\qquad\qquad + \dfrac{1}{2}(y-y_n)^2 g_{yy}(x_n,y_n) + \cdots
\end{cases}
\tag{7.14}
$$

を利用する．ただし

$$
f_x = \frac{\partial f}{\partial x}, \qquad f_{xx} = \frac{\partial^2 f}{\partial x^2}, \qquad f_{xy} = \frac{\partial^2 f}{\partial x \partial y}, \qquad \cdots
$$

などである．式 (7.14) において $x, y$ を連立方程式の厳密解，$x_n, y_n$ を近似解とした場合，$x - x_n$ や $y - y_n$ の 2 次以上の項は十分に小さいと考えられる．そこでそれらの項を無視した上で左辺を 0 とした連立 1 次方程式

$$
\begin{cases}
0 = f(x_n,y_n) + (x-x_n)f_x(x_n,y_n) + (y-y_n)f_y(x_n,y_n) \\
0 = g(x_n,y_n) + (x-x_n)g_x(x_n,y_n) + (y-y_n)g_y(x_n,y_n)
\end{cases}
$$

を考えると，この方程式の解は $x_n, y_n$ より近似がよくなっていると考えられる．上式の解を $x_{n+1}, y_{n+1}$ とおき，さらに

$$
\Delta x = x_{n+1} - x_n, \qquad \Delta y = y_{n+1} - y_n \tag{7.15}
$$

とおけば，上の連立 1 次方程式は $\Delta x, \Delta y$ に関する連立 1 次方程式

$$
\begin{cases}
f_x(x_n,y_n)\Delta x + f_y(x_n,y_n)\Delta y = -f(x_n,y_n) \\
g_x(x_n,y_n)\Delta x + g_y(x_n,y_n)\Delta y = -g(x_n,y_n)
\end{cases}
\tag{7.16}
$$

になる．これを解いて $\Delta x, \Delta y$ が求まれば式 (7.15) から次の近似値 $x_{n+1}, y_{n+1}$ を求めることができる．

## 7.5 ベアストウ法

いままで述べてきた方法は，方程式の根がたくさんあった場合にどれか 1 つの根を求める方法であった．本節では，方程式としては代数方程式（$f(x)$ が多項式）に適用が限られるが，複素根も含めてすべての根を求めることができるベアストウ法を紹介する．この方法は多項式を近似的に 2 次式または 1 次式の積の形に表す（因数分解する）方法である．

$n$ 次方程式を

$$f(x) = a_0x^n + a_1x^{n-1} + \cdots + a_{n-1}x + a_n = 0 \quad (a_0 \neq 0, \quad n \geq 2) \tag{7.17}$$

とする．これを 2 次式 $x^2 - ux - v$ で割り算すると，一般に 1 次式の剰余が出る．このことを式で書けば

$$f(x) = (x^2-ux-v)(b_0x^{n-2}+b_1x^{n-3}+\cdots+b_{n-2})+b_{n-1}(x-u)+b_n \tag{7.18}$$

となる．ただし，剰余項は後の便宜のため上のような形にしているが，このようにしても一般性は失わない．ベアストウ法では，剰余項が 0 になるように 2 次式の係数 $u, v$ を数値的に決める．このような計算法があれば，商の部分に同じ計算法を順次適用することにより，次々に 2 次式で因数分解できる．そして，最終的に商が 2 次式または 1 次式になるまで続ける．各 2 次式の根は根の公式で求まるため，結局すべての根が求まることになる．

実際に式 (7.18) を展開して式 (7.17) と比較してみよう．このとき

$$\begin{aligned} f(x) = {} & b_0x^n + b_1x^{n-1} + b_2x^{n-2} + \cdots + b_{n-2}x^2 + b_{n-1}x + b_n - ub_{n-1} \\ & \quad - ub_0x^{n-1} - ub_1x^{n-2} - \cdots - ub_{n-3}x^2 - ub_{n-2}x \\ & \qquad - vb_0x^{n-2} - \cdots - vb_{n-4}x^2 - vb_{n-3}x - vb_{n-2} \\ = {} & a_0x^n + a_1x^{n-1} + a_2x^{n-2} + \cdots + a_{n-2}x^2 + a_{n-1}x + a_n \end{aligned}$$

であるから，$x$ の同じべきの項の係数を等しくおいて，

$$\begin{aligned} a_0 &= b_0 \\ a_1 &= b_1 - ub_0 \\ a_2 &= b_2 - ub_1 - vb_0 \end{aligned}$$

$$\vdots$$

$$a_{n-2} = b_{n-2} - ub_{n-3} - vb_{n-4}$$

$$a_{n-1} = b_{n-1} - ub_{n-2} - vb_{n-3}$$

$$a_n = b_n - ub_{n-1} - vb_{n-2}$$

となる．この式から $b_k$ に関する漸化式

$$\begin{cases} b_0 = a_0 \\ b_1 = a_1 + ub_0 \\ b_k = a_k + ub_{k-1} + vb_{k-2} \quad (k = 2, 3, \cdots, n) \end{cases} \tag{7.19}$$

が得られる．

この式からもわかるように，剰余項に現れる係数 $b_{n-1}, b_n$ は $u, v$ の関数であるため，それらが 0 であるという条件は

$$\begin{cases} b_{n-1}(u, v) = 0 \\ b_n(u, v) \quad\;\; = 0 \end{cases} \tag{7.20}$$

となる．いま，仮にこれらの関数形がわかったものとすると，これらの方程式を解いて $u, v$ が数値で求まる．この方程式は前節で述べた 2 変数のニュートン法で解くことができる．具体的には次のようにする．

(1) $u, v$ の出発値を決める．

(2) 次式を解いて $\Delta u, \Delta v$ を求める．

$$\begin{cases} \dfrac{\partial b_{n-1}}{\partial u}\Delta u + \dfrac{\partial b_{n-1}}{\partial v}\Delta v = -b_{n-1} \\ \dfrac{\partial b_n}{\partial u}\Delta u + \dfrac{\partial b_n}{\partial v}\Delta v \qquad = -b_n \end{cases} \tag{7.21}$$

(3) $\bar{u} = u + \Delta u,\ \ \bar{v} = u + \Delta v$ より $u, v$ を修正して (2) に戻る．

ところで，式 (7.21) を計算するためには係数にあたる $\partial b_{n-1}/\partial u$, $\partial b_{n-1}/\partial v$, $\partial b_n/\partial u$, $\partial b_n/\partial v$ の数値が求まればよい．そこで，以下にこれらの数値の求め方を示す．

$c_k = \partial b_{k+1}/\partial u$ とおくと，式 (7.19) から

$$\begin{cases} c_0 = \dfrac{\partial b_1}{\partial u} = b_0 \\ c_1 = \dfrac{\partial b_2}{\partial u} = b_1 + u\dfrac{\partial b_1}{\partial u} = b_1 + uc_0 \\ c_k = \dfrac{\partial b_{k+1}}{\partial u} = b_k + u\dfrac{\partial b_k}{\partial u} + v\dfrac{\partial b_{k-1}}{\partial u} = b_k + uc_{k-1} + vc_{k-2} \\ \qquad (k = 2, 3, \cdots, n-1) \end{cases} \tag{7.22}$$

となる．したがって，この漸化式から $c_k$ の数値が順に定まる．

次に，$v$ に関する微分については，$d_k = \partial b_{k+2}/\partial v$ とおく．このとき式 (7.21) から

$$\begin{cases} d_0 = \dfrac{\partial b_2}{\partial v} = b_0 \\ d_1 = \dfrac{\partial b_3}{\partial v} = u\dfrac{\partial b_2}{\partial v} + b_1 = b_1 + ud_0 \\ d_k = \dfrac{\partial b_{k+2}}{\partial v} = u\dfrac{\partial b_{k+1}}{\partial v} + b_k + v\dfrac{\partial b_k}{\partial v} = b_k + ud_{k-1} + vd_{k-2} \\ \qquad (k = 2, 3, \cdots, n-1) \end{cases} \tag{7.23}$$

となる．この式から $d_k$ が計算できるが，実は式 (7.22) と式 (7.23) を比較すると

$$d_k = c_k \quad (k = 0, 1, \cdots, n-2)$$

であるから，$d_k$ を計算する必要はない．上式を用いると式 (7.21) は

$$\begin{cases} c_{n-2}\Delta u + c_{n-3}\Delta v = -b_{n-1} \\ c_{n-1}\Delta u + c_{n-2}\Delta v = -b_n \end{cases} \tag{7.24}$$

となる．したがって，漸化式 (7.19)，(7.22) を用いて $b_{n-1}$，$b_n$，$c_{n-3}$，$c_{n-2}$，$c_{n-1}$ を求め，式 (7.24) を解いて $\Delta u$，$\Delta v$ を求めれば，それらが式 (7.21) の解になる．

## ▷章末問題◁

**【7.1】** 2 分法は 2 つの近似解の中点を新たな解の近似に用いる方法であった．これを変形して図に示す点 P を新たな解の近似に用いる方法も考えられる．このとき，2 分

法の計算手順はどのように修正されるか.

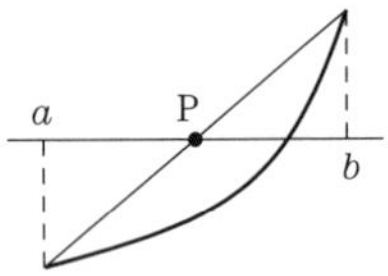


**【7.2】** $y = 1/x - a$ にニュートン法を適用すると，掛け算だけで逆数の近似値が求まることを示せ.

**【7.3】** 次の連立 2 元方程式にニュートン法を適用せよ.

$$\begin{cases} x^2 + y^2 = 1 \\ y = \sin x \end{cases}$$

# 8

# 補間法と最小２乗法

ある入力データ $x$ に対する出力データ $y$ が離散的に与えられた場合，$x$ と $y$ の間の関係を推定することなどがしばしば行われる．このとき，大きく分けて次に述べる 2 つのことがらのうち，どちらかが必要になる．一つは，これらの点を正確に通る関数 $y = f(x)$ の形を決めることである．関数が推定できれば，連続的な $x$ の値に対する $y$ の値を決めることができる．このような目的に使われる方法を補間法とよぶ．もう一つは，実験データを整理するときなど，ばらついているデータを最もよく表すような関数（実験式）を推定する．この場合，求める曲線は必ずしも与えられた点を通っている必要はない．後者では最小 2 乗法がその代表例である．本章では，補間法と最小 2 乗法について簡単に述べる．

## 8.1 ラグランジュ補間法

たとえば，$(x, y)$ の組として，$(1.6, 2.7), (3.2, 1.5)$ という 2 組のデータがあったとする．そして，$x = 2.0$ に対応する $y$ の値を推定したいとする．2 点を通る直線は 1 通りに決まるため，$x, y$ の間に線形関係を仮定して直線を定めた上で，求めたい $x$ を代入する．具体的には 2 点 $(1.6, 2.7), (3.2, 1.5)$ を通る直線は

$$y = -\frac{3}{4}x + \frac{39}{10}$$

であるから，この式に $x = 2.0$ を代入して $y = 2.4$ となる．

次に別の情報としてもう 1 点 $(5.0, 2.7)$ が加わったとする．このときは 3 点を通る放物線は 1 通りに決まるため，その放物線を決めた上で $x$ の値を代入すればよい．具体的には上記の 3 点を通る放物線は

$$y = \frac{5}{12}x^2 - \frac{11}{4}x + \frac{181}{30}$$

であるため，この式に $x = 2.0$ を代入して今度は $y = 2.2$ となる．

2 点では 1 次式，3 点では 2 次式であることからも類推されるように，$n+1$ 点での情報があればそれを通る $n$ 次多項式が 1 通りに決まる．このように，わかっている点を通る最高次の多項式を用いて補間する方法を，ラグランジュ (Lagrange) 補間法とよんでいる．

それでは，具体的にラグランジュ補間法を式の形で表してみよう．すなわち，$n+1$ 個の点 $(x_0, y_0), (x_1, y_1), \cdots, (x_n, y_n)$ を通る $n$ 次多項式を求める．それには，ラグランジュの補間多項式とよばれる次の $n$ 次式を利用する：

$$\phi_j(x) = \frac{(x-x_0)(x-x_1)\cdots(x-x_{j-1})(x-x_{j+1})\cdots(x-x_n)}{(x_j-x_0)(x_j-x_1)\cdots(x_j-x_{j-1})(x_j-x_{j+1})\cdots(x_j-x_n)} \tag{8.1}$$

ただし，$j = 0, 1, \cdots, n$ である．この多項式は

$$\phi_j(x_k) = \delta_{jk} \tag{8.2}$$

という性質をもっていることは，式 (8.1) に $x_k$ を代入することにより，直ちに確かめることができる．ここで $\delta_{jk}$ はクロネッカーのデルタとよばれ，

$$\delta_{jk} = \begin{cases} 1 & (j = k) \\ 0 & (j \neq k) \end{cases}$$

で定義される．

ラグランジュの補間多項式を用いれば，求める補間多項式は

$$P(x) = \sum_{j=0}^{n} y_j \phi_j(x) \tag{8.3}$$

で与えられる．なぜなら，$k = 0, 1, \cdots, n$ に対して

$$\begin{aligned} P(x_k) &= \sum_{j=0}^{n} y_j \phi_j(x_k) = \sum_{j=0}^{n} y_j \delta_{jk} \\ &= y_0 \delta_{0k} + \cdots + y_k \delta_{kk} + \cdots + y_n \delta_{nk} = y_k \end{aligned}$$

が成り立つからである．

**例題 8.1**

ラグランジュの補間多項式を用いて 3 点 $(x_0, y_0), (x_1, y_1), (x_2, y_2)$ を通る 2 次式を求めよ．

【解】　ラグランジュの補間多項式を用いれば

$$P(x) = y_0 \frac{(x-x_1)(x-x_2)}{(x_0-x_1)(x_0-x_2)} + y_1 \frac{(x-x_0)(x-x_2)}{(x_1-x_0)(x_1-x_2)} + y_2 \frac{(x-x_0)(x-x_1)}{(x_2-x_0)(x_2-x_1)} \tag{8.4}$$

となる．

よく知られているように，一般に $n$ 次多項式は $n-1$ 個の点で極値をとるため，$n$ が大きいときそれを図示すればかなり凹凸が激しくなる．したがって，$n$ が大きいときラグランジュ補間法は必ずしもよい方法とはいえない．そのような場合には $n+1$ 個の点を一度に多項式で結ばず，いくつかの組に分けて，各組で低次の多項式補間を使う方がよい結果を与えることが多い．

**例題 8.2**

$f(x) = (1+10x^8)^{-1}$ を 3 次式および 6 次式で補間せよ．

【解】　これは，ラグランジュ補間法がよくない例で，図 8.1 に示す白丸または黒丸の点を通るように補間したもので，次数が大きいほど補間点以外の部分で差が大きくなっている．

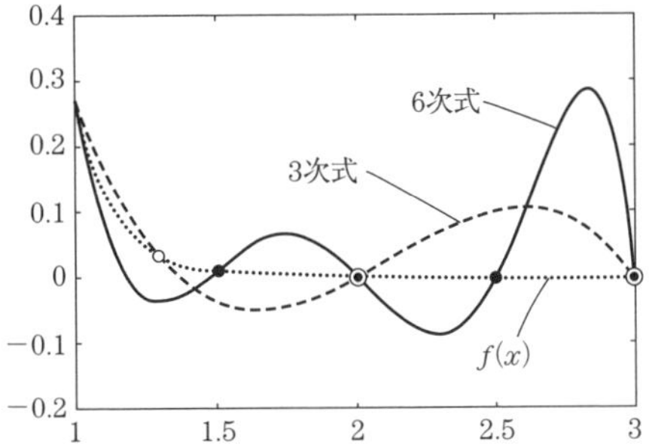


**図 8.1**　ラグランジュ補間法がよくない例

## 8.2　スプライン補間法

前節の最後でも述べたが，多くの点を通る補間式を求める場合，1 つの式で表現しようとすると無理が生じてかえって悪い結果になることがある．そこで一度につなぐことはやめて，小区間に分けてそれらをうまくつなぎ合わせるという考え方がある．最も簡単には 2 点ずつの組に分けて，1 次式でつなぐという方法（言い換えれば折れ線近似）もありうるが，このような場合にはつなぎ目で 1 階導関数は不連続になる．

本節で紹介するスプライン補間法も，このような考え方で補間式を構成するが，つなぎ目ではなるべく高階の導関数まで連続になるようにする．スプライン補間にはいくつかの種類があるが，よく用いられるものに 3 次のスプラインがある．これは補間する点を隣り合う 2 点ずつに分けて，その 2 点を 3 次の多項式 $s(x)$ で結ぶ．ただし，2 点を通る 3 次式はいくらでもあるため，次のような条件を課す．

① 求める関数 $s(x)$ は各区間 $[x_k, x_{k+1}]$ $(k = 1, 2, \cdots, n-1)$ で 3 次式．

② $s(x_k) = y(x_k)$ $(k = 0, 1, \cdots, n)$．

③ $s(x), s'(x), s''(x)$ が考えている区間 $[a, b]$ で連続．

それでは，スプライン補間を式で表してみよう．求める多項式 $s(x)$ は 3 次式なので，2 階微分すると 1 次式になる．そこで，考えている区間 $[x_k, x_{k+1}]$ の両端での未知の $s''$ の値を $s''_k, s''_{k+1}$ と記せば，

$$s''(x) = \frac{x_{k+1} - x}{x_{k+1} - x_k} s''_k + \frac{x - x_k}{x_{k+1} - x_k} s''_{k+1} \quad (x_k \leq x \leq x_{k+1})$$

となる．この式を 2 回積分して，$s(x_k) = y(x_k) = y_k$ および $s(x_{k+1}) = y(x_{k+1}) = y_{k+1}$ となるように積分定数を決めれば，$x_k \leq x \leq x_{k+1}$ において次式を得る．

$$\begin{aligned} s(x) = &\frac{(x_{k+1} - x)^3}{6(x_{k+1} - x_k)} s''_k + \frac{(x - x_k)^3}{6(x_{k+1} - x_k)} s''_{k+1} \\ &+ \left( \frac{1}{x_{k+1} - x_k} y_k - \frac{x_{k+1} - x_k}{6} s''_k \right) (x_{k+1} - x) \\ &+ \left( \frac{1}{x_{k+1} - x_k} y_{k+1} - \frac{x_{k+1} - x_k}{6} s''_{k+1} \right) (x - x_k) \end{aligned} \tag{8.5}$$

次に，式 (8.5) を 1 回微分して $x = x_k$ とおけば，$x_k \leq x \leq x_{k+1}$ で

$$s'_k = -\frac{x_{k+1} - x_k}{6} (2s''_k + s''_{k+1}) + \frac{1}{x_{k+1} - x_k} (y_{k+1} - y_k) \tag{8.6}$$

となる．隣の区間 $x_{k-1} \le x \le x_k$ でも同様に計算し，$x = x_k$ とおけば

$$s'_k = \frac{x_k - x_{k-1}}{6}(2s''_k + s''_{k-1}) + \frac{1}{x_k - x_{k-1}}(y_k - y_{k-1}) \tag{8.7}$$

が得られるが，3 番目の仮定から式 (8.6) と式 (8.7) は等しいから，次式を得る．

$$\begin{aligned} &(x_k - x_{k-1})s''_{k-1} + 2(x_{k+1} - x_{k-1})s''_k + (x_{k+1} - x_k)s''_{k+1} \\ &\quad = 6\left(\frac{y_{k+1} - y_k}{x_{k+1} - x_k} - \frac{y_k - y_{k-1}}{x_k - x_{k-1}}\right) \end{aligned} \tag{8.8}$$

この方程式が $k = 1, \cdots, n-1$ の各点で成り立つため，式 (8.8) は未知数 $s''_0, s''_1, \cdots, s''_n$ に対する連立 1 次方程式 (3 項方程式) になっている．しかし，未知数の個数が方程式の個数より 2 個多いため，解は 1 通りには決まらない．

そこで，解を一意に決めるため，新たな条件

$$s''_0 = 0, \qquad s''_n = 0 \tag{8.9}$$

を課すことにする．このようなスプラインを自然なスプラインとよんでいる．自然なスプラインは，以下の例題に示すように曲率の 2 乗の和（積分）が，他のいかなる補間関数よりも小さいという意味で最も滑らかな関数である．また，スプラインは点数を増やすことにより補間したい関数にいくらでも近づくという，ラグランジュ補間にないよい性質をもつことも証明できる．

**例題 8.3**

$g(x)$ を任意の補間関数，$s(x)$ を 3 次の自然なスプラインとしたとき

$$\int_a^b (s''(x))^2 \le \int_a^b (g''(x))^2 dx$$

を証明せよ．

【解】

$$\begin{aligned} \int_a^b (g''(x))^2 dx &= \int_a^b [s'' + (g'' - s'')]^2 dx \\ &= \int_a^b (s'')^2 dx + \int_a^b (g'' - s'')^2 dx + 2\int_a^b s''(g'' - s'')dx \end{aligned}$$

となるため，上式で最右辺の第 3 項が 0 であることが証明できればよい．なぜなら，第 2 項は被積分関数が正であるから，積分値も正となるため上

式は $\int_a^b (g'')^2 dx = \int_a^b (s'')^2 dx +$ 正の項となるからである．
以下，第 3 項が 0 であることを示す．

$$\int_a^b (g'' - s'')s'' dx = [(g' - s')s'']_a^b - \int_a^b (g' - s')s^{(3)} dx$$
$$= [(g' - s')s'']_a^b - \sum_{k=0}^{n-1} \int_{x_k}^{x_{k+1}} (g' - s')s^{(3)} dx$$

となるが，$s(x)$ は自然なスプラインであり，$s''(a) = s''(b) = 0$ であるから

$$[(g' - s')s'']_a^b = [g'(b) - s'(b)]s''(b) - [g'(a) - s'(a)]s''(a) = 0$$

となる．また，$s(x)$ は 3 次式であり，$s^{(3)}$ は定数となるから右辺第 2 項は

$$s^{(3)} \int_{x_k}^{x_{k+1}} (g' - s') dx = s^{(3)} [g - s]_{x_k}^{x_{k+1}}$$
$$= s^{(3)} [g(x_{k+1}) - s(x_{k+1})] - s^{(3)} [g(x_k) - s(x_k)]$$
$$= 0 - 0 = 0$$

であるため，この積分も 0 である．

## 8.3 最小 2 乗法

一連の実験データから実験式をつくる必要がしばしば起きる．たとえば実験によって 2 次元のデータの組 $(x_k, y_k)$ が得られたとする．これらは平面上の点で表すことができる．もちろん実験には誤差が含まれるため，実験で得られたすべての点を正確に通る曲線を決めることはあまり意味がなく，なるべく簡単な曲線で実験データを表現することが望ましい．ただし曲線は必ずしもそれらの点を通っている必要はない．

はじめに，図 8.2 に示すような $n$ 個の実験データの組が $x$-$y$ 平面上で与えられたとする．このとき，1 本の直線を引いて，その直線がなるべくよくこの実験データを表すようにすることを考える．直線は

$$y = ax + b \tag{8.10}$$

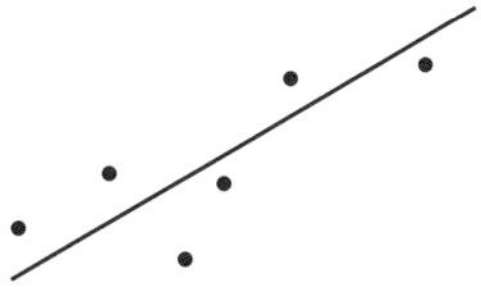

**図 8.2** 最小 2 乗法

で表されるため，$a, b$ をいかに決めるかという問題になる．一般に直線はこれらの点を通らないため，各点 $(x_k, y_k)(k = 1, 2, \cdots, n)$ において

$$e_k = y_k - ax_k - b$$

だけの差が生じる．差は小さいほどもとの直線に近いと考えられるため，近似の度合いを表すには各点での差を足し合わせればよい．ただし差は正にも負にもなるため，そのまま足したのでは，たとえ差が大きくても打ち消し合う恐れがある．そこで差の 2 乗を足し合わせてそれが最も小さくなるように $a, b$ を決めることにする．このように，求める直線（一般には曲線）とデータ間の差の 2 乗和が最小になるように直線（曲線）を決める方法を，最小 2 乗法とよぶ．

それでは具体的に計算を行ってみよう．差の 2 乗和を $S$ で表すと

$$S = \sum_{k=1}^{n} e_k^2 = \sum_{k=1}^{n} (y_k - ax_k - b)^2 \tag{8.11}$$

となる．これが最小となるように $a, b$ を決めるためには式 (8.11) を $a$ と $b$ で偏微分して 0 とおけばよい．その結果

$$\begin{cases} \dfrac{\partial S}{\partial a} = -2\displaystyle\sum_{k=1}^{n} x_k(y_k - ax_k - b) = 0 \\ \dfrac{\partial S}{\partial b} = -2\displaystyle\sum_{k=1}^{n} (y_k - ax_k - b) = 0 \end{cases}$$

すなわち，

$$\begin{cases} \left(\displaystyle\sum_{k=1}^{n} x_k^2\right) a + \left(\displaystyle\sum_{k=1}^{n} x_k\right) b = \displaystyle\sum_{k=1}^{n} x_k y_k \\ \left(\displaystyle\sum_{k=1}^{n} x_k\right) a + \left(\displaystyle\sum_{k=1}^{n} 1\right) b = \displaystyle\sum_{k=1}^{n} y_k \end{cases} \tag{8.12}$$

が得られる．上式は $a, b$ に関する連立 2 元 1 次方程式になっており，簡単に解けて $a, b$ が求まる．なお，ここで求めた直線は回帰直線とよばれる．

次に，同じ問題を直線ではなく $m$ 次多項式で最小 2 乗近似してみよう．この場合，以下に示すように原理的には $m < n$ のとき多項式を 1 通りに決めることができる．ただし，ラグランジュ補間法のときもふれたが，高次の多項式は性質がよくないので，現実には $m$ としてはせいぜい 5 程度にとどめる．

この場合，求める $m$ 次式を

$$y = a_0 + a_1 x + a_2 x^2 + \cdots + a_m x^m \tag{8.13}$$

とおけば，式 (8.11) に対応する式は

$$S = \sum_{k=1}^{n} e_k^2 = \sum_{k=1}^{n} (y_k - a_0 - a_1 x - a_2 x^2 - \cdots - a_m x^m)^2 \tag{8.14}$$

となる．係数 $a_0, a_1, \cdots, a_m$ を決定するために式 (8.14) を $a_0, a_1, \cdots, a_m$ で偏微分して 0 とおけば，式 (8.12) に対応する連立 $m$ 元 1 次方程式

$$\begin{cases} S_0 a_0 + S_1 a_1 + S_2 a_2 + \cdots + S_m a_m = T_0 \\ S_1 a_0 + S_2 a_1 + S_3 a_2 + \cdots + S_{m+1} a_m = T_1 \\ \qquad \vdots \\ S_m a_0 + S_{m+1} a_1 + S_{m+2} a_2 + \cdots + S_{2m} a_m = T_m \end{cases} \tag{8.15}$$

が得られる．ただし，

$$S_j = \sum_{k=1}^{n} x_k^j, \qquad T_j = \sum_{k=1}^{n} y_k x_k^j \tag{8.16}$$

とおいた．したがって，連立方程式 (8.15) をなるべく精度のよい方法で解けば，式 (8.13) の係数が決まる．

## ▷章末問題◁

**【8.1】** 次のようなデータが与えられているとき，$x = 1.5$ の推定値をラグランジュ補間法で求めよ．

$$(x, f) = (0, 1.0000), (0.1, 1.1052), (0.2, 1.2214)$$

**【8.2】** 平面上の $n+1$ 点 $(x_0, f_0), \cdots, (x_n, f_0)$ において，それぞれ導関数値 $f'_0, \cdots, f'_n$ も与えられているとする．このとき

$$H(x) = \sum_{k=0}^{n} (\phi_k(x))^2 (1 - 2(x - x_k)\phi'_k(x_k)) f_k + \sum_{k=0}^{n} (x - x_k)(\phi_k(x))^2 f'_k$$

（ただし，$\phi_k(x)$ はラグランジュの補間多項式）

は，上の各点を通り，かつ導関数値も一致することを確かめよ．なお，上式を用いた補間をエルミート補間という．

**【8.3】** 次のようなデータが与えられているとき，$x = 1.5$ の推定値をエルミート補間法で求めよ．

$$(x, f, f') = (0, 1.00000, 1.00000), (0.1, 1.10517, 1.10517), (0.2, 1.22140, 1.22140)$$

**【8.4】** 次のようなデータが与えられているとき，$x = 1.5$ の推定値をスプライン補間法で求めよ．

$$(x, f) = (0, 1.0000), (0.1, 1.10517), (0.2, 1.22140)$$

**【8.5】** 次のようなデータが与えられているとき，最小 2 乗法を用いてこれらの点の近くを通る 1 次式，2 次式を求めよ．

$$(0.10, 2.4824), (0.20, 1.9975), (0.30, 1.6662), (0.40, 1.3775), (0.50, 1.0933),$$
$$(0.60, 0.7304), (0.70, 0.4344), (0.80, 0.2981), (0.90, -0.0017), (1.00, -0.0026)$$

# 9

# 数 値 積 分

数値積分とは，定積分

$$\int_a^b f(x)dx \tag{9.1}$$

の値を数値でなるべく正確に求める手続きのことを指す．したがって，積分といっても定積分であって，不定積分を式の形で求めることではない．もちろん，関数 $f(x)$ が不定積分できるような簡単な場合には，わざわざ数値積分する必要はない．

数値積分を行うには，2 通りの考え方がある．一つは被積分関数を，それを近似する別の関数 $P(x)$ で置き換えるというものである．もし，$P(x)$ の不定積分が計算できるならば，式 (9.1) の $f(x)$ を $P(x)$ に置き換えることにより，式 (9.1) の近似値が計算できる．たとえば $P(x)$ として前章で述べた補間多項式を用いればよい．もう一つの考え方として，定積分の本来の意味に戻る方法がある．すなわち，図 9.1 に示すように式 (9.1) の値は関数 $f(x)$ と $x$ 軸および直線 $y=a, y=b$ とで挟まれた図形の面積を意味する．したがって，この面積をなるべく正確に求めればよい．

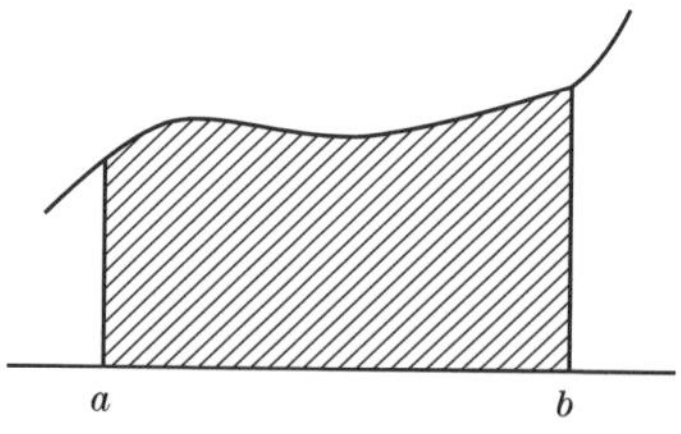


**図 9.1**　定積分

## 9.1　区分求積法と台形公式

最も簡単な方法として，図 9.2 に示すように面積を求めたい図形を近似的に細長い長方形形状の短冊に区切り，この短冊の面積の和を定積分の近似と見なす．いま，区間を $n$ 個の短冊に分割し，$k$ 番目の短冊の左端の点の $x$ 座標を $x_{k-1}$，右端の点の $x$ 座標を $x_k$ とする．ただし，$x_0 = a, x_n = b$ である．このときこの短冊の面積は図 9.2 に示した場合については

$$f(x_{k-1})(x_k - x_{k-1})$$

となる．したがって，定積分の近似値としてこの短冊の面積の和

$$\int_a^b f(x)dx = \sum_{k=1}^{n} f(x_{k-1})(x_k - x_{k-1}) \tag{9.2}$$

を用いればよい．この方法を区分求積法という．

一方，面積は短冊を図 9.3 のようにとっても計算できる．この場合，$k$ 番目の短冊の面積は $f(x_k)(x_k - x_{k-1})$ となるため，公式

$$\int_a^b f(x)dx = \sum_{k=1}^{n} f(x_k)(x_k - x_{k-1}) \tag{9.3}$$

が得られる．もちろん短冊の幅が 0 の極限で両者は一致するが，それらは定積分の定義そのものである．

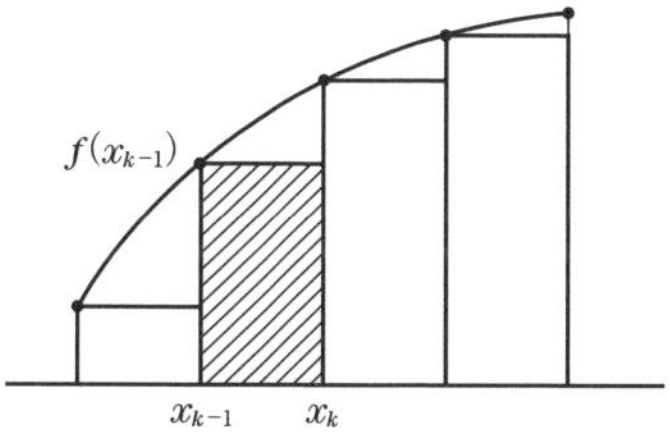


**図 9.2**　区分求積法①

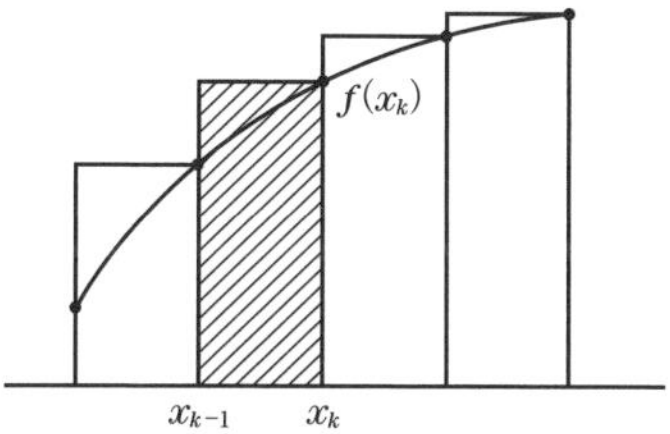


**図 9.3**　区分求積法②

次に，図 9.4 に示すように長方形の短冊の代わりに台形を用いて，定積分の値をこのような細長い台形の面積の和と考える．このようにすれば図からもわかるように区分求積法よりも精度がよくなると考えられる．$k$ 番目の台形の面

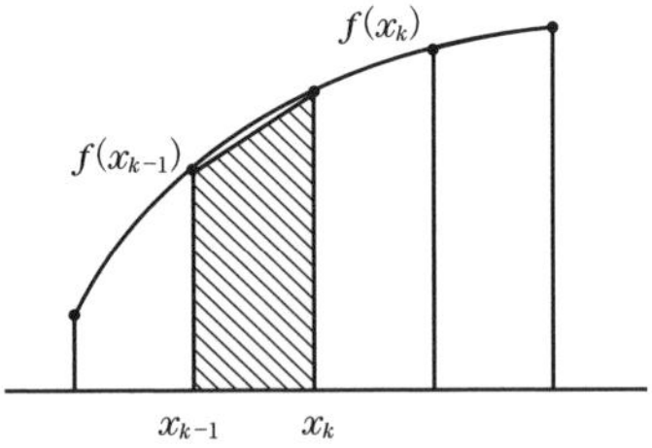


**図 9.4** 台形公式

積は上底が $f(x_{k-1})$，下底が $f(x_k)$，高さが $x_k - x_{k-1}$ であるから，

$$\frac{1}{2}(f(x_{k-1}) + f(x_k))(x_k - x_{k-1})$$

となる．したがって，求める積分値はこれらの和

$$\int_a^b f(x)dx = \frac{1}{2}\sum_{k=1}^{n}(f(x_{k-1}) + f(x_k))(x_k - x_{k-1}) \tag{9.4}$$

となる．この式は，式 (9.2) と式 (9.3) の単純な算術平均にもなっている．公式 (9.4) を台形公式（台形則）とよんでいる．

特に積分区間 $[a, b]$ を $n$ 等分した場合，各台形の高さはすべて

$$h = \frac{b-a}{n}$$

となるため，式 (9.4) は

$$\int_a^b f(x)dx = \frac{h}{2}\sum_{k=1}^{n}(f(x_{k-1}) + f(x_k)) \tag{9.5}$$

または

$$\begin{aligned}\int_a^b f(x)dx &= \frac{h}{2}\left(f(x_0) + 2f(x_1) + 2f(x_2) + \cdots + 2f(x_{n-1}) + f(x_n)\right) \\ &= \frac{h}{2}\left(f(a) + 2f(a+h) + 2f(a+2h) + \cdots + 2f(b-h) + f(b)\right)\end{aligned} \tag{9.6}$$

となる．

## 9.2 シンプソンの公式

前節と同様に，面積を求めるために領域を短冊（ただし長方形ではなく1つの辺はとりあえずもとの曲線にしておく）に区切るが，特に短冊の個数を偶数個 ($2M$ とする) にとったとしよう．そして短冊を端から2つずつ組にして考える．図9.5に示すように，左から $j$ 番目の短冊の組，すなわち $x$ 座標が $[x_{2j-2}, x_{2j-1}]$ および $[x_{2j-1}, x_{2j}]$ の隣り合った2つの短冊をとり出し，その面積をなるべく正確に求めることを考える．それには次のようにする．図の3点P，Q，Rの座標は既知であるから，もとの曲線をこの3点を通る放物線で置き換える．放物線と $x$ 軸で囲まれた面積は簡単に求まるから，それを2つの短冊の面積の和と見なす．

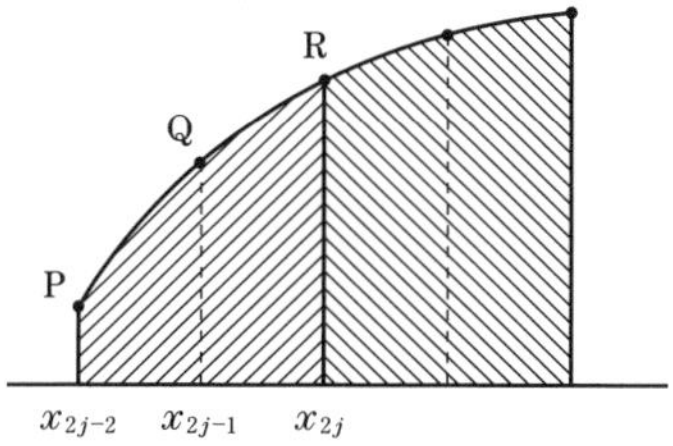


**図 9.5**　シンプソン公式

具体的に計算を行ってみよう．求める放物線を

$$y = ax^2 + bx + c$$

とおき，これが3点 $(x_{2j-2}, f(x_{2j-2})), (x_{2j-1}, f(x_{2j-1})), (x_{2j}, f(x_{2j}))$ を通るという条件から $a, b, c$ を決めてもよいが，ここではラグランジュの補間多項式を利用してみよう．これはすでに例題8.1でも求めたが，その結果を参照すれば

$$\begin{aligned} y = f(x_{2j-2}) & \frac{(x - x_{2j-1})(x - x_{2j})}{(x_{2j-2} - x_{2j-1})(x_{2j-2} - x_{2j})} \\ + f(x_{2j-1}) & \frac{(x - x_{2j-2})(x - x_{2j})}{(x_{2j-1} - x_{2j-2})(x_{2j-1} - x_{2j})} \\ + f(x_{2j}) & \frac{(x - x_{2j-2})(x - x_{2j-1})}{(x_{2j} - x_{2j-2})(x_{2j} - x_{2j-1})} \end{aligned}$$

となる．$j$ 組目の領域の面積を $S_j$ はこれを区間 $[x_{2j-2}, x_{2j}]$ で積分したものであるから

$$\int_{x_{2j-2}}^{x_{2j}} \frac{(x-x_{2j-1})(x-x_{2j})}{(x_{2j-2}-x_{2j-1})(x_{2j-2}-x_{2j})}dx$$
$$= \frac{1}{6}\frac{(x_{2j}-x_{2j-2})[2(x_{2j-1}-x_{2j-2})-(x_{2j}-x_{2j-1})]}{x_{2j-1}-x_{2j-2}}$$
$$\int_{x_{2j-2}}^{x_{2j}} \frac{(x-x_{2j-2})(x-x_{2j})}{(x_{2j-1}-x_{2j-2})(x_{2j-1}-x_{2j})}dx$$
$$= \frac{1}{6}\frac{(x_{2j}-x_{2j-2})^3}{(x_{2j-1}-x_{2j-2})(x_{2j}-x_{2j-1})}$$
$$\int_{x_{2j-2}}^{x_{2j}} \frac{(x-x_{2j-2})(x-x_{2j-1})}{(x_{2j}-x_{2j-2})(x_{2j}-x_{2j-1})}dx$$
$$= \frac{1}{6}\frac{(x_{2j}-x_{2j-2})[2(x_{2j}-x_{2j-1})-(x_{2j-1}-x_{2j-2})]}{x_{2j}-x_{2j-1}}$$

に注意すれば

$$S_j = \frac{1}{6}\left\{\frac{(x_{2j}-x_{2j-2})[2(x_{2j-1}-x_{2j-2})-(x_{2j}-x_{2j-1})]}{x_{2j-1}-x_{2j-2}}f(x_{2j-2})\right.$$
$$+\frac{(x_{2j}-x_{2j-2})^3}{(x_{2j-1}-x_{2j-2})(x_{2j}-x_{2j-1})}f(x_{2j-1})$$
$$\left.+\frac{(x_{2j}-x_{2j-2})[2(x_{2j}-x_{2j-1})-(x_{2j-1}-x_{2j-2})]}{x_{2j}-x_{2j-1}}f(x_{2j})\right\} \quad (9.7)$$

となる．全体の面積はこれら $M$ 組の小領域の和

$$\int_a^b f(x)dx = \sum_{j=1}^{M} S_j \quad (9.8)$$

である．

特に，短冊の幅が等間隔（$= (b-a)/2M = h$）の場合には式 (9.7)，(9.8) は

$$S_j = \frac{h}{3}(f(x_{2j-2}) + 4f(x_{2j-1}) + f(x_{2j})) \quad (9.9)$$

$$\int_a^b f(x)dx = \sum_{j=1}^{M} S_j$$
$$= \frac{h}{3}(f(x_0) + 4f(x_1) + 2f(x_2) + 4f(x_3) + 2f(x_4) + \cdots$$

$$+2f(x_{2M-2})+4f(x_{2M-1})+f(x_{2M})) \tag{9.10}$$

となる．式 (9.10) をシンプソンの公式という．

## 9.3　ニュートン・コーツの積分公式

前節の考え方を拡張すれば，領域を $3M$ 個の短冊に分けて，隣り合った 3 個ずつの短冊の面積を 3 次のラグランジュ補間多項式から求めたり，$4M$ 個に分けて 4 個ずつを組にして 4 次のラグランジュ補間多項式を使ったりというように高次のラグランジュ補間多項式を利用する方法が考えられる．一般に領域を $nM$ 個の短冊に分け，隣り合った $n$ 個ずつを組にした場合を考える．記述を簡単にするため，1 組（$n$ 個）の短冊全体の左端の $x$ 座標を $c$，右端の $x$ 座標を $d$ として各短冊の端を順に $c=x_0,x_1,\cdots,x_{n-1},x_n=d$ というように記す．このとき，$n$ 次のラグランジュ補間式は 8.1 節で述べたように

$$P(x)=\sum_{j=0}^{n} f(x_j)\phi_j(x) \tag{9.11}$$

ただし，

$$\phi_j(x)=\frac{(x-x_0)(x-x_1)\cdots(x-x_{j-1})(x-x_{j+1})\cdots(x-x_n)}{(x_j-x_0)(x_j-x_1)\cdots(x_j-x_{j-1})(x_j-x_{j+1})\cdots(x_j-x_n)} \tag{9.12}$$

となる．したがって，1 組の短冊の面積は

$$\int_c^d f(x)dx \sim \int_c^d P(x)dx=\sum_{j=0}^{n} f(x_j)\int_c^d \phi_j(x)dx=\sum_{j=0}^{n}\alpha_j f(x_j) \tag{9.13}$$

ただし，

$$\alpha_j=\int_c^d \frac{(x-x_0)(x-x_1)\cdots(x-x_{j-1})(x-x_{j+1})\cdots(x-x_n)}{(x_j-x_0)(x_j-x_1)\cdots(x_j-x_{j-1})(x_j-x_{j+1})\cdots(x_j-x_n)}dx \tag{9.14}$$

と近似できる．特に $x_0,x_1,\cdots,x_n$ が等間隔（幅を $h$ とする）の場合にいろいろな $n$ について式 (9.14) の係数 $\alpha_j$ を計算したものを表 9.1 に示す．全体の領域の面積は，式 (9.13) をそれぞれの組に対して計算して足し合わせればよい．

このようにラグランジュ補間式を利用して数値積分を行う方法を一括して，

**表 9.1** ニュートン・コーツの積分公式の係数

| $n$ | $\alpha_0/h$ | $\alpha_1/h$ | $\alpha_2/h$ | $\alpha_3/h$ | $\alpha_4/h$ |
|---|---|---|---|---|---|
| 1 | 1/2 | 1/2 | — | — | — |
| 2 | 1/3 | 4/3 | 1/3 | — | — |
| 3 | 3/8 | 9/8 | 9/8 | 3/8 | — |
| 4 | 14/45 | 64/45 | 24/45 | 64/45 | 14/45 |

ニュートン・コーツの積分公式とよんでいる．なお，8.1 節でも述べたように，高次のラグランジュ補間多項式を用いるとかえって結果が悪くなることがあるので，高次のニュートン・コーツの積分公式はあまり用いられない．

## 9.4 離散フーリエ変換

本節では，台形公式の応用として，離散フーリエ変換について簡単に述べる．まず，フーリエ変換とは実関数 $f(x)$ に対する次の無限区間での定積分

$$F(u) = \int_{-\infty}^{\infty} f(x)e^{-2i\pi ux}dx \tag{9.15}$$

を指す*．被積分関数はパラメータ $u$ を含み積分結果は $u$ を含むため，それを $F(u)$ で表している．オイラーの公式

$$e^{i\theta} = \cos\theta + i\sin\theta \tag{9.16}$$

を用いて実部と虚部に分ければ

$$F(u) = \int_{-\infty}^{\infty} f(x)\cos(2\pi ux)dx - i\int_{-\infty}^{\infty} f(x)\sin(2\pi ux)dx \tag{9.17}$$

となるが，実部をフーリエ余弦変換，虚部をフーリエ正弦変換とよぶ．

いま，$f(x)$ が実数 $T$ に対して区間 $[0,T]$ に対してだけ 0 でなければ，無限区間での積分は有限区間での積分

$$F(u) = \int_{0}^{T} f(x)e^{-2i\pi ux}dx$$

となる (有限フーリエ変換) が，この積分を $u$ の数値が既知であるとして，区間を $n$

---

* 場合によっては，式 (9.15) の左辺を $F(2\pi u)$ と記すこともある．その場合には，以下の記述で $F(u)$ を $F(2\pi u)$，$F(u_k)$ を $F(2\pi u_k)$ とする．

等分して区分求積法で求めてみよう．このとき，$x_j = Tj/n\ (j = 0, 1, \cdots, n-1)$ とすれば

$$F(u) = \frac{T}{n}\sum_{j=0}^{n-1} f(x_j)\exp\left(-i2\pi u\frac{T}{n}j\right)$$

となる．特に $u$ として $u_k = k/T\ (k = 0, 1, \cdots, n-1)$ とすれば，上式は

$$F(u_k) = \frac{T}{n}\sum_{j=0}^{n-1} f(x_j)\exp\left(-i\frac{2\pi k}{n}j\right) = \frac{T}{n}\sum_{j=0}^{n-1} f(x_j)w^{kj} \tag{9.18}$$

ただし

$$w^{kj} = \exp\left(-\frac{2\pi i}{n}kj\right) \quad (k = 0, 1, \cdots, n-1) \tag{9.19}$$

となる．式 (9.18) から係数 $T/n$ を除いた式を $f$ の離散フーリエ変換とよび $\hat{f}(u_k)$ で表す．すなわち

$$\hat{f}(u_k) = \sum_{j=0}^{n-1} f(x_j)w^{kj} \quad (k = 0, 1, \cdots, n-1) \tag{9.20}$$

あるいは

$$\begin{bmatrix} \hat{f}_0 \\ \hat{f}_1 \\ \vdots \\ \hat{f}_{n-1} \end{bmatrix} = \begin{bmatrix} w^{00} & w^{01} & \cdots & w^{0n-1} \\ w^{10} & w^{11} & \cdots & w^{1n-1} \\ \vdots & \vdots & \ddots & \vdots \\ w^{n-10} & w^{n-11} & \cdots & w^{n-1n-1} \end{bmatrix} \begin{bmatrix} f_0 \\ f_1 \\ \vdots \\ f_{n-1} \end{bmatrix} \tag{9.21}$$

となる．ただし $f_i = f(x_i)$ である．

## ▷章末問題◁

**【9.1】** 次の関数を数値積分（台形公式，シンプソン公式）せよ．

$$\int_1^2 e^{-x^2}dx$$

ただし，次のデータを用いよ．

| | | | | | | | | | | |
|---|---|---|---|---|---|---|---|---|---|---|
| 1.000 | 1.100 | 1.200 | 1.300 | 1.400 | 1.500 | 1.600 | 1.700 | 1.800 | 1.900 | 2.000 |
| 0.368 | 0.299 | 0.237 | 0.185 | 0.141 | 0.106 | 0.077 | 0.056 | 0.039 | 0.027 | 0.018 |

**【9.2】** 次の近似式が成り立つことを示せ.

$$\int_a^{a+3h} f(x)dx = \frac{3h}{8}(f(a) + 3f(a+h) + 3f(a+2h) + f(a+3h))$$

**【9.3】** 台形公式は $[x_k, x_{k+1}]$ 上で $f(x_k), f(x_{k+1})$ から決まる 1 次式を積分に用いた. $f(x_k), f'(x_k), f(x_{k+1}), f'(x_{k+1})$ から決まる 3 次式（エルミート補間）を積分に用いた場合はどうなるか.

# 10

# 微分方程式

微分方程式とは，方程式の中に未知関数の導関数を含んだ方程式のことを指す．この中で，未知関数が 1 つの独立変数の関数である場合を常微分方程式，2 つ以上の独立変数の関数の場合を偏微分方程式とよんで区別する．また，未知関数が複数個ある場合には同じ数の微分方程式を連立させて解くが，このような方程式を連立微分方程式とよぶ．自然現象は導関数を用いて表現されることが多いため，微分方程式は理工学において大変重要な位置を占める．一般に微分方程式の解を解析的に求めることは，常微分方程式に限っても非常に難しく，線形であるなど特殊な場合を除いてほとんど不可能である．そこで数値的に解く必要が起きる．数値解法では解を数値で求めるため，解析的な方法で求めるような一般解を求めることはできない．あくまでも，ある付帯条件を満足するただ 1 つの特解を数値的に求めることになる．しかし，現実に理工学で必要になるのは，ほとんどの場合はこのような特解である．本章では，微分方程式の特解を求めるための数値解法について，順を追って説明する．

## 10.1 オイラー法

1 階常微分方程式に関する以下の問題を考える：

$$\frac{dy}{dx} = f(x, y) \tag{10.1}$$

$$y(0) = a \tag{10.2}$$

1 階常微分方程式は，任意定数を 1 つ含む一般解をもつが，条件 (10.2) により任意定数の値が決まるため，解は一意に定まる．$x$ を時間と見なせば，式 (10.2) は時刻 0 での条件であり，初期条件とよばれる．もちろん，$x = 0$ であることは本質ではなく，$x$ のある 1 点での値が指定されれば解は一意に定まるため，その場合も初期条件とよぶ．すなわち，ある 1 点での関数値（高階微分方程式の場合には導関数値も含む）を指定する条件が初期条件である．そして与えられた初期条件のもとで微分方程式を解く問題を初期値問題とよぶ．なお，式 (10.1) は右辺にも未知関数を含むため，解析的な方法では簡単には解けない．

式 (10.1),(10.2) を数値的に解く最も基本的な方法に，以下に示すオイラー法がある．オイラー法では，式 (10.1) の左辺の導関数を差分で近似する．すなわち，次式において $\Delta x$ が十分に小さいとして

$$\frac{dy}{dx} \sim \frac{y(x+\Delta x)-y(x)}{\Delta x} \tag{10.3}$$

と近似する．これを差分近似とよぶ．上式において $\Delta x \to 0$ の極限で差分は微分の定義と一致する．図 10.1 に示すように，この近似はある点での曲線の接線の傾きを，その点と少し前方の点を通る直線の傾きで近似したことになるため，前進差分とよばれる．

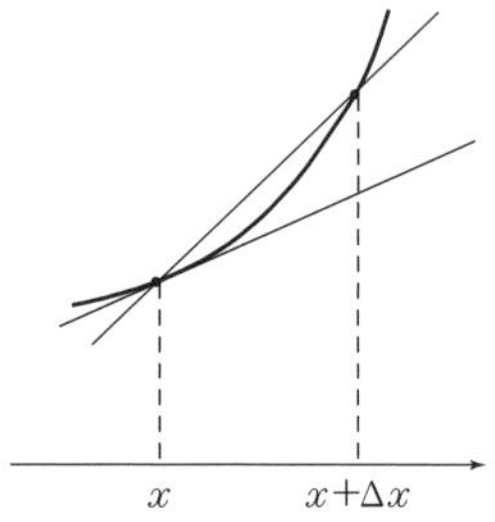


**図 10.1** 接線と差分

式 (10.3) を式 (10.1) の左辺に代入して簡単な計算を行うと

$$y(x+\Delta x) = y(x) + \Delta x f(x, y(x)) \tag{10.4}$$

という式が得られる．ところが，初期条件から $f(0)$ の値は求まっているため，式 (10.4) を繰り返し用いることにより，微分方程式の近似解が $\Delta x$ 刻みに求まることになる．すなわち，式 (10.4) に $x = 0$ を代入すれば，$f$ および $y(0)$ は既知であるから

$$y(\Delta x) = y(0) + \Delta x f(0, y(0))$$

の右辺を計算して $y(\Delta x)$ が求まる．次に，式 (10.4) の右辺に $\Delta x$ を代入すれば

$$y(2\Delta x) = y(\Delta x) + \Delta x f(\Delta x, y(\Delta x))$$

となるが，$y(\Delta x)$，したがって右辺は既知であるため $y(2\Delta x)$ が求まる．以下，同様の計算を続ければ

$$y(0) \to y(\Delta x) \to y(2\Delta x) \to f(3\Delta x) \to \cdots$$

の順に $y$ の近似値が計算できる．微分方程式 (10.1) の近似解を式 (10.4) を用いて計算する方法を，オイラー法とよんでいる．

オイラー法において刻み幅は一定である必要はなく，場所によって変化してもよい．そこで図 10.2 に示すように $x$ 軸を適当な幅で区切り，それぞれの座標値を

$$x_0(=0), x_1, \cdots, x_k, x_{k+1}, \cdots$$

で，また各点での微分方程式の近似解を

$$y_0(=a), y_1, \cdots, y_k, y_{k+1}, \cdots$$

と記して，式 (10.4) を一般化してみよう．このとき

$$y_{k+1} = y_k + (x_{k+1} - x_k)f(x_k, y_k) \tag{10.5}$$

となる．特に刻み幅が等間隔であれば

$$y_{k+1} = y_k + hf(x_k, y_k) \quad (h = x_1 - x_0 = x_2 - x_1 = \cdots) \tag{10.6}$$

となる．

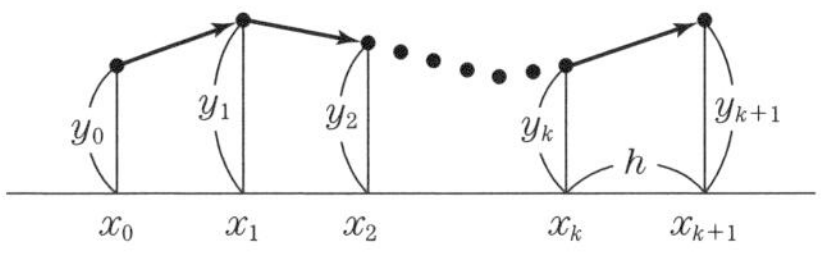


**図 10.2** オイラー法

**例題 10.1**

1 階微分方程式の初期値問題

$$\frac{dy}{dx} = y$$

$$y(0) = 1$$

をオイラー法で解け．また，結果を厳密解と比較せよ．

【解】 この問題の厳密解は簡単に求まり

$$y = e^x$$

である．一方，オイラー法を用いれば，刻み幅が等間隔の場合には式 (10.6) から漸化式

$$y_{k+1} = y_k + hy_k = (1+h)y_k$$

が得られる．したがって

$$\begin{aligned} y_1 &= (1+h)y_0 = 1+h \\ y_2 &= (1+h)y_1 = (1+h)^2 \\ y_3 &= (1+h)y_2 = (1+h)^3 \\ &\vdots \\ y_n &= (1+h)y_{n-1} = \cdots = (1+h)^n \end{aligned}$$

となる．たとえば $h = 0.1$ として 10 回計算した結果と $h = 0.01$ として 100 回計算して 10 回おきに表示した結果および厳密解を使って計算した結果を，表 10.1 に示す．刻み幅が小さいほど精度がよいことがわかるが，これは刻み幅が小さいほど差分が微分に近づくことから理解できる．

**表 10.1** オイラー法による解

| $x$ | $h = 0.1$ | $h = 0.01$ | 厳密解 |
|---|---|---|---|
| 0.0 | 1.0000000 | 1.0000000 | 1.0000000 |
| 0.1 | 1.1000000 | 1.1046220 | 1.1051710 |
| 0.2 | 1.2100000 | 1.2201898 | 1.2214028 |
| 0.3 | 1.3310001 | 1.3478485 | 1.3498588 |
| 0.4 | 1.4641001 | 1.4888632 | 1.4918247 |
| 0.5 | 1.6105102 | 1.6446310 | 1.6487213 |
| 0.6 | 1.7715613 | 1.8166957 | 1.8221188 |
| 0.7 | 1.9487174 | 2.0067620 | 2.0137527 |
| 0.8 | 2.1435893 | 2.2167134 | 2.2255409 |
| 0.9 | 2.3579481 | 2.4486306 | 2.4596031 |
| 1.0 | 2.5937431 | 2.7048113 | 2.7182820 |

実際，$X$ を固定して区間 $[0, X]$ を $n$ 等分した場合を考える．このとき，$h = X/n$ であるから

$$y_n = \left(1 + \frac{X}{n}\right)^n$$

となるが，これは $h \to 0$ すなわち $n \to \infty$ のとき $e^X$ となる（指数関数の定義）．したがって，この場合には刻み幅が 0 の極限で厳密解に一致することがわかる．

このように，オイラー法はわかりやすく，非常に簡便な方法であるが，刻み幅を小さくとってもなかなか解の精度が上がらないという欠点がある．

## 10.2 ルンゲ・クッタ法

本節では，1 階常微分方程式の初期値問題 (10.1)，(10.2) をもう一度考える．テイラー展開の公式

$$\begin{aligned} y(x+h) &= y(x) + hy'(x) + \frac{1}{2}h^2 y''(x) + \frac{1}{6}h^3 y^{(3)} + \cdots \\ &= y(x) + h\left(y'(x) + \frac{1}{2}hy''(x) + \frac{1}{6}h^2 y^{(3)} + \cdots\right) \end{aligned}$$

を利用する．上式の括弧内の $y$ の導関数を式 (10.1) を用いて書き換えれば

$$y(x+h) = y(x) + h\left(f(x, y) + \frac{1}{2}h\frac{df}{dx} + \frac{1}{6}h^2\frac{d^2 f}{dx^2} + \cdots\right) \tag{10.7}$$

となる．いま，$h$ が小さいとして上式右辺の括弧内において $h$ の 1 以上のべきの項を省略すれば，オイラー法の公式

$$y(x+h) = y(x) + hf(x, y) \tag{10.8}$$

が得られる．このとき省略した項が誤差になるが，各導関数の値が同程度の大きさであると仮定すると，$h$ が小さいとしたため，誤差の項の中で最も大きな項（主要項）は $h$ の項であり，$h^2, h^3, \cdots$ の項は小さいと考えられる．このとき誤差は $h$ の（1 乗の）オーダーであると考えられるため，オイラー法は精度が 1 であるとよばれる．

この議論から，オイラー法より精度のよい公式をつくるには，式 (10.7) の右辺の括弧内の項をなるべく多く残せばよいことがわかる．そこでまず $h$ の項を残し，$h^2$ 以上の項を省略すれば，式 (10.8) の代わりに

$$y(x+h) = y(x) + h\left(f(x,y) + \frac{1}{2}h\frac{df}{dx}\right) \tag{10.9}$$

となる．ここで $f$ は $x$ と $y$ の関数であるから，

$$\frac{df}{dx} = \frac{\partial f}{\partial x}\frac{dx}{dx} + \frac{\partial f}{\partial y}\frac{dy}{dx} = f_x + f_y f \tag{10.10}$$

となることに注意すれば，式 (10.9) は

$$y(x+h) = y(x) + h\left(f(x,y) + \frac{1}{2}h(f_x + f_y f)\right) \tag{10.11}$$

となる．この公式の精度は 2 であるが，偏微分 $f_x, f_y$ を計算する必要がある．そこで，式 (10.11) と精度は同じであるが偏微分の計算の必要がない方法をつくることを考える．ただし，その場合には $x$ と $x+h$ の間に別の評価点が必要になる．

いま，$x$ から少し離れた点 $x+ph$ における関数 $y$ の値は式 (10.8) から $y+phf(x,y)$ に近いと考えられるため，それを $y+qhf(x,y)$ とおく．ただし $p,q$ はこれから定める定数である．このとき $f(x+ph, y+qhf)$ の値を $f(x,y)$ を使って評価してみよう．それには 2 変数に関するテイラー展開

$$f(x+\Delta x, y+\Delta y) = f(x,y) + f_x\Delta x + f_y\Delta y + O((\Delta x)^2, \Delta x\Delta y, (\Delta y)^2) \tag{10.12}$$

を利用する．この式で $\Delta x$ を $ph$，$\Delta y$ を $qhf$ とおけば

$$f(x+ph, y+qhf) = f(x,y) + phf_x + qhff_y + O(h^2) \tag{10.13}$$

となる．したがって，$r, s$ を適当な定数として

$$rf(x,y) + sf(x+ph, y+qhf) = (r+s)f(x,y) + sphf_x + sqhff_y + O(h^2) \tag{10.14}$$

という等式が得られる．ここで式 (10.11) の右辺の括弧内に注目して式 (10.14) の右辺と比較すれば，もし

$$r+s=1, \qquad sp=\frac{1}{2}, \qquad sq=\frac{1}{2} \tag{10.15}$$

が成り立てば誤差 $h^2$ の範囲内で両者は一致することがわかる．ところが，微分方程式の近似解として式 (10.11) を用いた場合，その括弧内にはすでに $h^2$ の誤差を含んでいた．したがって，括弧内の式を式 (10.14) の左辺で置き換えても誤差は変わらないことがわかる．すなわち，式 (10.15) の条件のもとで，近似式

$$y(x+h)=y(x)+h\left(rf(x,y)+sf(x+ph,y+qhf(x,y))\right) \tag{10.16}$$

が得られる．この場合はもはや偏微分を計算する必要はない．

式 (10.15) は 4 つの未知数 $p,q,r,s$ に対する 3 つの方程式であるため，解は 1 通りには決まらないが，以下に代表的なとり方を示す．

**〈修正オイラー法〉**

この方法では，式 (10.15) の解として

$$r=0, \qquad s=1, \qquad p=\frac{1}{2}, \qquad q=\frac{1}{2}$$

を選ぶ．このとき式 (10.16) は

$$y(x+h)=y(x)+hf\left(x+\frac{h}{2}, y+\frac{h}{2}f(x,y)\right)$$

となる．あるいは $x=x_n$ のときの近似解を $y=y_n$ と記すと

$$y_{n+1}=y_n+hf\left(x_n+\frac{h}{2}, y_n+\frac{h}{2}f(x_n,y_n)\right) \tag{10.17}$$

となる．この方法は修正オイラー法とよばれる．

**〈ホイン (Heun) 法〉**

この方法では，

$$r=\frac{1}{2}, \qquad s=\frac{1}{2}, \qquad p=1, \qquad q=1$$

とする．このとき式 (10.16) は

$$y_{n+1}=y_n+\frac{h}{2}\left(f(x_n,y_n)+f(x_n+h,y_n+hf(x_n,y_n))\right) \tag{10.18}$$

となる．同じことであるが式 (10.18) は

$$s_1=f(x_n,y_n)$$

$$s_2 = f(x_{n+1}, y_n + hs_1)$$
$$y_{n+1} = y_n + \frac{h}{2}(s_1 + s_2)$$

とも書ける．この方法は，ホイン法または2次のルンゲ・クッタ法とよばれる．

同じ考え方でテイラー展開式を4次の項まで残すと，4次精度の公式が得られる．具体的には

$$s_1 = f(x, y)$$
$$s_2 = f(x + \alpha_1 h, y + \beta_1 s_1)$$
$$s_3 = f(x + \alpha_2 h, y + \beta_2 s_1 + \gamma_2 s_2)$$
$$s_4 = f(x + \alpha_3 h, y + \beta_3 s_1 + \gamma_3 s_2 + \delta_3 s_3)$$

とおいた上で，$s_1, s_2, s_3, s_4$ の線形結合

$$y(x + h) = y(x) + h(c_1 s_1 + c_2 s_2 + c_3 s_3 + c_4 s_4) \tag{10.19}$$

をつくる．これが，

$$y(x+h) = y(x) + hf(x, y) + \frac{h^2}{2!}f'(x, y) + \frac{h^3}{3!}f''(x, y) + \frac{h^4}{4!}f^{(3)}(x, y) + O(h^5)$$

と $h^4$ の項まで一致するようにするために，式(10.19)をテイラー展開して $h^4$ までの係数を比較する．このとき13個の未知数

$$(\alpha_1, \alpha_2, \alpha_3, \beta_1, \beta_2, \beta_3, \gamma_2, \gamma_3, \delta_3, c_1, c_2, c_3, c_4)$$

に対する11個の方程式が得られる．この場合も解は不定であるが係数が簡単になるものを選ぶと次の公式が得られる．

$$\begin{cases} s_1 = f(x_n, y_n) \\ s_2 = f\left(x_n + \dfrac{h}{2}, y_n + \dfrac{h}{2}s_1\right) \\ s_3 = f\left(x_n + \dfrac{h}{2}, y_n + \dfrac{h}{2}s_2\right) \\ s_4 = f(x_{n+1}, y_n + hs_3) \\ y_{n+1} = y_n + \dfrac{h}{6}(s_1 + 2s_2 + 2s_3 + s_4) \end{cases} \tag{10.20}$$

この方法は 4 次のルンゲ・クッタ法（1/6 公式）とよばれるが，常微分方程式の初期値問題を解く標準的な方法の一つである．そのほかに解の例として

$$c_1 = c_4 = 1/8, \qquad c_2 = c_3 = 3/8, \qquad \alpha_1 = \alpha_2 = 1/3, \qquad \alpha_3 = 1$$
$$\beta_1 = 2/3, \qquad \beta_2 = \beta_3 = 1, \qquad \gamma_2 = -1/3, \qquad \gamma_3 = -1, \qquad \delta_3 = 1$$

もあり，これらを用いるものを 1/8 公式とよぶ．

## 10.3　連立微分方程式，高階微分方程式

オイラー法は，連立 1 階微分方程式の初期値問題にもそのまま適用できる．簡単のため，次の連立 2 元の微分方程式を考える．

$$\begin{cases} \dfrac{dy}{dx} = f(x, y, z) \\ \dfrac{dz}{dx} = g(x, y, z) \end{cases} \tag{10.21}$$

ただし

$$y(0) = a, \qquad z(0) = b \tag{10.22}$$

とする．このとき式 (10.5) に対応する漸化式は

$$\begin{cases} y_{k+1} = y_k + (x_{k+1} - x_k) f(x_k, y_k, z_k) \\ z_{k+1} = z_k + (x_{k+1} - x_k) g(x_k, y_k, z_k) \end{cases} \tag{10.23}$$

となる．$f, g$ および初期条件から $y_0, z_0$ は既知であるから，それを式 (10.23) の右辺に代入して計算すれば $y_1, z_1$ が計算できる．以下同様に $y_1, z_1$ から $y_2, z_2$ が得られ，$y_2, z_2$ から $y_3, z_3$ が得られるというように，$y_k, z_k$ が順に求まる．同様に，ホイン法やルンゲ・クッタ法もそのまま式 (10.21) に適用できる．

さらにオイラー法やルンゲ・クッタ法は，高階の微分方程式の初期値問題にも適用できる．たとえば 2 階微分方程式の場合には，

$$\frac{d^2y}{dx^2} = f\left(x, y, \frac{dy}{dx}\right) \tag{10.24}$$

$$y(0) = a, \quad y'(0) = b \tag{10.25}$$

を解くことになるが，次のようにすればよい．すなわち，

$$\frac{dy}{dx} = z \tag{10.26}$$

とおけば式 (10.24) と式 (10.25) は

$$\frac{dz}{dx} = f(x, y, z) \tag{10.27}$$

$$y(0) = a, \qquad z(0) = b \tag{10.28}$$

となる．このとき式(10.26)〜(10.28) は連立 1 階微分方程式の初期値問題 (10.21), (10.22) の特殊な場合と見なせる．そこで，連立 1 階微分方程式を解いたのと全く同じ手順でオイラー法やルンゲ・クッタ法などを用いて解くことができる．

同様の置き換えにより，$n$ 階常微分方程式の初期値問題は連立 $n$ 元 1 階微分方程式の初期値問題に書き直すことができるため，オイラー法やルンゲ・クッタ法などが使える．

## 10.4 境界値問題

2 階常微分方程式の一般解には，2 つの任意定数がある．この任意定数の値を決めるためには 2 つの条件を課せばよいが，前節で述べた初期値問題のように 1 点での関数値および導関数値を与える場合のほかに，異なった 2 点での関数値または導関数値を与える場合もある．後者の場合で，特に 2 点として考えている領域の端の点での条件を課す場合，それを境界条件とよぶ．また，指定された境界条件を満足する微分方程式の解を求める問題を境界値問題とよぶ．本節では 2 階常微分方程式の境界値問題を取り上げる．

例として次の問題を考える：

$$\frac{d^2y}{dx^2} + y + x = 0 \quad (0 < x < 1) \tag{10.29}$$

$$y(0) = y(1) = 0 \tag{10.30}$$

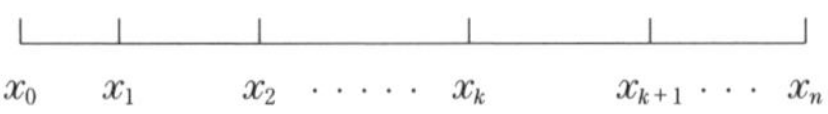


**図 10.3**　差分格子（1 次元）

この問題を，差分法とよばれる方法で近似的に解いてみよう．そのために図10.3に示すように，考えている領域を小さな区間に分割する．それぞれの区間のことを（差分）格子，区間を区切る点のことを格子点とよぶ．いま，領域 $[0,1]$ を $n$ 個の格子に区切って，格子点に左側の境界から順に $0,1,2,\cdots,n$ と番号づけを行い，$k$ 番目の格子点の座標を $x_k$ とする．そしてその点における微分方程式の近似解を $y_k$ と記すことにする．

差分法とはオイラー法と同様に導関数を差分近似して解く方法のことである．そこでまず2階微分を差分で近似してみよう．式を簡単にするため，以下は等間隔の格子（格子幅を $h$ とする）を用いることにする．このとき

$$\frac{d^2y}{dx^2} \sim \frac{y(x-h)-2y(x)+y(x+h)}{h^2} \tag{10.31}$$

が成り立つ．証明は，$y(x+h), y(x-h)$ を $x$ のまわりにテイラー展開した式

$$y(x-h) = y(x) - hy'(x) + \frac{1}{2}h^2y''(x) - \frac{1}{6}h^3y^{(3)}(x) + \cdots$$
$$y(x+h) = y(x) + hy'(x) + \frac{1}{2}h^2y''(x) + \frac{1}{6}h^3y^{(3)}(x) + \cdots$$

を式(10.31)に代入すればよい．このとき式(10.31)の右辺は

$$y'' + \frac{1}{12}h^2y^{(4)}(x) + \cdots$$

となり，$h$ が小さければ第2項以降は無視できるため左辺と一致することがわかる．式(10.31)において $x = x_k$ とおけば，$y(x_k - h) = y(x_{k-1}) \sim y_{k-1}$，$y(x_k + h) = y(x_{k+1}) \sim y_{k+1}$ に注意して

$$\left(\frac{d^2y}{dx^2}\right)_{x=x_k} = \frac{y_{k-1} - 2y_k + y_{k+1}}{h^2} \tag{10.32}$$

となる．さらに，$y(x_k) = y_k$ および $x_k = kh$ であるから，これらを式(10.29)に代入して分母を払って整理すれば，

$$y_{k-1} + (h^2-2)y_k + y_{k+1} = -kh^3 \tag{10.33}$$

となる．$k$ は $1,2,\cdots,n-1$ のどれをとってもよいので，式(10.33)は $n-1$ 個の1次方程式を表している．一方，$y_0, y_n$ が境界条件で与えられていることに注意すれば，未知数は $y_1, y_2, \cdots, y_{n-1}$ の $n-1$ 個ある．したがって，方程式の数と未知数の数が一致するため，式(10.33)は連立させて解けることになる．

式 (10.33) を境界条件 (10.30) を考慮して書き換えれば

$$\begin{cases} (h^2-2)y_1 + y_2 & = -h^3 \\ y_1 + (h^2-2)y_2 + y_3 & = -2h^3 \\ \qquad y_2 + (h^2-2)y_3 + y_4 & = -3h^3 \\ \qquad \vdots & \\ \qquad y_{n-3} + (h^2-2)y_{n-2} + y_{n-1} & = -(n-2)h^3 \\ \qquad\qquad y_{n-2} + (h^2-2)y_{n-1} & = -(n-1)h^3 \end{cases} \tag{10.34}$$

となる．これは 3 項方程式であるため，第 6 章の章末問題【6.3】で述べたトーマス法を用いて簡単に解くことができる．

**例題 10.2**

上の問題を領域を 10 等分 $(n = 10, h = 0.1)$ して解くと，表 10.2 のようになる．なお，もとの問題は厳密解

$$y = \frac{\sin x}{\sin 1} - x$$

をもつため，同じ表に厳密解も載せている．

**表 10.2**　境界値問題の解の例

| $x$ | 近似解 | 厳密解 |
|---|---|---|
| 0.100000 | 0.018659 | 0.018642 |
| 0.200000 | 0.036132 | 0.036098 |
| 0.300000 | 0.051243 | 0.051195 |
| 0.400000 | 0.062842 | 0.062783 |
| 0.500000 | 0.069812 | 0.069747 |
| 0.600000 | 0.071084 | 0.071018 |
| 0.700000 | 0.065646 | 0.065585 |
| 0.800000 | 0.052550 | 0.052502 |
| 0.900000 | 0.030930 | 0.030902 |

最後に，境界条件に導関数を含んでいる場合の取り扱いを示す．例として上の問題の境界条件を

$$y(0) = 0, \qquad y'(1) = 0$$

で置き換えてみよう．このような場合には，境界条件も差分近似する．たとえ

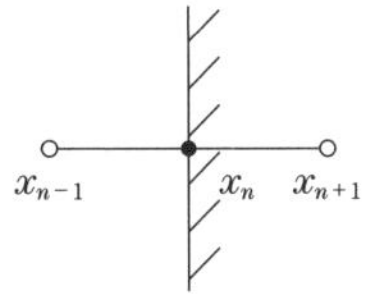


**図 10.4** 仮想格子

ば 1 階微分の近似に前進差分を用いれば $x=1$ での境界条件は，

$$(y_{n+1}-y_n)/h=0,\ \text{すなわち}\ \ y_{n+1}=y_n$$

となる．ただし $y_{n+1}$ は図 10.4 に示すように領域外に格子点を拡張してとった仮想的な格子点での $y$ の値である．さらに $x=1$ では式 (10.33) は

$$y_{n-1}+(h^2-2)y_n+y_{n+1}=-nh^3$$

となる．したがって $y_{n+1}$ を含んだ 2 つの式から $y_{n+1}$ を消去すれば

$$y_{n-1}+(h^2-1)y_n=-nh^3 \tag{10.35}$$

となる．したがって，この場合に解くべき連立 1 次方程式は式 (10.34) とほぼ同様であるが，式 (10.34) の最後の方程式を

$$y_{n-2}+(h^2-1)y_{n-1}+y_n=-(n-1)h^3$$

で置き換え，さらに式 (10.35) を加えたものになる．この場合，$y_n$ は未知数であり，方程式を解いた後に決まる量になっている．

## 10.5 熱伝導方程式

未知関数 $u(x,t)$ に関する偏微分方程式

$$\frac{\partial u}{\partial t}=\frac{\partial^2 u}{\partial x^2} \tag{10.36}$$

を 1 次元拡散方程式とよぶ．この方程式は細長い領域があったときに $u$ で表される物理量が時間の進行とともに拡散して広がっていく過程を記述する方程式である．たとえば物理量として温度をとり，領域として細長い針金を考えたとすると，針金の熱伝導問題はこの方程式で取り扱える．話を具体的にするため，長

さ 1 の針金を考え，初期に $f(x)$ で表される温度分布を与え，さらに針金の両端を温度 0 に保ったときの針金の温度分布を求めてみよう．この場合，式 (10.36) を領域 $0 < x < 1, t > 0$ で以下の条件のもとで解くことになる：

$$u(x,0) = f(x) \tag{10.37}$$

$$u(0,t) = u(1,t) = 0 \tag{10.38}$$

式 (10.37) は時刻 0 での条件であり初期条件とよばれ，式 (10.38) は考えている領域の両端の条件で境界条件とよばれる．そして与えられた初期・境界条件のもとで偏微分方程式の解を求める問題を，初期値・境界値問題とよぶ．

式 (10.36) を条件 (10.37),(10.38) のもとで解くために図 10.5 に示すような $x$-$t$ 平面を考える．このとき，解を求める領域は図に示した幅 1 の帯状の半無限領域になる．この問題が解析的に解ければ，この帯領域内の任意の 1 点を指定すれば，その点での温度が直ちに計算できることになる．

一方，本節で述べる差分法では領域内での解を連続的に求めることはあきらめて，図 10.5 に示すように領域を小さな長方形（差分格子とよばれる）に分割し，各頂点（格子点とよばれる）での $u$ の近似値を求めることになる．このようにしてコンピュータで取り扱える形にすることができる．なお，各長方形は合同（すなわち格子幅が一定）である必要はないが，以下記述を簡単にするため合同であるとし，$x, t$ 各方向の幅を $\Delta x, \Delta t$ と記すことにする．

各格子点は 2 組の整数で区別するのが便利である．いま，$x$ 方向に差分格子を $J$ 個とったとする．このとき，図の原点 A の格子番号を $(0,0)$ とすれば，点 B の格子番号は $(J,0)$ となる（したがって，$\Delta x = 1/J$ である）．また，領域内の任意の 1 点 P の格子番号が $(j,n)$ であったとする．点 P の座標は格子番号の添え字をつけて $(x_j, t_n)$ で表す．これは実際には $(j\Delta x, n\Delta t)$ である．この点

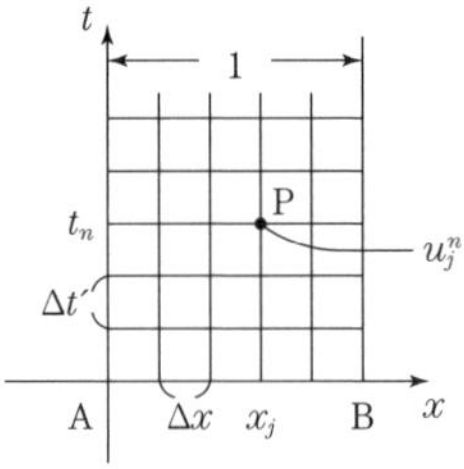


**図 10.5**　領域と記号（1 次元熱伝導方程式）

P での偏微分方程式の近似解を，時間変数に上添え字を使うという慣例に従い $u_j^n$ と記すことにする．すなわち，記号 $\sim$ が差分近似を表すとして

$$u_j^n \sim u(x_j, t_n) \tag{10.39}$$

と記す．

偏微分では，微分しない変数は一定に保つため，時間に関する 1 階偏微分は式 (10.3) を参照して，

$$\frac{\partial u}{\partial t} \sim \frac{u(x, t+\Delta t) - u(x, t)}{\Delta t} \tag{10.40}$$

空間に関する 2 階偏微分は式 (10.32) を参照して

$$\frac{\partial^2 u}{\partial x^2} \sim \frac{u(x-h, t) - 2u(x, t) + u(x+h, t)}{(\Delta x)^2} \tag{10.41}$$

となる．したがって，点 P においてはそれぞれ

$$\frac{\partial u}{\partial t} \sim \frac{u_j^{n+1} - u_j^n}{\Delta t} \tag{10.42}$$

$$\frac{\partial^2 u}{\partial x^2} \sim \frac{u_{j-1}^n - 2u_j^n + u_{j+1}^n}{(\Delta x)^2} \tag{10.43}$$

と近似できる．この関係を偏微分方程式 (10.36) に代入すれば，偏微分方程式の近似式

$$\frac{u_j^{n+1} - u_j^n}{\Delta t} = \frac{u_{j-1}^n - 2u_j^n + u_{j+1}^n}{(\Delta x)^2}$$

または

$$\begin{aligned} u_j^{n+1} &= r u_{j-1}^n + (1-2r) u_j^n + r u_{j+1}^n \\ &\qquad (j = 1, 2, \cdots, J-1; \quad n = 0, 1, 2, \cdots) \\ \text{ただし}, r &= \frac{\Delta t}{(\Delta x)^2} \end{aligned} \tag{10.44}$$

が得られる．一方，初期条件および境界条件は

$$\begin{cases} u_j^0 = f(x_j) = f(j\Delta x) \quad (j = 1, 2, \cdots, J-1) \\ u_0^n = u_J^n = 0 \quad (n = 0, 1, 2, \cdots) \end{cases} \tag{10.45}$$

となる．以上で，偏微分方程式の初期値・境界値問題を解くことが，式 (10.45)

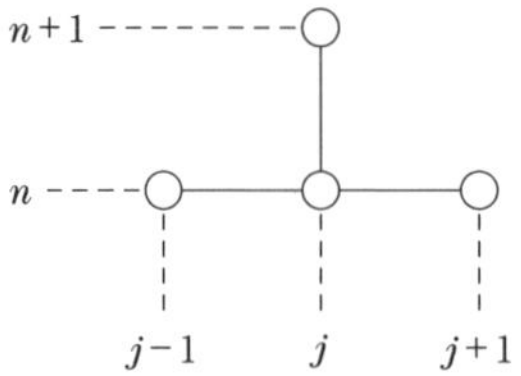


**図 10.6** 式 (10.44) の構造

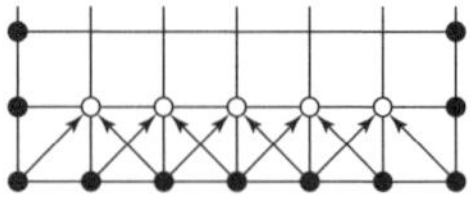

**図 10.7** 式 (10.44) で解が求まる様子

の条件のもとで式 (10.44) を用いて，図 10.5 の境界を除く格子点における $u$ の近似値を定めることに帰着されたことになる.

ところが，この問題はごく簡単に解くことができる．図 10.6 に式 (10.44) の構造を示すが，ある格子点での次の時間ステップ $n+1$ における値（左辺）がもとの時間ステップ $n$ での近くの 3 格子点の値から単純な代入計算で計算できることを示している．したがって，図 10.7 に示すように，境界を除き $n=1$ での $u$ の値が初期条件（$n=0$ での値）を用いて計算できる．一方，境界の格子点での値は境界条件によってすでに与えられているため，計算する必要はない．したがって，$n=1$ での $u$ の値がすべて決まる．同様にして，$n=1$ での $u$ の値から $n=2$ での $u$ の値，$n=2$ での $u$ の値から $n=3$ での $u$ の値というように順に続けていけるため，任意の $n$ に対して $u$ が決まる．すなわち，初期値・境界値問題が解けることになる.

**例題 10.3**

$f(x)=x$ $(0\leq x\leq 0.5)$，$f(x)=1-x$ $(0.5\leq x\leq 1)$ の場合の解を求めよ.

【解】 区間を 10 等分（$\Delta x=0.1$）し，$\Delta t=0.001$，したがって，式 (10.44) において $r=0.1$ とする．このときの計算結果を表 10.3 に示す．なお，解は $x=0.5$ に関して対称であるため，表は半分だけ示している.

**表 10.3**　拡散方程式の解の例

| $t$ \ $x$ | 0 | 0.1 | 0.2 | 0.3 | 0.4 | 0.5 | 0.6 |
|---|---|---|---|---|---|---|---|
| 0.000 | 0 | 0.1 | 0.2 | 0.3 | 0.4 | 0.5 | 0.4 |
| 0.001 | 0 | 0.1 | 0.2 | 0.3 | 0.4 | 0.48 | 0.4 |
| 0.002 | 0 | 0.1 | 0.2 | 0.3 | 0.398 | 0.464 | 0.398 |
| ⋮ | ⋮ | ⋮ | ⋮ | ⋮ | ⋮ | ⋮ | ⋮ |
| 0.01 | 0 | 0.0998 | 0.1984 | 0.2911 | 0.3641 | 0.3934 | 0.3641 |
| ⋮ | ⋮ | ⋮ | ⋮ | ⋮ | ⋮ | ⋮ | ⋮ |
| 0.02 | 0 | 0.0969 | 0.1891 | 0.2687 | 0.3243 | 0.3446 | 0.3243 |
| ⋮ | ⋮ | ⋮ | ⋮ | ⋮ | ⋮ | ⋮ | ⋮ |
| 0.1 | 0 | 0.0472 | 0.0898 | 0.1236 | 0.1453 | 0.1528 | 0.1453 |

ここで用いた方法は，オイラー陽解法または時間微分に前進差分，空間に対しては中心差分を用いたため，FTCS(forward time center space) 法とよばれることがある．この方法の利点は，非常に単純な方法であるためプログラムも簡単である点にあるが，計算に出てくるパラメータ $r$ の値によっては計算ができないという欠点ももっている*.

## 10.6　ラプラス方程式

本節では 2 次元ラプラス方程式

$$\frac{\partial^2 u}{\partial x^2}+\frac{\partial^2 u}{\partial y^2}=0$$

の差分解法を取り上げる．前節で述べた 1 次元拡散方程式を 2 次元に拡張すると，

$$\frac{\partial u}{\partial t}=\frac{\partial^2 u}{\partial x^2}+\frac{\partial^2 u}{\partial y^2} \tag{10.46}$$

となるが，この方程式は針金ではなく板のような 2 次元物体の熱伝導を記述する方程式と見なせる．いま，板の熱伝導において熱伝導が始まってから十分に時間がたって，温度分布が時間によらない定常状態になったとする．このとき関数 $u$ はもはや時間を含まなくなるため，式 (10.46) において左辺が 0 になり，ラプラス方程式と一致する．したがって，ラプラス方程式の解はたとえば熱平

* 詳細は省くが，式 (10.44) を用いる場合には $r \leq 0.5$ である必要がある．

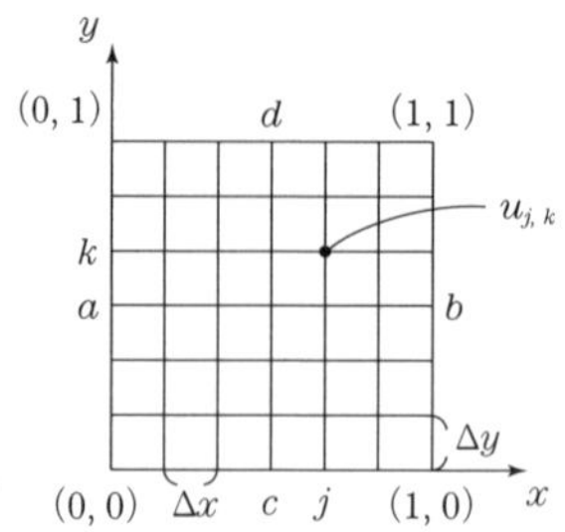


**図 10.8**　領域と記号（2 次元ラプラス方程式）

衡状態の温度分布を表すと解釈できる．最終的な温度分布は初期の状態によらず，領域の境界における条件で決まるため，ラプラス方程式を解く場合，境界条件だけを課すことになる．

簡単のため，ラプラス方程式を図 10.8 に示すような 1 辺の長さが 1 の正方形領域で解いてみよう．このとき，正方形の各辺では温度が一定であるという条件を課すことにする．具体的には，次の境界値問題を解くことになる．

$$\frac{\partial^2 u}{\partial x^2} + \frac{\partial^2 u}{\partial y^2} = 0 \quad (0 < x < 1, 0 < y < 1) \tag{10.47}$$

$$u(0, y) = a, \qquad u(1, y) = b \quad (0 < y < 1) \tag{10.48}$$

$$u(x, 0) = c, \qquad u(x, 1) = d \quad (0 < x < 1) \tag{10.49}$$

この問題を差分法を用いて解くために，前節と同様に領域を長方形格子に分割する．各格子は合同である必要はないが，ここでも簡単のために $x$ 方向に $J$ 等分し，$y$ 方向に $K$ 等分するとする．このとき格子幅が $x, y$ 方向に $\Delta x, \Delta y$ になったとすると，$\Delta x = 1/J, \Delta y = 1/K$ である．前節と同様に，格子点を 2 つの整数 $(j, k)$ で表し，座標値を $(x_j, y_k)$ で表すことにする．そして格子点における差分近似解を $u_{j,k}$ で表す．すなわち

$$u_{j,k} \sim u(x_j, y_k) \tag{10.50}$$

である．

以上の記法を用いてラプラス方程式および境界条件を差分近似すると，

$$\frac{\partial^2 u}{\partial x^2} \sim \frac{u_{j-1,k} - 2u_{j,k} + u_{j+1,k}}{(\Delta x)^2}$$

$$\frac{\partial^2 u}{\partial y^2} \sim \frac{u_{j,k-1} - 2u_{j,k} + u_{j,k+1}}{(\Delta y)^2}$$

に注意して，

$$\frac{u_{j-1,k} - 2u_{j,k} + u_{j+1,k}}{\Delta x^2} + \frac{u_{j,k-1} - 2u_{j,k} + u_{j,k+1}}{\Delta y^2} = 0$$
$$(j = 1, 2, \cdots, J-1; \quad k = 1, 2, \cdots, K-1) \tag{10.51}$$

$$u_{0,k} = a, \qquad u_{J,k} = b \quad (k = 0, 1, \cdots, K) \tag{10.52}$$

$$u_{j,0} = c, \qquad u_{j,K} = d \quad (j = 0, 1, \cdots, J) \tag{10.53}$$

となる．式 (10.51) は境界を除いた各格子点で成り立つため，式 (10.51) は $(J-1) \times (K-1)$ 元の連立 1 次方程式を表すが，未知数も境界を除いた格子点における $u_{j,k}$ $(j = 1, 2, \cdots, J-1; k = 1, 2, \cdots, K-1)$ であるから，方程式の個数と未知数の個数が一致して式 (10.51) は解けることになる．

このように，ラプラス方程式は初期条件を含まない境界値問題となり，最終的には境界を含まない内部の格子点の数だけの 1 次方程式を連立させて解くことになる．なお，差分法において元数の多い連立 1 次方程式になった場合には，6.4 節で述べた反復法が，通常は効率のよい解法となる．

**例題 10.4**

上で考えた問題で，特に $a = -4, b = 4, c = d = 0$ として，また図 10.9 に示すように領域を $x, y$ 方向に 3 個ずつ合計 9 個の格子を用いて解け．

【解】 図に境界の値を書き込んでおく．図の記号を用いて点 P で式 (10.47) に対応する式を書けば，$\Delta x = \Delta y = 1/3$ であることに注意して

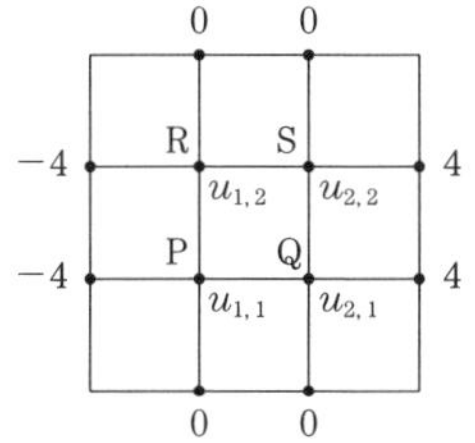


**図 10.9**　3 × 3 の格子

$$\frac{-4-2u_{1,1}+u_{2,1}}{(1/3)^2}+\frac{0-2u_{1,1}+u_{1,2}}{(1/3)^2}=0$$

となる．同様にして点 Q，R，S ではそれぞれ

$$\frac{u_{1,1}-2u_{2,1}+4}{(1/3)^2}+\frac{0-2u_{2,1}+u_{2,2}}{(1/3)^2}=0$$

$$\frac{-4-2u_{1,2}+u_{2,2}}{(1/3)^2}+\frac{u_{1,1}-2u_{1,2}+0}{(1/3)^2}=0$$

$$\frac{u_{1,2}-2u_{2,2}+4}{(1/3)^2}+\frac{u_{2,1}-2u_{2,2}+0}{(1/3)^2}=0$$

となる．これは，$u_{1,1}, u_{2,1}, u_{1,2}, u_{2,2}$ に関する連立 4 元 1 次方程式であり，コンピュータを用いなくても簡単に解ける．より簡単には，解が $y=0.5$ に関して対称であることを用いればよい．このとき，$u_{1,1}=u_{1,2}=p, u_{2,1}=u_{2,2}=q$ とおけば，上のはじめの 2 式は

$$(-4-2p+q)/(1/3)^2+(p-2p+0)/(1/3)^2=0$$

$$(p-2q+4)/(1/3)^2+(q-2q+0)/(1/3)^2=0$$

すなわち，

$$-3p+q=4$$

$$p-3q=-4$$

となり，これを解いて

$$p=u_{1,1}=u_{1,2}=-1, \qquad q=u_{2,1}=u_{2,2}=1$$

が得られる（もちろん 4 元 1 次方程式を解いても同じ結果となる）．

## ▷章末問題◁

**【10.1】**

$$\frac{dy}{dx}=f(x,y)$$

を区間 $[x_n, x_{n+1}]$ で積分すると，

$$y_{n+1} = y_n + \int_{x_n}^{x_{n+1}} f(x, y)dx$$

となる．上式の被積分関数を定数 $f(x_n, y_n)$ で置き換える（区分求積法）と，オイラー法になることを示せ．次に，$f(x, y)$ を $(x_{n-1}, f(x_{n-1}, y_{n-1}))$ と $(x_n, f(x_n, y_n))$ を通る直線で近似するとどうなるか．ただし，$x_{n+1} - x_n = x_n - x_{n-1} = h$ とする．

**【10.2】** 次の常微分方程式の境界値問題

$$\frac{d^2u}{dx^2} + u = -x \quad (0 < x < 1)$$
$$u(x) = 0 \quad u(1) = 2$$

を 4 つの等間隔格子に分割して解け（小数点以下 3 桁まで求めよ）．

**【10.3】** 2 階微分方程式

$$y'' - y = 0, \qquad y(0) = 2, \qquad y'(0) = 0$$

について以下の問いに答えよ．

(1) $y' = z$ とおくことにより，連立 2 元の 1 階微分方程式にせよ．

(2) 刻み幅を $h$ にとって，オイラー法で解くときの漸化式を求めよ．

(3) 上の漸化式を解いて，$y_n$，$z_n$ を求めよ．

**【10.4】** 1 次元熱伝導方程式の初期値・境界値問題

$$\frac{\partial u}{\partial t} = \frac{\partial^2 u}{\partial x^2} \quad (0 < x < 1, t > 0)$$
$$u(x, 0) = 1; \quad u(0, t) = u(1, t) = 0$$

を区間を 10 等分して，$\Delta t = 0.001$ として $t = 0.01$ まで解け．

**【10.5】** 2 次元ポアソン方程式の境界値問題

$$\frac{\partial^2 u}{\partial x^2} + \frac{\partial^2 u}{\partial y^2} = 6x - 3y \quad (0 < x < 1,\ 0 < y < 1)$$
$$u(x, 0) = 0, \qquad u(x, 1) = 3x - \frac{3}{2}x^2 \quad (0 < x < 1)$$
$$u(0, y) = 0, \qquad u(1, y) = 3y^2 - \frac{3}{2}y \quad (0 < y < 1)$$

を，領域を $3 \times 3$ の格子に分割して，差分法を用いて解き，$u(1/3, 1/3)$，$u(1/3, 2/3)$，$u(2/3, 1/3)$，$u(2/3, 2/3)$ の近似値を求めよ．

# 付録　アルゴリズム

数値計算において結果を得るために行う一連の計算手順をアルゴリズムという．本文では種々の数値計算法を紹介したが，ここではそれらをアルゴリズムの形にまとめておく．

### (1) ガウスの消去法

〈前進消去〉

1. $n$ (未知数の数), $A$ (係数行列), $\boldsymbol{b}$ (右辺ベクトル) を入力する．
2. $l = 1, 2, \cdots, n-1$ に対して次の演算を行う．
   2.1　各 $l$ について，$j = l+1, \cdots, n$ に対して次の演算を行う．
      2.1.1　$m_{jl} = a_{jl}^{(l)} / a_{ll}^{(l)}$
      2.1.2　各 $j$ について，$k = l+1, \cdots, n$ に対して次の演算を行う．

$$a_{jk}^{(l+1)} = a_{jk}^{(l)} - m_{jl} a_{lk}^{(l)}$$

      2.1.3　$b_j^{(l+1)} = b_j^{(l)} - m_{jl} b_l^{(l)}$

〈後退代入〉

1. $n$ および前進消去で得られた上三角行列 $A'$ と右辺ベクトル $\boldsymbol{b}$ を代入．
2. $x_n = b_n / a_{nn}$
3. $j = n-1, n-2, \cdots, 1$ に対して次の演算を行う．

$$x_j = \frac{1}{a_{jj}^{(j)}} \left( b_j^{(j)} - \sum_{k=j+1}^{n} a_{jk}^{(j)} x_k \right)$$

### (2) 部分ピボット選択つきの前進消去法

1. $n$ (未知数の数), $A$ (係数行列), $\boldsymbol{b}$ (右辺ベクトル) を入力する．
2. $l = 1, 2, \cdots, n-1$ に対して次の演算を行う．

2.1　各 $l$ について，$i = l+1, \cdots, n$ に対して $a_{il}$ の絶対値が最大になる $i$ を見つける．

2.2　$m = l, l+1, \cdots, n$ に対して $a_{im}$ と $a_{lm}$ を入れ換える．

2.3　各 $l$ について，$j = l+1, \cdots, n$ に対して次の演算を行う．

2.3.1　$m_{jl} = a_{jl}^{(l)}/a_{ll}^{(l)}$

2.3.2　各 $j$ について，$k = l+1, \cdots, n$ に対して次の演算を行う．

$$a_{jk}^{(l+1)} = a_{jk}^{(l)} - m_{jl}a_{lk}^{(l)}$$

2.3.3　$b_j^{(l+1)} = b_j^{(l)} - m_{jl}b_l^{(l)}$

### (3) LU 分解法

1. $n$ (行列の大きさ), $A$ (係数行列) を入力する．

2. $l = 1, 2, \cdots, n-1$ に対して次の演算を行う．

2.1　各 $l$ について，$j = l+1, \cdots, n$ に対して次の演算を行う．

2.1.1　$m_{jl} = a_{jl}^{(l)}/a_{ll}^{(l)}$

2.1.2　$l_{jl} = m_{jl}$

2.1.3　各 $j$ について，$k = l+1, \cdots, n$ に対して次の演算を行う．

$$a_{jk}^{(l+1)} = a_{jk}^{(l)} - m_{jl}a_{lk}^{(l)}$$

2.2　各 $l$ について，$k = l+1, \cdots, n$ に対して次の演算を行う．

2.2.1　$u_{lk} = a_{lk}^{(l)}$

3. $u_{nn} = a_{nn}^{(n)}$

4. $i = 1, 2, \cdots, n$ に対して $l_{ii} = 1$

### (4) LU 分解による連立 1 次方程式の解法

1. $n$ (未知数の数), $L$ (下三角行列), $U$ (上三角行列), $\boldsymbol{b}$ (右辺ベクトル) を入力する．

2. $y_1 = b_1$

3. $i = 2, \cdots, n$ に対して次の計算を行う．

$$y_i = b_i - \sum_{j=1}^{i-1} l_{ij}y_j$$

4. $x_n = y_n/u_{nn}$

5. $i = n-1, \cdots, 1$ に対して次の計算を行う．

$$x_i = \frac{1}{u_{ii}}\left(y_i - \sum_{j=i+1}^{n} u_{ij}x_j\right)$$

**(5) トーマス法（3 項方程式の解法）**

1. $n$ (未知数の数) と係数 $a_i, b_i, c_i, d_i$ $(i = 1 \sim n)$ を入力する．

2. $g_1 = d_1, s_1 = b_1$

3. $i = 1, 2, \cdots, n-1$ に対して次の計算を行う．

$$m_i = a_i/g_i$$

$$g_{i+1} = d_{i+1} - m_i c_i$$

$$s_{i+1} = b_{i+1} - m_i s_i$$

4. $x_n = s_n/g_n$

5. $i = n-1, n-2, \cdots, 1$ に対して次の計算を行う．

$$x_i = (s_i - c_i x_{i+1})/g_i$$

**(6) ヤコビの反復法**

1. $n$ (未知数の数), $A$ (係数行列), $\boldsymbol{b}$ (右辺ベクトル), $\varepsilon$(誤差の最大値) を入力する．

2. $i = 1, 2, \cdots, n$ に対して次の代入を行う．

$$x_i^{(0)} = 0$$

3. $k = 0, 1, 2, \cdots$ に対して次の手順を行う．

3.1　$i = 1, 2, \cdots, n$ に対して次の演算を行う．

$$x_i^{(k+1)} = (b_i - (a_{i1}x_1^{(k)} + \cdots + a_{ii-1}x_{i-1}^{(k)} + a_{ii+1}x_{i+1}^{(k)} + \cdots + a_{in}x_n^{(k)}))/a_{ii}$$

3.2　$i = 1, 2, \cdots, n$ に対して $|x_i^{(k+1)} - x_i^{(k)}| < \varepsilon$ ならば終了．

ガウス・ザイデル法，SOR 法のアルゴリズムはヤコビの反復法とほぼ同じであるが，3.1 を次のように置き換えればよい．

### (7) ガウス・ザイデル法

3.1′　$i = 1, 2, \cdots, n$ に対して次の演算を行う．

$$x_i^{(k+1)} = (b_i - (a_{i1}x_1^{(k+1)} + \cdots + a_{ii-1}x_{i-1}^{(k+1)} + a_{ii+1}x_{i+1}^{(k)} + \cdots + a_{in}x_n^{(k)}))/a_{ii}$$

### (8) SOR 法

3.1″　$i = 1, 2, \cdots, n$ に対して次の演算を行う ($\alpha$ : 加速係数)．

$$x^* = (b_i - (a_{i1}x_1^{(k+1)} + \cdots + a_{ii-1}x_{i-1}^{(k+1)} + a_{ii+1}x_{i+1}^{(k)} + \cdots + a_{in}x_n^{(k)}))/a_{ii}$$

$$x_i^{(k+1)} = (1 - \alpha)x_i^{(k)} + \alpha x^*$$

### (9) べき乗法

1. $A$ (係数行列), $\boldsymbol{z}^{(0)}$ (出発値) を入力する．
2. $k = 1, 2, \cdots$ に対して次の反復計算を行う．

$$\boldsymbol{y}^{(k)} = A\boldsymbol{z}^{(k)}$$

　$\lambda_k = (\boldsymbol{y}^{(k)}$ の絶対値最大成分 ) として

$$\boldsymbol{z}^{(k)} = \boldsymbol{y}^{(k)}/\lambda_k$$

3. 収束すれば反復を終了する．

### (10) 逆べき乗法

1. $A$ (係数行列), $\boldsymbol{z}^{(0)}$ (出発値) を入力
2. $k = 1, 2, \cdots$ に対して次の操作を行う．

　連立 1 次方程式 $A\boldsymbol{y}^{(k)} = \boldsymbol{z}^{(k-1)}$ を解く．

　$\lambda_k = (\boldsymbol{y}^{(k)}$ の絶対値最大成分 ) として

$$\boldsymbol{z}^{(k)} = \boldsymbol{y}^{(k)}/\lambda_k$$

3．収束すれば反復を終了する．

### (11) ヤコビ法

1．対称行列 $A$ を入力する．

2．以下の反復を行う．

　2.1　絶対値が最大の成分を求め，それを $a_{pq}$ とおく．

　2.2　$a_{pp} \neq a_{qq}$ のとき

$$\theta = \frac{1}{2}\tan^{-1}\left(\frac{2a_{pq}}{a_{qq} - a_{pp}}\right),\ ただし -\frac{\pi}{4} \leq \theta \leq \frac{\pi}{4}$$

　$a_{pp} = a_{qq}$のとき

$$\theta = \mathrm{sign}(a_{pq})\frac{\pi}{4}$$

　2.3　$\theta$ を用いて基本回転行列 $U(p,q)$(式 (6.41)) を構成する．

　2.4　$A = U^T AU$

3．収束すれば終了．

### (12) 2 分法

1．$f(x), a, b$ および十分小さい正数 $\varepsilon$ を入力する（ただし，$f(a)f(b) < 0$ とする．もしこの条件が満足されなければ入力し直す）．

2．$c = (a+b)/2$ を計算する．

3．$|c - a| < \varepsilon$ ならば根を $c$ として終了．

4．もし $f(a)f(c) < 0$ ならば $b = c$ として 2 に戻る．

5．そうでなければ $a = c$ として 2 に戻る．

### (13) ニュートン法その 1

1．$f(x), f'(x), x_0$ を指定する．

2．$n = 0, 1, 2, \cdots$ に対し，次の反復演算を収束するまで繰り返す．

$$x_{n+1} = x_n - f(x_n)/f'(x_n)$$

3．収束すれば反復終了．

### (14) セカント法

1. $f(x), x_0, x_{-1}$ を指定する．
2. $n = 0, 1, 2, \cdots$ に対し，次の反復演算を収束するまで繰り返す．

$$x_{n+1} = x_n - \frac{x_n - x_{n-1}}{f(x_n) - f(x_{n-1})} f(x_n)$$

3. 収束すれば反復終了．

### (15) ニュートン法その 2（連立 2 元方程式）

1. 初期値 $(x_0, y_0)$ を入力する．
2. $i = 0, 1, 2, \cdots$ について次の反復を行う
   2.1　次の連立 2 元 1 次方程式を解いて $\Delta x, \Delta y$ を求める．

$$\begin{cases} f_x(x_i, y_i)\Delta x + f_y(x_i, y_i)\Delta y = -f(x_i, y_i) \\ g_x(x_i, y_i)\Delta x + g_y(x_i, y_i)\Delta y = -g(x_i, y_i) \end{cases}$$

   2.2　$x_{i+1} = x_i + \Delta x,\ y_{i+1} = y_i + \Delta y$
3. $|\Delta x|/|x_{i+1}| < \varepsilon,\ |\Delta y|/|y_{i+1}| < \varepsilon$ になれば反復終了．

### (16) ベアストウ法

1. $f(x) = a_0x^n + a_1x^{n-1} + \cdots + a_{n-1}x + a_n = 0$ の係数 $a_k$ $(k = 0, 1, \cdots, n)$ と 2 次因子 $x^2 - ux - v$ の係数 $u, v$ の近似値 $u_k, v_k$ を用いて次式から $b_k$ を計算する．

$$b_{-2} = 0$$
$$b_{-1} = 0$$
$$b_k = a_k + u_k b_{k-1} + v_k b_{k-2} \quad (k = 0, 1, \cdots, n)$$

2. $b_k$ を用いて次式から $c_k$ を計算する．

$$c_{-2} = 0$$
$$c_{-1} = 0$$
$$c_k = b_k + u_k c_{k-1} + v_k c_{k-2} \quad (k = 0, 1, \cdots, n-1)$$

3. $b_{n-1}, b_n, c_{n-3}, c_{n-2}, c_{n-1}$ を用いて

$$c_{n-2}\Delta u + c_{n-3}\Delta v = -b_{n-1}$$
$$c_{n-1}\Delta u + c_{n-2}\Delta v = -b_n$$

を解いて $\Delta u, \Delta v$ を求め,

$$u_{k+1} = u_k + \Delta u$$
$$v_{k+1} = v_k + \Delta v$$

4. $|u_{k+1} - u_k| < \varepsilon, |v_{k+1} - v_k| < \varepsilon$ が満たされるまで 1～3 を繰り返す.
5. $x^2 - u_{k+1}x - v_{k+1} = 0$ を解き, 2 根を求める.
6. $a_k = b_k \quad (k = 0, 1, 2, \cdots, n-2)$ とおき, $n = 3$ ならば 1 次方程式 $a_0x + a_1 = 0$ を解き, $n = 4$ であれば 2 次方程式 $a_0x^2 + a_1x + a_2 = 0$ を解く. $n > 4$ であれば $n = n - 2$ として, 1～5 を繰り返す.

### (17) ラグランジュ補間法

1. $n$ (データ数), $x$ (補間する点) および $i = 0, 1, \cdots, n$ に対して $(x_i, f_i)$ を入力する.
2. $i = 0, 1, \cdots, n$ に対して次の計算を行う.

$$\phi_i = \frac{(x - x_0)(x - x_1)\cdots(x - x_{i-1})(x - x_{i+1})\cdots(x - x_n)}{(x_i - x_0)(x_i - x_1)\cdots(x_i - x_{i-1})(x_i - x_{i+1})\cdots(x_i - x_n)}$$

3. $f_0\phi_0 + f_1\phi_1 + \cdots + f_n\phi_n$ を計算する.

### (18) エルミート補間法

1. $n$ (データ数), $x$ (補間する点), $(x_i, f_i, f_i')(i = 0, 1, \cdots, n)$ を入力する.
2. $i = 0, 1, \cdots, n$ に対して次の計算を行う.

$$\phi_i = \frac{(x - x_0)(x - x_1)\cdots(x - x_{i-1})(x - x_{i+1})\cdots(x - x_n)}{(x_i - x_0)(x_i - x_1)\cdots(x_i - x_{i-1})(x_i - x_{i+1})\cdots(x_i - x_n)}$$
$$d\phi_i = \sum_{i \neq j} \frac{1}{x_i - x_j} = \frac{1}{x_i - x_0} + \cdots + \frac{1}{x_i - x_{i-1}} + \frac{1}{x_i - x_{i+1}} + \cdots + \frac{1}{x_i - x_n}$$
$$h_i = \phi_i^2(1 - 2(x - x_i)d\phi_i)$$
$$g_i = (x - x_i)\phi_i^2$$

3. $f_0h_0 + f_1h_1 + \cdots + f_nh_n + f_0'g_0 + f_1'g_1 + \cdots + f_n'g_n$ を計算する.

**(19) 3次スプライン補間法（等間隔の場合）**

1. $n$ (データ数), $x$ (補間する点), $(x_i, f_i)(i = 0, 1, \cdots, n)$ を入力する.
2. 次の連立1次方程式を立てる $(i = 1, 2, \cdots, n-1)$.

$$\sigma_{i-1} + 4\sigma_i + \sigma_{i+1} = \frac{6}{h^2}(f_{i-1} - 2f_i + f_{i+1})$$

3. 境界条件を課す（$\sigma_0 = \sigma_n = 0$ のとき自然なスプライン）.
4. 連立1次方程式を解いて $\sigma_i$ を求める.
5. 次式を計算する $(i = 1, 2, \cdots, n-1)$.

$$\begin{aligned} s_i(x) &= \frac{1}{6h_i}\{\sigma_{j+1}(x - x_i)^3 - \sigma_i(x - x_{i+1})^3\} \\ &\quad + \left(\frac{f_{i+1}}{h_i} - \frac{h_i\sigma_{i+1}}{6}\right)(x - x_i) - \left(\frac{f_i}{h_i} - \frac{h_i\sigma_i}{6}\right)(x - x_{i+1}) \end{aligned}$$

**(20) 最小2乗法**

1. $m$ (データ数), $(x_i, y_i)(i = 0, 1, \cdots, m)$, $n$ (回帰式の次数) を入力する.
2. $k = 0, 1, \cdots, n$ に対して次の手順を行う.
   2.1 各 $k$ について, $j = 0, 1, \cdots, n$ に対して行列 $C$ の要素を次式から計算する.

$$c_{jk} = \sum_{i=0}^{m} x_i^{j+k}$$

   2.2 $b_k = \sum_{i=0}^{m} y_i x_i^k$
3. ガウスの消去法（ピボット選択を含む）などを用いて連立1次方程式 $C\boldsymbol{a} = \boldsymbol{b}$ を解く.

**(21) 台形公式による積分**

1. $n$ (区間の数), $a$ (積分の下端), $b$ (積分の上端), $f$ (被積分関数) を入力する.
2. $h = (b - a)/n, \quad S = 0$
3. $i = 1, 2, \cdots, n-1$ に対して次の計算を行う.

$$S = S + f(a + ih)$$

4. $S = \frac{h}{2}(f(a) + 2S + f(b))$

### (22) シンプソンの公式による積分

1. $n$ (区間数の半分), $a$ (積分の上端), $b$ (積分の下端), $f$ (被積分関数) を入力する.
2. $h = (b-a)/2n, S_1 = 0, S_2 = f(a+h)$
3. $i = 2, 4, \cdots, 2n-2$ に対して次の計算を行う.

$$S_1 = S_1 + f(a+ih), \qquad S_2 = S_2 + f(a+(i+1)h)$$

4. $S = \frac{h}{3}(f(a) + 4S_1 + 2S_2 + f(b))$

### (23) 離散フーリエ変換

1. $n = 0, 1, 2, \cdots, N-1$ に対して以下の手順を行う.
   1.1 $k = 0, 1, \cdots, N-1$ に対して $w_N^{kn} = \exp\left(-\sqrt{-1}\frac{2\pi}{N}\right)kn.$
   実部 $\cos\left(2\pi\frac{kn}{N}\right)$, 虚部 $\sin\left(2\pi\frac{kn}{N}\right)$
   1.2 次の計算を実部, 虚部に分けて行う.

$$C(k) = \sum_{k=0}^{N-1} w_N^{kn} f_k$$

### (24) オイラー法

1. $f(x,y)$ (微分方程式の右辺の関数), $a$ (始点), $b$ (終点), $n$ (積分の回数) を入力する.
2. $\Delta x = (b-a)/n, x_0 = a$
3. $i = 0, 1, 2, \cdots, n-1$ に対して次の計算を行う.

$$x_{i+1} = x_i + \Delta x$$

$$y_{i+1} = y_i + hf(x_i, y_i)$$

### (25) 4 次ルンゲ・クッタ法

1. $f(x, y)$ (微分方程式の右辺の関数), $a$ (始点), $b$ (終点), $n$ (積分の回数) を入力する.
2. $\Delta x = (b-a)/n, x_0 = a$
3. $i = 0, 1, 2, \cdots, n-1$ に対して次の計算を行う.

$$
\begin{aligned}
h_1 &= \Delta x f(x_i, y_i) \\
h_2 &= \Delta x f(x_i + \Delta x/2, y_i + h_1/2) \\
h_3 &= \Delta x f(x_i + \Delta x/2, y_i + h_2/2) \\
h_4 &= \Delta x f(x_i + \Delta x, y_i + h_3) \\
x_{i+1} &= x_i + \Delta x \\
y_{i+1} &= y_i + \frac{1}{6}(h_1 + 2h_2 + 2h_3 + h_4)
\end{aligned}
$$

### (26) 4 次のルンゲ・クッタ法 (連立微分方程式)

1. $f(x, y), g(x, y)$ (微分方程式の右辺の関数), $a$ (始点), $b$ (終点), $n$ (積分の回数) を入力する.
2. $\Delta x = (b-a)/n, x_0 = a$
3. $i = 0, 1, 2, \cdots, n-1$ に対して次の計算を行う.

$$
\begin{aligned}
h_1 &= \Delta x f(x_i, y_i, z_i) \\
k_1 &= \Delta x f(x_i, y_i, z_i) \\
h_2 &= \Delta x f(x_i + \Delta x/2, y_i + h_1/2, z_i + k_1/2) \\
k_2 &= \Delta x g(x_i + \Delta x/2, y_i + h_1/2, z_i + k_1/2) \\
h_3 &= \Delta x f(x_i + \Delta x/2, y_i + h_2/2, z_i + k_2/2) \\
k_3 &= \Delta x g(x_i + \Delta x/2, y_i + h_2/2, z_i + k_2/2) \\
h_4 &= \Delta x f(x_i + \Delta x, y_i + h_3, z_i + k_3) \\
h_4 &= \Delta x g(x_i + \Delta x, y_i + h_3, z_i + k_3) \\
x_{i+1} &= x_i + \Delta x
\end{aligned}
$$

$$y_{i+1} = y_i + \frac{1}{6}(h_1 + 2h_2 + 2h_3 + h_4)$$
$$z_{i+1} = z_i + \frac{1}{6}(k_1 + 2k_2 + 2k_3 + k_4)$$

### (27) 境界値問題
### (2 階線形微分方程式：$y''+py'+qy = r, y(a) = A, y(b) = B$)

1. 上式の $p(x), q(x), r(x), a, A, b, B, n$ を入力する.
2. $h = (b-a)/n$

   $i = 1, 2, \cdots, n-1$ に対して次の計算を行う.

$$x_i = a + ih$$
$$a_i = 1 - hp(x_i)/2$$
$$b_i = -(2 - h^2 q(x_i))$$
$$c_i = 1 + hp(x_i)/2$$
$$d_i = h^2 r(x_i)/2$$

3. $d_1 - a_1 A$ を新たに $d_1$ とし，$d_{n-1} - c_{n-1}B$ を新たに $d_{n-1}$ とする.
4. 3 項方程式を解く.

### (28) 偏微分方程式 (1 次元拡散方程式)

1. $J$ (格子数), $m$ (時間積分の回数), $\Delta t$ (時間刻み幅) を入力する.
2. 初期条件 $u_j^0 (j = 1, \cdots, J-1)$ を入力する.
3. $n = 0, \cdots, m-1$ の順に以下の手順を繰り返す.

   3.1　境界条件 $u_0^n, u_J^n$ を与える.

   3.2　$j = 1, 2, \cdots, J-1$ に対して次の計算を行う.

$$u_j^{n+1} = u_j^n + \frac{\Delta t}{(\Delta x)^2}\left(u_{j-1}^n - 2u_j^n + u_{j+1}^n\right)$$

# 略　　解

## 第 1 章

**問 1.1**　(1) 三角形の 1 辺は他の 2 辺の和より小さいことを用いる（図 a）．

(2) (1) より $|\boldsymbol{a}+\boldsymbol{b}+\boldsymbol{c}| \leq |\boldsymbol{a}+\boldsymbol{b}|+|\boldsymbol{c}| \leq |\boldsymbol{a}|+|\boldsymbol{b}|+|\boldsymbol{c}|$

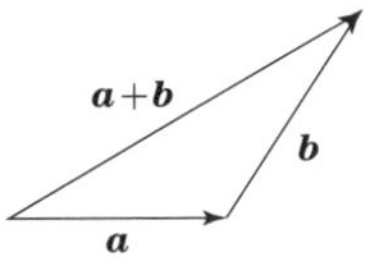


図 a

**問 1.2**　$\overrightarrow{OA}$ と $\overrightarrow{OB}$ を 2 辺とする平行四辺形のもう一つの頂点を C とすると，$\overrightarrow{OC} = \overrightarrow{OA}+\overrightarrow{OB}$．一方，平行四辺形の対角線は互いに他を 2 等分するから，$2\overrightarrow{OP} = \overrightarrow{OC}$ となる．

**問 1.3**　内積の定義から，$\boldsymbol{a}\cdot\boldsymbol{b} = |\boldsymbol{a}||\boldsymbol{b}|\cos\theta$ となるため，両辺を $|\boldsymbol{a}||\boldsymbol{b}|$ で割る．

**問 1.4**　(1) $(\boldsymbol{a}+\boldsymbol{b})\cdot(\boldsymbol{a}-\boldsymbol{b}) = \boldsymbol{a}\cdot\boldsymbol{a}+\boldsymbol{b}\cdot\boldsymbol{a}-\boldsymbol{a}\cdot\boldsymbol{b}-\boldsymbol{b}\cdot\boldsymbol{b} = \boldsymbol{a}\cdot\boldsymbol{a}-\boldsymbol{b}\cdot\boldsymbol{b}$

(2) $(\boldsymbol{a}+\boldsymbol{b})\times(\boldsymbol{a}-\boldsymbol{b}) = \boldsymbol{a}\times\boldsymbol{a}+\boldsymbol{b}\times\boldsymbol{a}-\boldsymbol{a}\times\boldsymbol{b}-\boldsymbol{b}\times\boldsymbol{a} = -\boldsymbol{a}\times\boldsymbol{b}-\boldsymbol{a}\times\boldsymbol{b}$

(3) $\boldsymbol{a}\times\boldsymbol{b}$ は $\boldsymbol{a}$ に垂直なベクトルである．したがって，$\boldsymbol{a}\cdot(\boldsymbol{a}\times\boldsymbol{b}) = 0$

**問 1.5**　(1) $8\boldsymbol{i}-\boldsymbol{k}+3\boldsymbol{k}$

(2) $\boldsymbol{a}+\boldsymbol{b} = -\boldsymbol{i}-3\boldsymbol{j}+4\boldsymbol{k}$ より $|\boldsymbol{a}+\boldsymbol{b}| = \sqrt{1+9+16} = \sqrt{26}$

(3) $|-2\boldsymbol{a}+\boldsymbol{b}| = |-4\boldsymbol{i}+3\boldsymbol{j}-5\boldsymbol{k}| = 5\sqrt{2} \to \pm(-4\boldsymbol{i}+3\boldsymbol{j}-5\boldsymbol{k})/5\sqrt{2}$

**問 1.6**　(1) $\boldsymbol{a}\cdot\boldsymbol{b} = -2+2+3 = 3$

(2) $\boldsymbol{a}\times\boldsymbol{b} = (-2+3)\boldsymbol{i}+(-6-1)\boldsymbol{j}+(-1-4)\boldsymbol{k} = \boldsymbol{i}-7\boldsymbol{j}-5\boldsymbol{k}$

(3) $(\boldsymbol{a}-\boldsymbol{b})\times(\boldsymbol{a}+\boldsymbol{b}) = (3\boldsymbol{i}-\boldsymbol{j}+2\boldsymbol{k})\times(-\boldsymbol{i}-3\boldsymbol{j}+4\boldsymbol{k}) = 2\boldsymbol{i}-14\boldsymbol{j}-10\boldsymbol{k}$

### 章末問題

**[1.1]**　(1) $\boldsymbol{a} = (a_1, a_2, a_3)$ などと記すとそれぞれの式は，

$a_1(b_2c_3-b_3c_2)-a_2(b_1c_3-b_3c_1)+a_3(b_1c_2-b_2c_1)$;

$b_1(c_2a_3-c_3a_2)-b_2(c_1a_3-c_3a_1)+b_3(c_1a_2-c_2a_1)$;

$c_1(a_2b_3-a_3b_2)-c_2(a_1b_3-a_3b_1)+c_3(a_1b_2-a_2b_1)$

となるため，式を展開すればわかるようにすべて等しい．

(2) 与式 $= ((\boldsymbol{a}\cdot\boldsymbol{c})\boldsymbol{b}-(\boldsymbol{a}\cdot\boldsymbol{b})\boldsymbol{c})+((\boldsymbol{b}\cdot\boldsymbol{a})\boldsymbol{c}-(\boldsymbol{b}\cdot\boldsymbol{c})\boldsymbol{a})+((\boldsymbol{c}\cdot\boldsymbol{b})\boldsymbol{a}-(\boldsymbol{c}\cdot\boldsymbol{a})\boldsymbol{b}) = 0$

(3) $\boldsymbol{a}\times\boldsymbol{b} = \boldsymbol{e}$ とおくと，

$$\begin{aligned}(\boldsymbol{a}\times\boldsymbol{b})\cdot(\boldsymbol{c}\times\boldsymbol{d}) &= \boldsymbol{e}\cdot(\boldsymbol{c}\times\boldsymbol{d}) = \boldsymbol{d}\cdot(\boldsymbol{e}\times\boldsymbol{c})\\ &= \boldsymbol{d}\cdot((\boldsymbol{a}\times\boldsymbol{b})\times\boldsymbol{c}) = \boldsymbol{d}\cdot((\boldsymbol{a}\cdot\boldsymbol{c})\boldsymbol{b}-(\boldsymbol{b}\cdot\boldsymbol{c})\boldsymbol{a})\\ &= (\boldsymbol{a}\cdot\boldsymbol{c})(\boldsymbol{b}\cdot\boldsymbol{d})-(\boldsymbol{a}\cdot\boldsymbol{d})(\boldsymbol{b}\cdot\boldsymbol{c})\end{aligned}$$

**[1.2]** $S^2 = |\boldsymbol{a}\times\boldsymbol{b}|^2 = (a_2b_3-a_3b_2)^2+(a_3b_1-a_1b_3)^2+(a_1b_2-a_2b_1)^2$

$$\begin{aligned}\boldsymbol{a}^2\boldsymbol{b}^2-(\boldsymbol{a}\cdot\boldsymbol{b})^2 &= (a_1^2+a_2^2+a_3^2)(b_1^2+b_2^2+b_3^2)-(a_1b_1+a_2b_2+a_3b_3)^2\\ &= (a_2^2b_3^2-2a_2a_3b_2b_3+a_3^2b_2^2)+(a_3^2b_1^2-2a_1a_3b_1b_3+a_1^2b_3^2)\\ &\quad +(a_1^2b_2^2-2a_1a_2b_1b_2+a_2^2b_1^2)\\ &= (a_2b_3-a_3b_2)^2+(a_3b_1-a_1b_3)^2+(a_1b_2-a_2b_1)^2\end{aligned}$$

**[1.3]** (1) $\boldsymbol{a}=(1,2,3)\times(2,-3,-4)=\boldsymbol{i}+10\boldsymbol{j}-7\boldsymbol{k}$ より $\pm(\boldsymbol{i}+10\boldsymbol{j}-7\boldsymbol{k})/5\sqrt{6}$

(2) $\boldsymbol{x}=(x_1,x_2,x_3)$ とおけば，$\boldsymbol{a}+\boldsymbol{b}=(3,-1,-1), 2\boldsymbol{a}-3\boldsymbol{b}=(-4,13,18)$ より $3x_1-x_2-x_3=-4x_1+13x_2+18x_3 \to 7x_1-14x_2-19x_3=0 \to$ $((14p+19q)/7,p,q)$，ただし，$p,q$ は任意

**[1.4]** 図 b において，$\boldsymbol{a}_1=\overrightarrow{HA}$，$\boldsymbol{a}_2=\overrightarrow{HB}$，$\boldsymbol{a}_3=\overrightarrow{HC}$ とすれば $\overrightarrow{CB}=\boldsymbol{a}_2-\boldsymbol{a}_3$，$\overrightarrow{BA}=\boldsymbol{a}_1-\boldsymbol{a}_2$，$\overrightarrow{AC}=\boldsymbol{a}_3-\boldsymbol{a}_1$．$\overrightarrow{HA}$と$\overrightarrow{CB}$は垂直で，また$\overrightarrow{HB}$と$\overrightarrow{AC}$は垂直なので，

$(\boldsymbol{a}_1,\boldsymbol{a}_2-\boldsymbol{a}_3)=0,(\boldsymbol{a}_2,\boldsymbol{a}_3-\boldsymbol{a}_1)=0 \to (\boldsymbol{a}_1,\boldsymbol{a}_2)=(\boldsymbol{a}_2,\boldsymbol{a}_3)=(\boldsymbol{a}_1,\boldsymbol{a}_3)$

そこで $(\boldsymbol{a}_3,\boldsymbol{a}_1-\boldsymbol{a}_2)=(\boldsymbol{a}_3,\boldsymbol{a}_1)-(\boldsymbol{a}_3,\boldsymbol{a}_2)=0$ となるため，$\overrightarrow{HC}$と$\overrightarrow{BA}$は垂直．

**[1.5]** 図 c において，弦 AB の中点を M，弦 CD の中点を N とすると，$\overrightarrow{OM}$と$\overrightarrow{AB}$は垂直で，$\overrightarrow{ON}$と$\overrightarrow{CD}$は垂直である．したがって，

$2\overrightarrow{PO}=2(\overrightarrow{PM}+\overrightarrow{PN})=((\overrightarrow{PA}+\overrightarrow{PB})+(\overrightarrow{PC}+\overrightarrow{PD}))$ $(2\overrightarrow{PM}=\overrightarrow{PM}+\overrightarrow{PB}+\overrightarrow{BM}=\overrightarrow{PM}+\overrightarrow{MA}+\overrightarrow{PB}=\overrightarrow{PA}+\overrightarrow{PB}$ などを用いる)

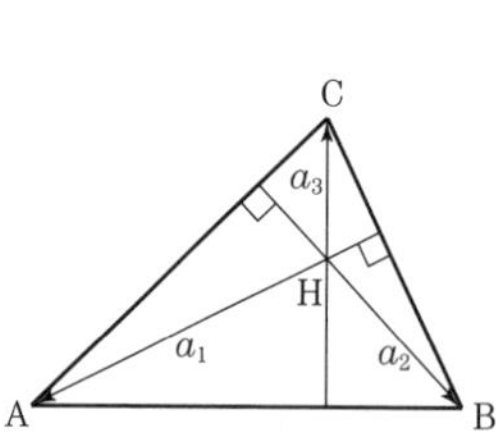


**図 b**

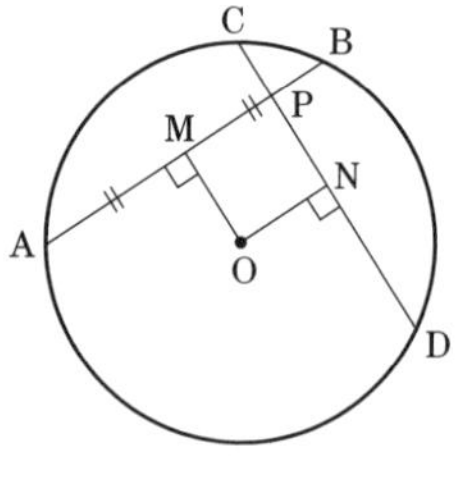


**図 c**

## 第2章

**問 2.1** (1) 上三角型に直すと，$2x+y=5, -7y/2=-7/2$ となるため，

$y=1, x=2$

(2) 上三角型に直すと，$x+2y-4z=-4, y-z=0, 3z=-3$ となるため，

$z=-1, y=-1, x=-6$

**問 2.2** (1) $x=2, y=1$

(2) $x=2, y=-1, z=1$

**問 2.3**
$$\begin{bmatrix} 1 & a & 1 \\ 0 & 1 & c-b \\ 0 & d-a & 0 \end{bmatrix} \to \begin{bmatrix} 1 & a & 1 \\ 0 & 1 & c-b \\ 0 & 0 & -(c-b)(d-a) \end{bmatrix}$$

**問 2.4** (1) $2A+B=\begin{bmatrix} 6 & 7 \\ 8 & 9 \end{bmatrix}$

(2) $A-4B=\begin{bmatrix} -15 & -10 \\ -5 & 0 \end{bmatrix}$

(3) $AB=\begin{bmatrix} 8 & 5 \\ 20 & 13 \end{bmatrix}$

(4) $BA=\begin{bmatrix} 13 & 20 \\ 5 & 8 \end{bmatrix}$

**問 2.5** (1)
$$\begin{bmatrix} 1 & -2 & 2 \\ 2 & -3 & 5 \\ 1 & 2 & -1 \end{bmatrix} \to \begin{bmatrix} 1 & -2 & 2 \\ 0 & 1 & 1 \\ 0 & 4 & -3 \end{bmatrix} \to \begin{bmatrix} 1 & -2 & 2 \\ 0 & 1 & 1 \\ 0 & 0 & -7 \end{bmatrix}; \ 3$$

(2)
$$\begin{bmatrix} 1 & -2 & -1 & -2 \\ 2 & -4 & -1 & -3 \\ 1 & -2 & 2 & 1 \end{bmatrix} \to \begin{bmatrix} 1 & -2 & -1 & -2 \\ 0 & 0 & 1 & 1 \\ 0 & 0 & 3 & 3 \end{bmatrix} \to \begin{bmatrix} 1 & -2 & -1 & -2 \\ 0 & 0 & 1 & 1 \\ 0 & 0 & 0 & 0 \end{bmatrix}; \ 2$$

**問 2.6**
$$\begin{bmatrix} a & b & 1 & 0 \\ c & d & 0 & 1 \end{bmatrix} \to \begin{bmatrix} 1 & b/a & 1/a & 0 \\ 0 & d-(bc)/a & -c/a & 1 \end{bmatrix}$$

$$\to \begin{bmatrix} 1 & 0 & 1/a+(bc)/(a(ad-bc)) & -b/(ad-bc) \\ 0 & (ad-bc)/a & -c/a & 1 \end{bmatrix}$$

$$\to \begin{bmatrix} 1 & 0 & d/(ad-bc) & -b/(ad-bc) \\ 0 & 1 & -c/(ad-bc) & a/(ad-bc) \end{bmatrix} \text{より} \frac{1}{ad-bc}\begin{bmatrix} d & -b \\ -c & a \end{bmatrix}$$

**章末問題**

**[2.1]** (1) 2

(2) 3

**[2.2]** $rank\begin{bmatrix} 2 & 3 & 4 \\ 3 & 4 & 5 \\ 4 & 5 & 6 \end{bmatrix} = rank\begin{bmatrix} 2 & 3 & 4 \\ 1 & 1 & 1 \\ 1 & 1 & 1 \end{bmatrix} = rank\begin{bmatrix} 2 & 3 & 4 \\ 1 & 1 & 1 \\ 0 & 0 & 0 \end{bmatrix} = 2,$

$$rank\begin{bmatrix} 2 & 3 & 4 & a \\ 3 & 4 & 5 & b \\ 4 & 5 & 6 & c \end{bmatrix} = rank\begin{bmatrix} 2 & 3 & 4 & a \\ 1 & 1 & 1 & b-a \\ 0 & 0 & 0 & a+c-2b \end{bmatrix}$$

より, $a+c=2b$, このとき $z=k$ とおくと, $2x+3y=a-4k$, $3x+4y=b-5k$.
これを解いて $x=-4a+3b+k$, y=3a-2b-2k（$k$ は任意）

**[2.3]** (1) 与式 $= 2\begin{bmatrix} -1 & 11 \\ -4 & -5 \end{bmatrix} - 3\begin{bmatrix} 9 & 12 \\ 1 & -1 \end{bmatrix} = \begin{bmatrix} -29 & -14 \\ -11 & -7 \end{bmatrix}$

(2) $\begin{bmatrix} 14 & 11 \\ 8 & 6 \end{bmatrix}$

(3) $\begin{bmatrix} 1 & 2 & 3 \\ 2 & 8 & 14 \\ 3 & 7 & 11 \end{bmatrix}$

**[2.4]** $A=[a_{ij}], B=[b_{ij}]$ とすれば,

(1) $\mathrm{Tr}(A+B) = \sum_{i=1}^{n}(a_{ii}+b_{ii}) = \sum_{i=1}^{n} a_{ii} + \sum_{i=1}^{n} b_{ii},$

(2) $$\mathrm{Tr}(AB) = \sum_{i=1}^{n}\left(\sum_{j=1}^{n} a_{ij}b_{ji}\right) = \sum_{i=1}^{n}\left(\sum_{j=1}^{n} b_{ji}a_{ij}\right)$$

$$= \sum_{i=1}^{n}(b_{1i}a_{i1} + \cdots + b_{ni}a_{in}) = \sum_{j=1}^{n}\left(\sum_{i=1}^{n} b_{ji}a_{ij}\right) = \mathrm{Tr}(BA)$$

**[2.5]** 与式を A とおくと, $A^2 = \begin{bmatrix} 0 & 0 & 0 & 0 \\ 0 & 0 & 0 & 0 \\ a^2 & 0 & 0 & 0 \\ 0 & a^2 & 0 & 0 \end{bmatrix}, A^3 = \begin{bmatrix} 0 & 0 & 0 & 0 \\ 0 & 0 & 0 & 0 \\ 0 & 0 & 0 & 0 \\ a^3 & 0 & 0 & 0 \end{bmatrix}$,

$A^n = [0] \quad (n \geq 4)$

**[2.6]** (1) $\dfrac{1}{7}\begin{bmatrix} 5 & -1 & -3 \\ 5 & -1 & -10 \\ -3 & 2 & 6 \end{bmatrix}$

(2) $\dfrac{1}{abc}\begin{bmatrix} bc & -cd & df - be \\ 0 & ac & -af \\ 0 & 0 & ab \end{bmatrix}$

**[2.7]** $A(I-A) = AI - A^2 = A - A^2$ 仮定から $I = A - A^2$, したがって $A(I-A) = I$ なので, $A$ は正則で逆行列は $I - A$

## 第3章

**問 3.1** (1) $\begin{vmatrix} 1+a & 1 \\ 1 & 1+b \end{vmatrix} = (1+a)(1+b) - 1 = ab\left(1 + \dfrac{1}{a} + \dfrac{1}{b}\right)$

(2) (1) のように展開するかまたは

$$\begin{vmatrix} 1+a & 1 & 1 \\ 1 & 1+b & 1 \\ 1 & 1 & 1+c \end{vmatrix}$$

$$= abc\begin{vmatrix} 1+1/a & 1/a & 1/a \\ 1/b & 1+1/b & 1/b \\ 1/c & 1/c & 1+1/c \end{vmatrix}$$

$$= abc\begin{vmatrix} 1+1/a+1/b+1/c & 1+1/a+1/b+1/c & 1+1/a+1/b+1/c \\ 1/b & 1+1/b & 1/b \\ 1/c & 1/c & 1+1/c \end{vmatrix}$$

$$= abc\left(1 + \frac{1}{a} + \frac{1}{b} + \frac{1}{c}\right)\begin{vmatrix} 1 & 1 & 1 \\ 1/b & 1+1/b & 1/b \\ 1/c & 1/c & 1+1/c \end{vmatrix}$$

$$= abc\left(1+\frac{1}{a}+\frac{1}{b}+\frac{1}{c}\right)\begin{vmatrix}1&1&1\\0&1&0\\0&0&1\end{vmatrix} = abc\left(1+\frac{1}{a}+\frac{1}{b}+\frac{1}{c}\right)$$

**問 3.2** (1) $-38$

(2) $0$（2 行目から 1 行目を引く）

**問 3.3** $\begin{bmatrix}-1&2&0\\-2&3&1\\3&-4&-1\end{bmatrix}$

**問 3.4** $x=6/2=3, y=4/2=2, z=2/2=1$

**章末問題**

**[3.1]** (1) 与式 $=\begin{vmatrix}1&1&1\\x&y&z\\y+z+x&z+x+y&x+y+z\end{vmatrix}=(x+y+z)\begin{vmatrix}1&1&1\\x&y&z\\1&1&1\end{vmatrix}=0$

(2) 与式 $=\omega^3+\omega^6+\omega^3-1-\omega^6-\omega^3=1+1+1-1-1-1=0$

**[3.2]** (1) 与式 $=\begin{vmatrix}1+x&6\\2&6\end{vmatrix}+(1-x)\begin{vmatrix}1&2-x\\1+x&6\end{vmatrix}$

$$=6(x-1)-(x-1)(x^2-x+4)$$
$$=-(x-1)(x+1)(x-2) \to x=1,-1,2$$

(2) 与式 $=\begin{vmatrix}5&1&7\\1&7&4\\0&6&3\end{vmatrix}-x\begin{vmatrix}2&3&1\\1&7&4\\0&6&3\end{vmatrix}=24+9x=0 \to x=-\dfrac{8}{3}$

**[3.3]** (1) 与式 $=\begin{vmatrix}1&a&a^3\\0&b-a&b^3-a^3\\0&c-a&c^3-a^3\end{vmatrix}$

$$=(b-a)(c-a)(c^2+ca+a^2)-(c-a)(b-a)(b^2+ba+a^2)$$
$$=(b-a)(c-a)(c-b)(a+b+c)$$

(2) 与式 $=\begin{vmatrix}1&0&0&0\\a&b-a&c-a&d-a\\a^2&b^2-a^2&c^2-a^2&d^2-a^2\\a^3&b^3-a^3&c^3-a^3&d^3-a^3\end{vmatrix}$

$$= (b-a)(c-a)(d-a)\begin{vmatrix} 1 & 1 & 1 \\ b+a & c+a & d+a \\ b^2+ba+a^2 & c^2+ca+a^2 & d^2+da+a^2 \end{vmatrix}$$

$$= (b-a)(c-a)(d-a)$$

$$\times \begin{vmatrix} 1 & 0 & 0 \\ b+a & c-b & d-b \\ b^2+ba+a^2 & (c-b)(a+b+c) & (d-b)(a+b+d) \end{vmatrix}$$

$$= (b-a)(c-a)(d-a)(c-b)(d-b)(d-c)$$

**[3.4]** (1) $-30$

(2) 与式 $= \begin{vmatrix} a+b+c+d+p & b & c & d \\ a+b+c+d+p & b+p & c & d \\ a+b+c+d+p & b & c+p & d \\ a+b+c+d+p & b & c & d+p \end{vmatrix}$

$$= (a+b+c+d+p)\begin{vmatrix} 1 & b & c & d \\ 1 & b+p & c & d \\ 1 & b & c+p & d \\ 1 & b & c & d+p \end{vmatrix}$$

$$= (a+b+c+d+p)\begin{vmatrix} 1 & b & c & d \\ 0 & p & 0 & 0 \\ 0 & 0 & p & 0 \\ 0 & 0 & 0 & p \end{vmatrix} = p^3(a+b+c+d+p)$$

**[3.5]** $(a-1)x+2y=(2a-1)z$，$2x+4y=3az$，$(3a-2)x-2y=(a-2)z$ が $z=1$（したがって $z \neq 0$）という解をもつ必要がある．したがってクラーメルの公式より係数からつくった行列式は 0 である．すなわち

$$\begin{vmatrix} a-1 & 2 & -2a+1 \\ 2 & 4 & -3a \\ 3a-2 & -2 & -a+2 \end{vmatrix} = \begin{vmatrix} a-2 & 0 & -a/2+1 \\ 2 & 4 & -3a \\ 3a-1 & 0 & -5a/2+2 \end{vmatrix} = -2(2a-3)(a-2) = 0$$

より，$a=3/2, a=2$

**[3.6]** $$\begin{bmatrix} a & b & c \\ c & a & b \\ b & c & a \end{bmatrix}\begin{bmatrix} \alpha & \beta & \gamma \\ \gamma & \alpha & \beta \\ \beta & \gamma & \alpha \end{bmatrix} = \begin{bmatrix} a\alpha+b\gamma+c\beta & a\beta+b\alpha+c\gamma & a\gamma+b\beta+c\alpha \\ a\gamma+b\beta+c\alpha & a\alpha+b\gamma+c\beta & a\beta+b\alpha+c\gamma \\ a\beta+b\alpha+c\gamma & a\gamma+b\beta+c\alpha & a\alpha+b\gamma+c\beta \end{bmatrix}$$

より導ける．後半は各行列に対する行列式を展開すればよい．

## 第 4 章

### 章末問題

**[4.1]** (1) ベクトル$\overrightarrow{OP}$（点 $P$ は任意）を原点 O のまわりに 90° 回転 $((1,0)^T$ が $(0,1)^T$ に，$(0,1)^T$ が $(-1,0)^T$ に写像される）．

(2) ベクトル$\overrightarrow{OP}$を直線 $y=-x$ に関して対称移動 $((1,0)^T$ が $(0,-1)^T$ に，$(0,1)^T$ が $(-1,0)^T$ に写像される）．

(3) 空間においてベクトル$\overrightarrow{OP}$を面 $y=x$ に関して対称移動 $((1,0,0)^T$ が $(0,1,0)^T$ に，$(0,1,0)^T$ が $(1,0,0)^T$ に，$(0,0,1)^T$ が $(0,0,1)^T$ に写像される）．

**[4.2]** $x$ 軸に関して対称移動した後に角度 $\theta$ 回転．

**[4.3]** (1) $x$，$y$，$z$ 方向の単位ベクトルはそれぞれ $\begin{bmatrix} -1 \\ 0 \\ 0 \end{bmatrix}$，$\begin{bmatrix} 0 \\ 1 \\ 0 \end{bmatrix}$，$\begin{bmatrix} 0 \\ 0 \\ 1 \end{bmatrix}$ に写像されるため，$\begin{bmatrix} -1 & 0 & 0 \\ 0 & 1 & 0 \\ 0 & 0 & 1 \end{bmatrix}$

(2) $x$，$y$，$z$ 方向の単位ベクトルはそれぞれ $\begin{bmatrix} -1 \\ 0 \\ 0 \end{bmatrix}$，$\begin{bmatrix} 0 \\ 1 \\ 0 \end{bmatrix}$，$\begin{bmatrix} 0 \\ 0 \\ -1 \end{bmatrix}$ に写像されるため，$\begin{bmatrix} -1 & 0 & 0 \\ 0 & 1 & 0 \\ 0 & 0 & -1 \end{bmatrix}$

(3) $x$，$y$，$z$ 方向の単位ベクトルはそれぞれ $\begin{bmatrix} -1 \\ 0 \\ 0 \end{bmatrix}$，$\begin{bmatrix} 0 \\ -1 \\ 0 \end{bmatrix}$，$\begin{bmatrix} 0 \\ 0 \\ -1 \end{bmatrix}$ に

写像されるため，$\begin{bmatrix} -1 & 0 & 0 \\ 0 & -1 & 0 \\ 0 & 0 & -1 \end{bmatrix}$

**[4.4]** 式 (4.20) に対応して 3 つのベクトルからつくった連立 3 元 1 次方程式

$c_1 + 2c_2 + 3c_3 = 0, \qquad -2c_1 + 5c_2 - c_3 = 0, \qquad 3c_1 - 3c_2 + 4c_3 = 0$

を解くために，ガウスの消去法を実行すれば，

$$\begin{bmatrix} 1 & 2 & 3 & 0 \\ -2 & 5 & -1 & 0 \\ 3 & -3 & 4 & 0 \end{bmatrix} \to \begin{bmatrix} 1 & 2 & 3 & 0 \\ 0 & 9 & 5 & 0 \\ 0 & -9 & -5 & 0 \end{bmatrix} \to \begin{bmatrix} 1 & 2 & 3 & 0 \\ 0 & 9 & 5 & 0 \\ 0 & 0 & 0 & 0 \end{bmatrix}$$

となる．これから

$c_1 + 2c_2 + 3c_3 = 0, \qquad 9c_2 + 5c_3 = 0$

となり，解は $t$ を任意の数として

$c_3 = t, \qquad c_2 = -\dfrac{5}{9}t, \qquad c_1 = -\dfrac{17}{9}t$

と表せる．この式でたとえば $t = -9$ おけばわかるように，もとの連立方程式は 0 でない解 $c_1 = 17$，$c_2 = 5$，$c_3 = -9$ をもつ．したがって1 次従属である．

## 第 5 章

**問 5.1** $\boldsymbol{x}_1$ に対して $\lambda = 0$，$\boldsymbol{x}_2$ に対して $\lambda = 1$，$\boldsymbol{x}_3$ に対して $\lambda = 3$

**問 5.2** (1) $\begin{vmatrix} 1-\lambda & -2 \\ -2 & 1-\lambda \end{vmatrix} = (1-\lambda)^2 - 2^2 \to \lambda = 3$, $x_1 + x_2 = 0$, $\boldsymbol{x} = c_1 \begin{bmatrix} 1 \\ -1 \end{bmatrix}$,

$\lambda = -1$, $x_1 - x_2 = 0$, $\boldsymbol{x} = c_2 \begin{bmatrix} 1 \\ 1 \end{bmatrix}$

(2) $\begin{vmatrix} 1-\lambda & 1 \\ -1 & 3-\lambda \end{vmatrix} = (1-\lambda)^2 - 2^2 \to \lambda = 2$ (重根), $x_1 - x_2 = 0$, $\boldsymbol{x} = c_1 \begin{bmatrix} 1 \\ 1 \end{bmatrix}$

**問 5.3** $\begin{vmatrix} 1-\lambda & a \\ a & 1-\lambda \end{vmatrix} = (\lambda - 1)^2 - a^2 = 0 \to \lambda_1 = 1 + a, \boldsymbol{x} = c_1 \begin{bmatrix} 1 \\ 1 \end{bmatrix}; \lambda_2 =$ $1 - a, \boldsymbol{x} = c_2 \begin{bmatrix} 1 \\ -1 \end{bmatrix}$，したがって $S = \begin{bmatrix} 1 & 1 \\ 1 & -1 \end{bmatrix}$ により対角化できて，

$$S^{-1}AS = \begin{bmatrix} \lambda_1 & 0 \\ 0 & \lambda_1 \end{bmatrix} = \begin{bmatrix} 1+a & 0 \\ 0 & 1-a \end{bmatrix}$$

## 章末問題

**[5.1]** (1) $\lambda = 1$, $\boldsymbol{x} = \boldsymbol{c}_1 \begin{bmatrix} \sin\theta \\ 1+\cos\theta \end{bmatrix}$, $\lambda = -1$, $\boldsymbol{x} = c_1 \begin{bmatrix} -\sin\theta \\ 1-\cos\theta \end{bmatrix}$

(2) $\lambda = 0, \pm\sqrt{-14}$, 実の固有ベクトルは $\boldsymbol{x} = c_1 \begin{bmatrix} 3 \\ -2 \\ 1 \end{bmatrix}$

(3) $\lambda = 2$, $\boldsymbol{x} = \boldsymbol{c}_1 \begin{bmatrix} 1 \\ 1 \\ 1 \end{bmatrix}$, $\lambda = -1$(重根), $\boldsymbol{x} = c_2 \begin{bmatrix} -1 \\ 1 \\ 0 \end{bmatrix}, c_3 \begin{bmatrix} -1 \\ 0 \\ 1 \end{bmatrix}$

**[5.2]** 固有値は $1, -1, 2$ で固有ベクトルはそれぞれ $\begin{bmatrix} 1 \\ 1 \\ 1 \end{bmatrix}, \begin{bmatrix} 1 \\ 0 \\ -1 \end{bmatrix}, \begin{bmatrix} 0 \\ 1 \\ 1 \end{bmatrix}$.

したがって $P = \begin{bmatrix} 1 & 1 & 0 \\ 1 & 0 & 1 \\ 1 & -1 & 1 \end{bmatrix}$, このとき $P^{-1} = \begin{bmatrix} 1 & -1 & 1 \\ 0 & 1 & -1 \\ -1 & 2 & -1 \end{bmatrix}$

$$P^{-1}AP = \begin{bmatrix} \lambda_1 & 0 & 0 \\ 0 & \lambda_2 & 0 \\ 0 & 0 & \lambda_3 \end{bmatrix} = \begin{bmatrix} 1 & 0 & 0 \\ 0 & -1 & 0 \\ 0 & 0 & 2 \end{bmatrix},$$

$$P^{-1}A^kP = (P^{-1}AP)^k = \begin{bmatrix} 1 & 0 & 0 \\ 0 & (-1)^k & 0 \\ 0 & 0 & 2^k \end{bmatrix},$$

$$A^k = P(P^{-1}AP)^kP^{-1} = \begin{bmatrix} 1 & -1+(-1)^k & 1-(-1)^k \\ 1-2^k & -1+2^{k+1} & 1-2^k \\ 1-2^k & -1-(-1)^k+2^{k+1} & 1+(-1)^k-2^k \end{bmatrix}$$

**[5.3]** 与式 $= x_1(3x_1+2x_2) + x_2(2x_1-x_2) = \begin{bmatrix} x_1 \\ x_2 \end{bmatrix}^T \begin{bmatrix} 3 & 2 \\ 2 & -1 \end{bmatrix} \begin{bmatrix} x_1 \\ x_2 \end{bmatrix}$

**[5.4]** 与えられた 2 次形式は次のように書ける.

$$\begin{bmatrix} x_1 & x_2 & x_3 \end{bmatrix} \begin{bmatrix} 5 & 2 & 1 \\ 2 & 4 & 2 \\ 1 & 2 & 5 \end{bmatrix} \begin{bmatrix} x_1 \\ x_2 \\ x_3 \end{bmatrix}$$

中央の行列の固有値は $2, 4, 8$ で，それぞれに対応する規格化された固有ベクトルから変換行列 $P$ と固有値から規格化行列 $Q$ をつくれば，

$$P = \frac{1}{\sqrt{6}} \begin{bmatrix} 1 & \sqrt{3} & \sqrt{2} \\ -2 & 0 & \sqrt{2} \\ 1 & -\sqrt{3} & \sqrt{2} \end{bmatrix}, \qquad Q = \begin{bmatrix} 1/\sqrt{2} & 0 & 0 \\ 0 & 1/2 & 0 \\ 0 & 0 & 1/2\sqrt{2} \end{bmatrix}$$

となる．したがって，

$P^T AP = 2y_1^2 + 4y_2^2 + 8y_3^2 \quad (\boldsymbol{x} = P\boldsymbol{y})$;

$(PQ)^T A(PQ) = z_1^2 + z_2^2 + z_3^2 \quad (\boldsymbol{y} = Q\boldsymbol{z})$

となる．

## 第 6 章

### 章末問題

**[6.1]** $x - y + z = 5, 3y - z = -4, (5/3)z = 5/3$ より $z = 1, y = -1, x = 3$

**[6.2]** 略

**[6.3]** 行列の積を計算して要素を比較すると $g_1 = b_1; y_i = a_i/g_{i-1}, g_i = b_i - y_i c_{i-1} = b_i - (a_i c_{i-1})/g_{i-1} \quad (i = 2, \cdots, n)$

もとの方程式を $U\boldsymbol{x} = \boldsymbol{s}, L\boldsymbol{s} = \boldsymbol{d}$ と書けば，前者の方程式と後者の方程式はそれぞれ次のようにして解ける．

$s_1 = d_1, s_i = d_i - y_i s_{i-1} = d_i - (a_i s_{i-1})/g_{i-1} \quad (i = 2, \cdots, n)$

$x_n = s_n/g_n, x_n = (s_i - c_i x_{i+1})/g_i \quad (i = n-1, \cdots, 1)$

**[6.4]** 右辺の行列の積を計算すると $\begin{bmatrix} p_1 & p_1u_1 & p_1u_2 \\ p_1u_1 & p_1u_1^2 + p_2 & p_1u_1u_2 + p_2u_3 \\ p_1u_2 & p_1u_1u_2 + p_2u_3 & p_1u_2^2 + p_2u_3^2 + p_3 \end{bmatrix}$,

したがって要素を比較すれば，

$p_1 = a, u_1 = d/p_1 = d/a, u_2 = e/p_1 = e/a$;

$b = p_2 + u_1^2 p_1 = p_2 + ad^2/a^2 \to p_2 = b - d^2/a$

$f = p_1u_1u_2 + p_2u_3 \to u_3 = (f - p_1u_1u_2)/p_2 = (f - de/a)a/(ab - d^2)$

$c = p_1u_2^2 + p_2u_3^2 + p_3$

$p_3 = c - p_1 u_2^2 - p_2 u_3^2 = c - e^2/a - a(f - de/a)^2/(ab - d^2)$

**[6.5]** ヤコビ法では 11 回の反復，ガウス・ザイデル法では 6 回の反復で $(x, y, z) = (3.000, -1.000, 1.000)$ になる．

**[6.6]** 略

**[6.7]** $\lambda_i$ に対する固有ベクトルを $\boldsymbol{x}_i$ とすれば

$B\boldsymbol{x}_i = (A - pI)\boldsymbol{x}_i = A\boldsymbol{x}_i - p\boldsymbol{x}_i = \lambda_i \boldsymbol{x}_i - p\boldsymbol{x}_i = (\lambda_i - p)\boldsymbol{x}_i$

絶対値最大固有値を $\lambda_1$，2 番目を $\lambda_2$ とすれば，べき乗法の収束は $|\lambda_2/\lambda_1|$ の値で制限されるため，この比が 1 に近いと収束が遅くなる．このような場合には，$p$ を適当に選べば，$|(\lambda_2 - p)/(\lambda_1 - p)|$ を 1 に比べて小さくできるため収束が加速される．

## 第 7 章

### 章末問題

**[7.1]** 2 分法で $c = (a + b)/2$ のところを，$y - f(a) = (f(b) - f(a))(x - a)/(b - a)$ と $x$ 軸との交点 $c$，すなわち $c = (af(b) - bf(a))/(f(b) - f(a))$ に換えればよい．

**[7.2]** $1/a$ は $f(x) = 1/x - a = 0$ の根である．$f'(x) = -1/x^2$ であるから，式 (7.3) は

$$x_{n+1} = x_n(2 - ax_n)$$

となる．適当な初期値 $x_0$ から初めて上式を順次使うことにより，掛け算を行うだけで逆数が求まることになる．

**[7.3]** $f(x, y) = x^2 + y^2 - 1 = 0, \qquad g(x, y) = y - \sin x = 0$

$(2x_n)\Delta x + (2y_n)\Delta y = -x_n^2 - y_n^2 + 1$

$(-\cos x_n)\Delta x + \Delta y = -y_n + \sin x_n$

$$x_{n+1} = x_n + \frac{-x_n^2 + y_n^2 - 2y_n \sin x_n + 1}{2(x_n + y_n \cos x_n)}$$

$$y_{n+1} = y_n + \frac{-2x_n y_n + 2x_n \sin x_n - x_n^2 \cos x_n - y_n^2 \cos x_n + \cos x_n}{2(x_n + y_n \cos x_n)}$$

## 第 8 章

### 章末問題

**[8.1]** $\phi_0(0.15) = \dfrac{(0.15 - 0.1)(0.15 - 0.2)}{(0 - 0.1)(0 - 0.2)} = -0.125$，同様に $\phi_1(0.15) = 0.75$，$\phi_2(0.15) = 0.375$ となり，関数値は $f(0.15) = -0.125 \times 1 + 0.75 \times 1.1052 + 0.375 \times 1.2214 = 1.1619$

**[8.2]** $H(x) = \sum_{k=0}^{n} f_k h_k(x) + \sum_{k=0}^{n} f'_k g_k(x)$ と書いたとき，

$h_k(x_i) = 0 \quad (i \neq k), \qquad h_k(x_k) = 1, \qquad g_k(x_i) = 0,$

$h'_k(x_i) = 0, \qquad g'_k(x_i) = 0 \quad (i \neq k), \qquad g_k(x_k) = 1$

となることを示す（具体的な計算は略）．この関係を用いると補間の条件が満たされることが確かめられる．

**[8.3]** $h_0(x) = \left(\dfrac{x - x_1}{x_0 - x_1}\dfrac{x - x_2}{x_0 - x_2}\right)^2 \left(1 - 2(x - x_0)\dfrac{2x_0 - (x_1 + x_2)}{(x_0 - x_1)(x_0 - x_2)}\right),$

$g_0(x) = \left(\dfrac{x - x_1}{x_0 - x_1}\dfrac{x - x_2}{x_0 - x_2}\right)^2 (x - x_0)$

などを用いて，$x = 0.15$ での値は

$$h_0(0.15) = \left(\frac{0.15 - 0.1}{0.0 - 0.1}\frac{0.15 - 0.2}{0.0 - 0.2}\right)^2 \times \left(1 - 2(0.15 - 0.0)\frac{2 \times 0.0 - (0.1 + 0.2)}{(0.0 - 0.1)(0.0 - 0.2)}\right) = 0.085938,$$

$$g_0(0.15) = \left(\frac{0.15 - 0.1}{0.0 - 0.1}\frac{0.15 - 0.2}{0.0 - 0.2}\right)^2 \times (0.15 - 0.0) = 0.0023438$$

同様に，

$h_1(0.15) = 0.56250, \qquad g_1(0.15) = 0.028125, \qquad h_2(0.15) = 0.35156,$

$g_2(0.15) = -0.0070312$

となるため，関数値は $f(0.15) = 1.1618$

**[8.4]** $\sigma_0 = 0, \sigma_0 + 4\sigma_1 + \sigma_2 = 60(1 - 2 \times 1.10517 + 1.22140), \sigma_2 = 0$ より $\sigma_1 = 1.6590$．このとき $x = 0.15$ が含まれる区間での 3 次式は $s(x) = -2.7652(x - 0.1)^3 + 0.8296(x - 0.1)^2 + 1.1070(x - 0.1) + 1.1052$ となるため，補間関数値は 1.1621

**[8.5]** データから，$S_0 = 0.1^0 + 0.1^0 + \cdots + 1.0^0 = 10.0$，同様に $S_1 = 5.5, S_2 = 3.85, S_3 = 3.025$，$S_4 = 2.5333$．また，$T_0 = 2.4824 \times 0.1^0 + 1.9975 \times 0.2^0 + \cdots - 0.0026 \times 1.0^0 = 10.0755$．同様に $T_1 = 3.2219, T_2 = 1.4110$．1 次式で近似する場合には連立 2 元 1 次方程式

$10.00a_0 + 5.50a_1 = 10.0755$，$5.5a_0 + 3.85a_1 = 3.2219$

を解いて $y = -2.8116x + 2.5539$．さらに 2 次式で近似する場合には連立 3 元 1 次方程式

$10.00a_0 + 5.50a_1 + 3.85a_2 = 10.0755$，$5.50a_0 + 3.85a_1 + 3.025a_2 = 3.2219$，

$3.85a_0 + 3.025a_1 + 2.5333a_2 = 1.4110$

を解いて $y = 1.5817x^2 - 4.5515x + 2.9019$

## 第9章

### 章末問題

**[9.1]** 台形公式：0.1360，シンプソン公式：0.1355

**[9.2]** $X = x - a$ とおくと，式 (9.12) を参照して $\phi_0 = -(X-h)(X-2h)(X-3h)/(6h^3)$, $\phi_1 = X(X-2h)(X-3h)/(2h^3)$, $\phi_2 = -X(X-h)(X-3h)/(2h^3)$, $\phi_3 = X(X-h)(X-2h)/(6h^3)$.

$S = \int_0^{3h}(f_0\phi_0 + f_1\phi_1 + f_2\phi_2 + f_3\phi_3)dX$ にこれらの式を代入して計算する．

**[9.3]** 各区間 $[x_k, x_{k+1}]$ 上で $f(x_k), f'(x_k), f(x_{k+1}), f'(x_{k+1})$ から決まるエルミート補間多項式は第8章の章末問題【8.2】から

$$P(x) = \frac{(x-x_k)(x-x_{k+1})}{(x_{k+1}-x_k)^2}\left\{\left(f'_{k+1} - \frac{2f_{k+1}}{x_{k+1}-x_k}\right)(x-x_k) + \left(f'_k + \frac{2f_k}{x_{k+1}-x_k}\right)(x-x_{k+1})\right\} + \frac{(x-x_k)^2 f_{k+1} + (x-x_{k+1})^2 f_k}{(x_{k+1}-x_k)^2}$$

となる（ただし，$f_k = f(x_k), f'_k = f'(x_k)$ とおいた）．したがって

$$\begin{aligned}\int_a^b f(x)dx &\sim \sum_{k=0}^{n-1}\int_{x_k}^{x_{k+1}} P(x)dx \\ &= \sum_{k=0}^{n-1}\left\{\frac{1}{(x_{k+1}-x_k)^2}\left(f'_{k+1} - \frac{2f_{k+1}}{x_{k+1}-x_k}\right)\left(-\frac{(x_{k+1}-x_k)^4}{12}\right)\right. \\ &\quad + \frac{1}{(x_{k+1}-x_k)^2}\left(f'_k + \frac{2f_k}{x_{k+1}-x_k}\right)\frac{(x_{k+1}-x_k)^4}{12} \\ &\quad \left. + \frac{x_{k+1}-x_k}{3}(f_{k+1}-f_k)\right\} \\ &= \sum_{k=0}^{n-1}\left\{\frac{x_{k+1}-x_k}{2}(f_k + f_{k+1}) + \frac{(x_{k+1}-x_k)^2}{12}(f'_k - f'_{k+1})\right\}\end{aligned}$$

となる．ここで，積分区間を等間隔にとって $h = x_{k+1} - x_k$ とおけば

$$\int_a^b f(x)dx \sim \frac{h}{2}\sum_{k=0}^{n-1}(f_k + f_{k+1}) + \frac{h^2}{12}(f'(a) - f'(b))$$

## 第10章

### 章末問題

**[10.1]** $y_{n+1} = y_n + hf(x_n, y_n)$; $y_{n+1} = y_n + h(3f(x_n, y_n) - f(x_{n-1}, y_{n-1}))/2$

**[10.2]** $u(1/4) = p, u(2/4) = q, u(3/4) = r$ とおくと

$(0 - 2p + q)/(1/4)^2 + p = -1/4, \qquad (p - 2q + r)/(1/4)^2 + q = -2/4$

$(q-2r+2)/(1/4)^2+r=-3/4$ となるから，$p=35233/55676=0.633$, $q=1087/898=1.210$, $r=93603/55676=1.681$

**[10.3]** (1) $\dfrac{dy}{dx}=z, \quad \dfrac{dz}{dx}=y;$

$y(0)=2, \quad z(0)=0$

(2) $y_{k+1}=y_k+hz_k; \quad z_{k+1}=z_k+hy_k$

(3) $y_{k+1}+z_{k+1}=(y_k+z_k)+h(y_k+z_k)=(1+h)(y_k+z_k)$

$y_{k+1}-z_{k+1}=(y_k-z_k)-h(y_k-z_k)=(1-h)(y_k-z_k)$

$y_n+z_n=(1+h)^n(y_0+z_0)=2(1+h)^n;$

$y_n-z_n=(1-h)^n(y_0-z_0)=2(1-h)^n$

$y_n=(1+h)^n+(1-h)^n; z_n=(1+h)^n-(1-h)^n$

**[10.4]** 表 a 参照．漸化式は次のようになる．

$u_j^{n+1}=0.1u_{j-1}^n+0.8u_j^n+0.1u_{j+1}^n$，$u_0^n=u_{10}^n=0$，$u_j^0=1\ (j=2\sim 9)$

**表 a**

| $t$ \ $x$ | 0 | 0.1 | 0.2 | 0.3 | 0.4 | 0.5 |
|---|---|---|---|---|---|---|
| 0 | 0.000000 | 1.000000 | 1.000000 | 1.000000 | 1.000000 | 1.000000 |
| 0.01 | 0.000000 | 0.9000000 | 1.000000 | 1.000000 | 1.000000 | 1.000000 |
| 0.02 | 0.000000 | 0.8200000 | 0.9900000 | 1.000000 | 1.000000 | 1.000000 |
| 0.03 | 0.000000 | 0.7550000 | 0.9740000 | 0.9990000 | 1.000000 | 1.000000 |
| 0.04 | 0.000000 | 0.7014000 | 0.9546000 | 0.9966000 | 0.9999000 | 1.000000 |
| 0.05 | 0.000000 | 0.6565800 | 0.9334800 | 0.9927300 | 0.9995800 | 0.9999800 |
| 0.06 | 0.000000 | 0.6186120 | 0.9117150 | 0.9874900 | 0.9989350 | 0.9999000 |
| 0.07 | 0.000000 | 0.5860611 | 0.8899822 | 0.9810570 | 0.9978870 | 0.9997070 |
| 0.08 | 0.000000 | 0.5578471 | 0.8686976 | 0.9736325 | 0.9963860 | 0.9993430 |
| 0.09 | 0.000000 | 0.5331475 | 0.8481060 | 0.9654143 | 0.9944063 | 0.9987516 |
| 0.1 | 0.000000 | 0.5113286 | 0.8283410 | 0.9565827 | 0.9919417 | 0.9978826 |

**[10.5]** $u(1/3,1/3)=p$, $u(2/3,1/3)=q$, $u(1/3,2/3)=r$, $u(2/3,2/3)=s$ とおいて差分方程式をつくれば，

$(q+r+0+0-4p)/(1/3)^2=1, \qquad (-1/6+p+s+0-4q)/(1/3)^2=3$

$(p+5/6+s+0-4r)/(1/3)^2=0, \qquad (1/3+4/3+q+r-4s)/(1/3)^2=2$

となるため，これらを解いて $p=1/18$, $q=0$, $r=1/3$, $s=4/9$

# 索　　引

## ア　行



## カ　行



## サ　行

## タ　行



## ナ　行



## ハ　行

## ヤ 行



## ラ 行

## 著者略歴


河 村 哲 也（かわむら・てつや）

1954 年　京都府に生まれる
1981 年　東京大学大学院工学系研究科博士課程退学
現　在　お茶の水女子大学大学院人間文化研究科教授
工学博士



理工系の数学教室 5

**線形代数と数値解析**

定価はカバーに表示

2005 年 11 月 15 日　初版第 1 刷

著　者　河　村　哲　也
発行者　朝　倉　邦　造
発行所　株式会社　朝　倉　書　店
東京都新宿区新小川町6－29
郵便番号　162－8707
電　話　03(3260)0141
FAX　03(3260)0180
http://www.asakura.co.jp

〈検印省略〉





東京書籍印刷・渡辺製本

ISBN 4-254-11625-X　C 3341

Printed in Japan